花卉技术大系

食药用花卉

主编　周长娥

中国海洋大学出版社

·青岛·

图书在版编目(CIP)数据

食药用花卉 / 周长娥主编 . -- 青岛:中国海洋大
学出版社,2024.4
ISBN 978-7-5670-3830-1

Ⅰ.①食… Ⅱ.①周… Ⅲ.①药用植物－花卉－栽培
技术 Ⅳ.①S68

中国国家版本馆 CIP 数据核字(2024)第 071252 号

食药用花卉

SHIYAOYONG HUAHUI

出版发行	中国海洋大学出版社			
社　　址	青岛市香港东路 23 号		**邮政编码**	266071
出 版 人	刘文菁			
网　　址	http://pub.ouc.edu.cn			
订购电话	0532-82032573(传真)			
责任编辑	邹伟真　赵孟欣		**电　　话**	0532-85902533
印　　制	青岛海蓝印刷有限责任公司			
版　　次	2024 年 4 月第 1 版			
印　　次	2024 年 4 月第 1 次印刷			
成品尺寸	185 mm ×260 mm			
印　　张	21. 75			
字　　数	396 千			
印　　数	1～2 000			
定　　价	178. 00 元			

发现印装质量问题,请致电 0532-88785354,由印刷厂负责调换。

《食药用花卉》
编 委 会

主　编: 周长娥

副主编: 王　清　张兴平　王学芳

主　审: 陈红武

顾　问: 阳文龙

编写人员(按姓氏笔画排序)

丁厚冉	马　鑫	马秀珍	王　军	王　清	王世庆
王兰先	王学芳	王海龙	王海霞	孔高原	兰孝帮
纪国才	庄顺龙	孙伟霞	孙鼐然	刘德禄	陈　新
位绍文	张兴平	张云伟	张　映	宋红春	吴兰荣
赵海静	周长娥	周水溪	孟　祥	荆志强	郭绍霞
高志绪	彭令奇	曾锦东	傅财贤	董高峰	蒲洪浩

前 言
PREFACE

　　《食药用花卉》是"花卉技术大系"六册之一，是一部技术科普著作。本书精选了116种兼具较高观赏、食药用和经济价值的花卉，适用于休闲农业、林下生产、园林景观应用以及家庭盆栽欣赏。内容主要涵盖物种简介、分布范围、形态特征、生长习性、食药用价值、栽培技术和植物文化等方面，并附有116种花卉图片。本书旨在成为花卉及中药材科普图书工具书，同时也可作为花卉及中药材从业人员的专业技术手册，为读者和花卉中药材爱好者提供助益和方便。

　　"花卉技术大系"全套共六册，分别为《食药用花卉》《国家重点保护珍稀濒危野生花卉》《芳香花卉》《庭院花卉与球根花卉》《盆栽花卉与兰科花卉》《切花与花艺》。

　　本书部分图片由广东省农业科学院环境园艺研究所徐晔春老师提供，在此特别致谢。在编写过程中，参考了《中国植物志》《中药大辞典》等文献资料，由于编者水平有限，书中可能存在疏漏和不妥之处，恳请读者批评指正。我们将在后续再版时进行修订，不断提高本书的质量，助力食药用花卉产业的发展。

编　者

2024 年 1 月

目　录

6 兰花 | 016

7 水仙 | 019

8 杜鹃 | 021

9 茶花 | 024

10 桂花 | 027

11 荷花 | 030

42 百日菊 | 110

43 诸葛菜 | 113

44 石竹 | 116

45 康乃馨 | 119

46 三色堇 | 122

47 牵牛 | 125

54 绿绒蒿 | 145

55 虞美人 | 147

56 天竺葵 | 149

57 蟹爪兰 | 151

58 昙花 | 154

59 令箭荷花 | 157

66 福禄考 | 175

67 长春花 | 177

68 毛地黄 | 179

69 地黄 | 182

70 紫花地丁 | 185

71 旱金莲 | 188

78 锦带花 | 207

79 夹竹桃 | 210

80 蒜香藤 | 213

81 石蒜 | 215

82 萱草 | 217

83 茑萝 | 220

90 人参 | 238

91 西洋参 | 242

92 丹参 | 245

93 翠雀 | 248

94 益母草 | 251

95 酢浆草 | 254

102 蜡梅 | 272

103 紫茉莉 | 275

104 连翘 | 277

105 扶桑 | 280

106 秋英 | 282

112 白头翁 | 296

113 荷包牡丹 | 298

114 紫菀 | 301

115 醉蝶花 | 303

116 蓝花丹 | 305

1

百 合

·物种简介·

　　百合（*Lllium spp.*）是百合科百合属植物的统称。百合花姿清雅，有较高的观赏价值。百合鲜花含芳香油，可作香料；鳞茎色白肉嫩，味道甘甜，含丰富淀粉、蛋白质、脂肪、还原糖及钙、磷、铁、维生素 B、维生素 C 等营养成分，还含有一些特殊的营养成分，如甾体皂苷和类黄酮等，对人体具有良好的营养滋补功效，特别是对病后虚弱症等患者大有裨益，故为滋补美食，有的种类还可药用。百合鲜食、干用均可，如兰州百合是我国传统出口特产。下面以青岛百合（*Lilium tsingtauense*）为例介绍。

📍 分布范围

　　青岛百合原产于我国山东和安徽，生于海拔 100～400 米山坡阳处杂木林中或高大草丛中；朝鲜等也有分布。

✱ 形态特征

　　多年生草本，鳞茎近球形，茎高 40～85 厘米。叶轮生，1～2 轮，每轮具叶 5～14 枚，矩圆状倒披针形、倒披针形至椭圆形，除轮生叶外还有少数散生叶，披针形。花单生或 2～7 朵排列成总状花序，花橙黄色或橙红色，有紫红色斑点。蒴果。花期 6 月，果期 8 月。

生长习性

喜凉爽、湿润的半阴环境,较耐寒。属长日照植物,光照长短不但影响花芽的分化,而且影响花朵的生长发育。青岛百合不喜高温,不耐水涝。温度高于 30 ℃会严重影响青岛百合的生长发育,低于 10 ℃时青岛百合生长近于停滞。喜肥沃疏松的砂质土壤,根系粗壮发达,耐肥。

食用价值

青岛百合鳞茎可以食用,色白肉嫩,味道清香甘美,富含蛋白质、脂肪、钙、磷、铁、维生素 B、维生素 C 等营养成分以及秋水仙碱等多种生物碱,是传统的营养滋补食材,鲜食干用均可。

药用价值

青岛百合鳞茎入药,有润肺止咳、清热、安神和利尿等功效。青岛百合含多种生物碱,对白细胞减少症有预防作用,能升高血细胞,对化疗及放射性治疗后细胞减少症有治疗作用。

栽培技术

整地:青岛百合地下鳞茎需要深厚、疏松、肥沃的土壤,宜选择地势高、排水好、土质疏松肥沃的砂壤土。土壤要深翻精耕细整,种植前注意土壤消毒。宜作高畦宽幅栽培,畦面宽 3.5 米左右,沟宽 30～40 厘米,深 40～50 厘米,高畦利于雨后排水。

基肥:青岛百合是耐肥作物,应以有机肥为主。施足基肥是高产的重要因素。一般施厩肥 25～35 吨/公顷、发酵饼肥 1 000 千克/公顷、标准氮素化肥 200 千克/公顷,配施钙镁磷肥 400 千克/公顷、硫酸钾 800 千克/公顷,定植前不需加过多底肥,定植一个月以后,可视土地肥力追施一些肥料。百合对钾元素的需求量很大,将其翻入土中。基肥不能和种球接触,以防止灼伤仔鳞茎。

播种:种植深度以鳞茎顶部距地表 6～8 厘米为宜。在中国北方,一般在冻土前和早春解冻时种植。按 20～30 厘米行距开深 10～12 厘米的沟栽种球,株距 20 厘米左右,盖土 6～9 厘米。密度对青岛百合的产量有较大影响,在肥水条件好、种源充足的情况下,可以适当密植,能够增加产量,一般用种球量为 3 500～4 000 千克/公顷。种植密度因鳞茎大小和季节因素而有所不同。将解冻后的种球小心地从包装袋取出,尽量不要弄伤根系,并尽快种到土壤中,防止因脱水造成的种质下降。

温度:青岛百合定植后的 4 周内土壤温度宜保持 9 ℃～13 ℃低温,以促进生根。

生长期最适环境温度为 15 ℃ ～ 25 ℃。

湿度：定植前的土壤湿度以握紧成团、落地松散为好。定植后浇一次水，使土壤和种球充分接触，为茎生根的发育创造良好的条件。

追肥：定植前不需加过多底肥，定植一个月以后视土地肥力追施一些肥料。

中耕：春季中耕松土锄草，可以促苗早发，覆草保墒。夏季中耕松土，清除杂草，可预防高温引起腐烂。结合培土，防止鳞茎裸露。

排水：中后期管理注意排水防涝，田头提前挖好排水沟，并注意清理保持畅通。

打顶：适时打顶，保留壮芽。打顶后控制施用氮肥。

采收：待地上部分完全枯萎，地下部分完全成熟后采收。采收过早，不但产量较低，而且百合品质下降，不利于贮藏和销售。收获时，大鳞茎可鲜销或加工成干片，小鳞茎整个留作种用。采收宜在晴天进行，采收后即切除地下部，运入室内，避免过多光照导致变色。

植物
文化

花语：百年好合、美好家庭、伟大的爱、深深祝福、纯真。

2
牡 丹

·物种简介·

　　牡丹(*Paeonia × suffruticosa*)为芍药科芍药属植物。它是我国特有的名贵花卉,素有"花中之王""国色天香"的美誉,长期以来被视为富贵吉祥、繁荣兴旺的象征。牡丹原产于中国西部秦岭和大巴山一带山区,在华北、华中及西北地区栽培较多,其中以河南洛阳、山东菏泽牡丹最负盛名。牡丹不仅具有很高的观赏价值,它的根可制成"丹皮",是名贵的中草药。

分布范围

　　牡丹原产于我国陕西延安一带,最早栽培始于南北朝,目前全国栽培广泛,并已引种国外。在栽培类型中,可分为4个牡丹品种群,即中原品种群、西北品种群、江南品种群和西南品种群。

形态特征

　　落叶灌木。茎高达2米;分枝短而粗。叶通常为二回三出复叶,偶尔近枝顶的叶为3小叶。花单生枝顶,直径10～17厘米;花梗长4～6厘米;苞片5片,长椭圆形,大小不等;萼片5片,绿色,宽卵圆形,大小不等;花瓣5瓣,或为重瓣,玫瑰色、红紫色、粉红色至白色,通常变异很大,倒卵圆形,长径5～8厘米,短径4.2～6厘米,顶端呈不规则的波状。花期5月,果期6月。

⚙ 生长习性

喜阳光,也耐半阴,耐寒,耐旱,耐弱碱;忌积水,怕热,怕烈日直射。适宜在疏松、深厚、肥沃、地势高燥、排水良好的中性或微碱性砂壤土中生长。

✒ 药用价值

牡丹根加工制成"丹皮",是名贵的中草药,具有散瘀血、清血、和血、止痛、通经、降低血压、抗菌消炎、养血和肝、散郁祛瘀、益寿延年之功效。用于缓解面部黄褐斑、皮肤衰老。常饮气血活肺、容颜红润,改善月经失调、痛经、止虚汗、盗汗等症。

🌱 栽培技术

土壤:牡丹要求质地疏松透气、排水性好、肥沃、中性至微碱性土壤。种植前需将土壤深耕消毒,施足有机肥。

栽植:将牡丹苗的病残根剪除,经过杀虫、杀菌剂浸泡后,放入事先准备好的盆钵或园坑内,根系要舒展,填土至盆钵或坑多半处将苗轻提扶正,踏实封土,以根茎处略低于盆面或地平为宜。

光照:充足的阳光对其生长较为有利,但不耐夏季烈日曝晒,温度在 25 ℃以上则会使植株呈休眠状态。

温度:开花适温为 17 ℃～20 ℃,但花前必须经过 1 ℃～10 ℃的低温处理 2～3个月。最低能耐 −30 ℃的低温,北方寒冷地带冬季需采取适当的防寒措施,以免受到冻害。南方栽培牡丹需给其特定的环境条件才可观赏到奇美的牡丹。

浇水:栽植后浇一次透水。牡丹忌积水,北方干旱地区一般浇花前水、花后水、封冻水。盆栽为便于管理可于花开后剪去残花连盆埋入地下。

施肥:秋季结合松土撒施、穴施腐熟有机肥;春、夏季用化学肥料,结合浇水施花前肥、花后肥。盆栽可结合浇水施液体肥。

修剪:栽植当年,多行平茬。春季萌发后,留 5 枝左右,其余抹除,集中营养,使第二年花大色艳。秋冬季,结合清园,剪去干花柄及细弱枝。盆栽可根据自己喜爱的形状进行修剪。

中耕:生长季节应及时中耕松土,清除杂草,预防病、虫害的发生。秋冬宜对两年以上牡丹园进行翻耕。

换盆:当盆栽牡丹生长 3 年后,应在秋季换大盆及新土新肥,或分株另栽。

喷药:早春发芽前喷石硫合剂;夏季喷施杀虫、杀菌剂混合液,视病情每 2 周一次。结合施肥,可添加生长调节剂等。

催花：节日或庆典活动，按品种可提前 50 天左右将牡丹加温，温度控制常温 10 ℃～25 ℃，日均 15 ℃左右。前期注意保持植株湿润，现蕾后注意通风透光，成蕾后按花期要求进行控温，并视情况补充叶面肥，保证充足养分水分供应。冬春两季随时可见花。

植物文化

花语：圆满，富贵，雍容华贵；生命，期待，淡淡的爱；高洁，高贵，端庄秀雅。

3

芍药

· 物种简介 ·

　　芍药（*Paeonia lactiflora*）是芍药科芍药亚科芍药属多年生草本植物，被人们誉为"花相""花仙"，地位仅次于"花王"牡丹，亦被称为"五月花神"，因在我国自古就作为爱情之花，所以被尊为七夕节的代表花卉。

📍 分布范围

　　芍药原产于我国东北、华北、陕西及甘肃南部，生于海拔 480～2 300 米的山坡草地及林下；在朝鲜、日本、蒙古及俄罗斯西伯利亚地区也有分布。

✳ 形态特征

　　多年生草本。根粗壮，分枝黑褐色。茎高 40～70 厘米，无毛。下部茎生叶为二回三出复叶，上部茎生叶为三出复叶；小叶狭卵圆形、椭圆形或披针形，顶端渐尖，基部楔形或偏斜，边缘具白色骨质细齿。花数朵，生茎顶和叶腋；苞片 4～5 片，披针形，大小不等；萼片 4 片，宽卵圆形或近圆形，长 1～1.7 厘米，宽 1～1.5 厘米；花瓣 9～13 瓣，倒卵圆形，长径 3.5～6 厘米，短径 1.5～4.5 厘米，白色，有时基部具深紫色斑块。花期 5—6 月，果期 8 月。

生长习性

芍药在中国东北生长于海拔 480～700 米的山坡草地及林下,在其他省生长于海拔 1 000～2 300 米的山坡草地。芍药喜光,耐寒,在中国北方各地可以露地越冬;夏季喜冷凉气候;芍药喜土层深厚、湿润而排水良好的壤土,在黏土和砂土上虽然可开花,但是生长不良,在盐碱地和低洼地不宜生长。

药用价值

芍药块根可以入药。栽培的芍药根刮去外皮加工即成白芍,含芍药甙、牡丹酚、β-谷甾醇、苯甲酸和草酸钙等。性微寒,味苦酸,有调肝脾和营血功能。主治血虚、腹痛、胁痛、痢疾、月经不调、崩漏等症。野生的芍药根掘起洗净即成赤芍,性微寒,味苦,有凉血、散瘀功能。

栽培技术

整地:应选择地势较高的旱地,或平坡、缓坡。栽培土为土质疏松、土层深厚、排水良好的沙壤土或夹砂黄泥土。黏土和砂土种植生长不良,盐碱地和低洼地不宜种植。芍药生长期为 2～3 年,种植后不再耕翻,因此种植前要深翻土 35 厘米以上,并清除多年生杂草的地下部分和石块。根据地势和土质作畦,排水好的砂质坡地可采用不开沟的平畦,透水性差的黏性平地采用高畦,畦高约 20 厘米,宽 1～1.3 米,沟宽约 40 厘米。畦的四周要有较深的排水沟,防止发生根腐。前茬玉米、小米、甘薯均可。

栽植:栽植期以 9 月中旬至 10 月上旬为宜,栽植株距 40～50 厘米,行距 50～60 厘米,每亩[①] 近 2 500～3 500 株,穴深约 20 厘米。每穴带根芍头应有 2 条根,呈"八"字形放入,用少量泥土固定,根部施腐熟有机肥、饼肥或过磷酸钙,覆土并调整好芽的高度,再覆土至高出地面,盖上厩肥,上面再覆土少量。

浇水:芍药比较耐旱,怕涝,浇水不可太多,不然容易导致肉质根烂掉。一般芍药开花之前的一个月和开花之后的半个月应分别浇一次水。每次给芍药浇完水后,都要立即翻松土壤,以防积水。夏季注意清沟排水,以防湿涝。

追肥:下种后第二年追肥 3 次。第 1 次 3 月下旬至 4 月上旬,施淡粪尿,促芽生长好,称"红头肥",切忌过浓,以免灼伤幼根;第 2 次 4 月下旬,每亩施粪尿 500 千克;第 3 次 10—11 月,施厩肥 500 千克,施后盖土。第三年 3 月下旬,施粪尿 750 千克,腐熟饼肥 50 千克,过磷酸钙 25 千克;4 月下旬施粪尿 1 000 千克;11 月施厩肥数 500 千克。第四

---

① 注:1 亩 =666.67 平方米。

年3月下旬施粪尿1 000千克,每50千克加入硫酸铵0.5千克;4月下旬再施粪尿1 000千克,每50千克加硫酸铵0.5千克。施肥方法除厩肥外均穴施。

中耕:浅中耕,勤除草,利于通风,预防病虫害。

摘蕾:4月起摘去花蕾,控制营养消耗。

培土:入冬清沟培土,利于保温保墒,防冻。

采收:芍药一般生长期为3个春冬,第4年小暑前后收获。选择晴天,割去茎叶,再挖取根部,在室内切去芍头或仅剪下作商品的粗根。剪切下的根要修去侧根和根尖,在室内堆放2～3天,使水分降低到质地变柔软。

擦白:中国浙江省产的芍药有白芍、杭白芍之名称,来自加工中的擦白。擦白是将质地已变柔软的芍药根在洁净的流水或池塘中浸泡2～3小时,取出后用竹片等工具刮去褐色外皮呈白色,再放入洁净水中漂洗、浸泡待煮。

植物
文化

花语:美丽动人、思念、依依不舍、难舍难分。

4

月 季

·物种简介·

　　月季（*Rosa* spp.）是蔷薇科蔷薇属月季组植物的统称，包括部分原生种及杂交种。月季属于常绿或半常绿低矮直立灌木，也是蔓状或攀援状藤本植物。色彩艳丽、丰富，不仅有红、粉、黄、白等单色，还有混色、银边等品种；多数品种有芳香。月季的品种繁多，世界上已有近万品种，中国也有千种以上。花大色艳，香气浓郁，可广泛用于园艺栽培和切花。月季适应性强，耐寒、抗旱，地栽、盆栽均可，适用于美化庭院、装点园林、布置花坛、配植花篱和花架，也可做切花，用于做花束和各种花篮，红色切花是情人必送的礼物之一，也是爱情诗歌的主题。月季花朵可提取香精，可入药，有较好的抗真菌及协同抗耐药真菌活性。中国是月季的原产地之一。月季被评为中国十大名花的第五名，被冠以"花中皇后"的美称。

分布范围

　　我国有3种月季组月季：亮叶、香水、月季花（原产）。产于贵州、湖北、四川等地；亮叶月季，产于湖北、四川、贵州；香水月季，产于云南；目前国内栽培的基本为现代月季。下面以月季花（*Rosa chinensis*）为例。

✳ 形态特征

直立灌木,高1～2米;小枝粗壮,圆柱形,近无毛,有短粗的钩状皮刺或无刺。小叶3～5,稀7,连叶柄长5～11厘米,小叶片宽卵圆形至卵状长圆形,长径2.5～6厘米,短径1～3厘米,先端长渐尖或渐尖,基部近圆形或宽楔形,边缘有锐锯齿,两面近无毛。花数朵集生,稀单生,直径4～5厘米;花梗长2.5～6厘米,近无毛或有腺毛,萼片卵圆形,先端尾状渐尖,有时呈叶状,边缘常有羽状裂片,稀全缘,外面无毛,内面密被长柔毛;花瓣重瓣至半重瓣,红色、粉红色至白色,倒卵圆形,先端有凹缺,基部楔形。果卵形或梨形,径长1～2厘米,红色,萼片脱落。花期4—9月,果期6—11月。

⚙ 生长习性

月季适应性强,耐寒耐旱,对土壤要求不严格,以富含有机质、排水良好的微带酸性沙壤土为好。喜欢阳光,但过多的强光直射对花蕾发育不利,花瓣容易焦枯。喜欢温暖,喜日照充足,空气流通,排水良好且避风的环境,盛夏需适当遮阴。喜富含有机质、肥沃、疏松的微酸性土壤。空气相对湿度以75%～80%为宜。需要保持空气流通,无污染。若通气不良易发生白粉病。空气中的有害气体,如二氧化硫、氯、氟化物等均对月季有害。

✐ 药用价值

月季能提取香料,根和叶都能入药,有着活血消肿与消炎解毒的良好功效。

🌱 栽培技术

土壤:选择地势较高、阳光充足、空气流通好的微酸性土壤。深翻土地,并施入有机肥料做基肥。盆栽月季宜用腐殖质丰富而呈微酸性的沙壤土,不宜用碱性土。在每年的春天新芽萌动前要更换一次盆土,以利其旺盛生长和当年开花。

光照:月季喜光,在生长季节每天至少要有6小时以上的光照,否则,只长叶子不开花,即便是结了花蕾,开花后花色不艳,也不香。

温度:生长的最适温度为22℃～25℃,夏季高温对开花不利。多数品种最适温度白昼15℃～26℃、夜间10℃～15℃。较耐寒,冬季气温低于5℃即进入休眠。如夏季高温持续30℃以上,则多数品种开花减少,品质降低,进入半休眠状态。一般品种可耐−15℃低温。

水分:给月季浇水要做到见干见湿,不干不浇,浇则浇透。月季怕水淹,盆内不可积水,水大易烂根。冬天休眠期要少浇水,保持土壤湿润,不干透即可。开春枝条萌发,枝叶生长，适当增加水量。生长旺季及花期需增加浇水量。夏季高温，水的蒸发量加大，植物处于虚弱半休眠状态，最忌干燥脱水，每天早晚各浇一次水，避免阳光曝晒。高温时浇水，每次浇水应有少量水从盆底渗出，说明已浇透，浇水时不要将水溅在叶上，防止病害。

肥料：月季喜肥。盆栽月季要勤施肥，在生长季节，要十天浇一次淡肥水。不论使用哪一种肥料，切记不要过量，防止出现肥害，伤害花苗。冬天休眠期不可施肥。基肥以迟效性的有机肥为主，如腐肥的牛粪、鸡粪、豆饼、油渣等。每半月加液肥水一次，能常保叶片肥厚、深绿色、有光泽。早春发芽前，可施一次较浓的液肥，花期注意不施肥，6月花谢后可再施一次液肥，9月间第四次或第五次腋芽将发时再施一次中等液肥，12月休眠期施腐熟的有机肥越冬。冬耕可施粪尿或撒上腐熟有机肥，然后翻入土中。生长期要勤施肥，花谢后施追施 1～2 次速效肥。

修剪：花后要剪掉干枯的花蕾。当月季初现花蕾时，保留一个形状好的花蕾，其余的一律剪去。每一个枝条只留一个花蕾，花开得饱满艳丽，花朵大而且香味浓郁。每季开完一期花后必须进行全面修剪。宜轻度修剪，及时剪去开放的残花和细弱、交叉、重叠的枝条，留粗壮、年轻枝条。从基部起留 3～6 厘米，留外侧芽，修剪成美观株形，延长花期。盆栽月季宜选矮生多花香气浓郁的品种。

越冬：冬天室温最好保持在 18 ℃以上，且每天要有 6 小时以上的光照。如果没有保暖措施，就任其自然休眠。立冬时节叶片脱落后，每个枝条只保留 5 厘米，5 厘米以上的枝条全部剪去，然后把花盆放在 0 ℃左右阴凉处保存，盆土要偏干一些，但也要防止干死。

植物文化

花语：月季根据开花颜色不同而花语不同。红月季表示热情、热恋。粉月季表示初恋、羞涩。黑色月季表示有个性、有创意。蓝紫色月季表示珍贵、珍稀。橙黄色月季表示富有青春气息、美丽等。月季象征着幸福、希望、美好。月季多姿，四时常开，深受人们喜爱，中国有 52 个城市将它选为市花。

5

菊 花

·物种简介·

菊花（*Chrysanthemum × morifolium*）又名黄花、帝女花，是菊科菊属多年生草本。是我国名贵观赏花卉，被誉为"四君子"之一。品种已达千余种，形态繁多，品种复杂。菊科植物是现存被子植物中最为进化的分类群之一，而菊花又是菊属中一个独特的物种。随着物种生物学研究的深入发展，菊花自然进化过程的诸多问题对物种生物学家充满吸引力。

分布范围

菊花原产于中国，现遍布我国各地，尤以北京、南京、上海、杭州、青岛、天津、开封、武汉、成都为盛。8世纪前后，作为观赏植物的菊花由中国传至日本，被推崇为日本国徽的图样。17世纪末叶，中国菊花传入欧洲，18世纪传入法国，19世纪中期传入北美，此后菊花遍及全球。

形态特征

多年生草本，高60～150厘米。茎直立，分枝或不分枝，被柔毛。叶卵圆形至披针形，长5～15厘米，羽状浅裂或半裂，有短柄，叶下面被白色短柔毛。头状花序直径2.5～20厘米。总苞片多层，外层外面被柔毛。舌状花颜色各种。管状花黄色。

生长习性

喜凉爽、较耐寒,生长适温 18 ℃～21 ℃,地下根茎耐旱,最忌积涝,喜地势高、土层深厚、富含腐殖质、疏松肥沃、排水良好的壤土。在微酸性至微碱性土壤中皆能生长,而以 pH 6.2～6.7 最好。

食用价值

菊花部分品种可以食用,做成精美的佳肴。如菊花肉、菊花鱼球、油炸菊叶、菊花鱼片粥、菊花羹等,独具风味,营养丰富,还可做菊花酒、菊花茶等。

药用价值

菊花分白菊、黄菊、野菊。黄菊、白菊都有疏散风热、平肝明目、清热解毒的功效。白菊花味甘,清热力稍弱,长于平肝明目;黄菊花味苦,泄热力较强,常用于疏散风热;野菊花味甚苦,清热解毒的力量很强。

栽培技术

整地:菊花对土壤要求不严格,不宜在涝洼地或重盐碱地种植。选定种植地后,需要将土壤深翻 20～25 厘米,并且每亩施入 2 000～2 500 千克堆肥或腐熟厩肥作为基肥。整平耙平,起高畦宽度为 120～130 厘米,四周挖好排水沟。

扦插:秋菊生产中以扦插法繁殖为主。可分为芽插、嫩枝插、叶芽插。芽插,在秋冬切取植株脚芽扦插。选芽的标准是距植株较远,芽头丰满。除去下部叶片,按株距 3～4 厘米、行距 4～5 厘米,插于温室或大棚内的花盆或插床中,保持 7 ℃～8 ℃室温,春暖后栽于室外。嫩枝插,此法应用最广,多于 4—5 月扦插,截取嫩枝 8～10 厘米作为插穗,在 18 ℃～21 ℃的温度下,3 周左右生根,约 4 周即可定植。露地插床,介质以素砂为好,床上应遮阴。全光照喷雾插床无须遮阴。叶芽插,从枝条上剪取一枚带腋芽的叶片扦插,此法仅用于繁殖珍稀品种。

分株:一般在清明前后,把植株掘出,依根的自然形态带根分开,另植盆中。

光照:菊花为短日照植物,在每天 14.5 小时的长日照下进行营养生长,每天 12 小时以上的黑暗与 10 ℃的夜温适于花芽发育。

温度:菊的适应性很强,喜凉,耐寒,生长适温 18 ℃～21 ℃,最高 32 ℃,最低 10 ℃,地下根茎耐低温极限一般为 -10 ℃。花期最低夜温 17 ℃,中后期可降为 13 ℃～15 ℃。

浇水:夏季菊花生长旺盛,水分蒸发较快,需保持土壤湿润。冬季菊花生长期较短,需减少浇水量,避免根部积水。

追肥：菊花喜肥，除基肥外，在生长期还需要进行追肥，一般追肥 3 次。第一次追肥是在移栽复苏后，每亩施 10～15 千克尿素，促进苗期生长；第二次追肥是在植株分枝时；第三次追肥是在现蕾期，追肥量不宜过大，与第一次追肥量相同。

中耕：在菊花即将开花前，一般需要中耕除草，宜浅不宜深。通常每隔 2 个月进行一次中耕，并同时进行培土，以防止倒伏。

摘心：摘心可以提高菊花的产量，一般在 5 月下旬，当苗高达 25 厘米时，选晴天摘除顶心 1～2 厘米，之后每隔半个月摘心 1 次，直至 7 月中下旬停止，否则过多的分枝会导致营养不良，影响菊花的产量和质量。

植物文化

花语：菊花有不少花语，其中最为常见的是"高洁"。它是古代隐士们钟爱的花儿，象征高洁、淡泊、与世无争的高尚品格。除此以外，它还有"长寿""追思""悼念""吉祥""长寿"等花语，根据不同颜色品种有着各自独有的花语。

6
兰 花

· 物种简介 ·

　　兰花（*Cymbidium* spp.）是单子叶植物纲兰科兰属植物的通称。中国传统名花中的兰花仅指分布在中国兰属植物中的若干种地生兰，如春兰、蕙兰、建兰、墨兰和寒兰等，即通常所指的"中国兰"，花的颜色有白、白绿、黄绿、淡黄、淡黄褐、黄、红、青、紫色等。与花大色艳的热带兰花相比较，"中国兰"虽没有醒目的色彩，没有硕大的花和叶，却具有质朴文静、淡雅高洁的气质，很符合东方人的审美标准。

分布范围

　　兰花原产于全球热带地区和亚热带地区，少数种类也见于温带地区。兰属植物主要分布于亚洲热带与亚热带地区，向南到达新几内亚岛和澳大利亚，在我国主要分布于秦岭以南地区。

形态特征

　　附生或地生草本，罕有腐生，通常具假鳞茎；假鳞茎卵球形、椭球形或梭形，较少不存在或延长成茎状，通常包藏于叶基部的鞘之内。叶数枚，通常生于假鳞茎基部或下部节上，二列，带状或罕有倒披针形至狭椭圆形。总状花序具数花或多花，较少减退为单花；花苞片长或短，在花期不落；花较大或中等大；萼片与花瓣离生；唇瓣3裂；唇盘上有2条纵褶片，通常从基部延伸到中裂片基部，有时末端膨大或中部断开，较少合而为一;蕊柱较长,常多少向前弯曲,两侧有翅,腹面凹陷或有时具短毛,花粉团2个,有深裂隙,或4个形成不等大的2对,蜡质,以很短的、弹性的花粉团柄连接于近三角形的粘盘上。

⚙ 生长习性

喜阴,怕阳光直射;喜湿润,忌干燥;喜肥沃、富含大量腐殖质土壤;宜空气流通的环境。

✔ 药用价值

兰花全草均可入药,有养阴润肺、利水渗湿、清热解毒等功效。可应用于临床内、妇科诸症。

🌱 栽培技术

上盆:花盆以口小、盆深、底孔大的为佳。野生苗一般植于瓦盆,2年后方可换入紫砂盆或瓷盆。先在盆底孔上盖以蚌壳、棕片等,上加粗砂、煤渣和木炭,约占容量的1/3。上加培养土厚3～5厘米,一般不加基肥。然后将兰株放入盆中,将根疏密排好,加入拌好的细土至距盆沿2～3厘米处,将兰株稍稍提起,高度以假鳞茎上端与土面平齐为准。轻压盆土,使土与根紧密接触,再用手指沿盆周围压实,以免浇水时造成空洞。最上层敷一层青苔或碎瓦片,浇水不容易造成板结,并可减少水分蒸发。第一次浇水采用坐盆法,使盆吸足水分。最后将盆兰放于阴处半月至1个月。这段时间须控制浇水,不可太湿。以后放置于半阴半阳、透风透气、早上能照到太阳处。盆台要高1米左右,不能摆在平台上,以防蚂蚁和蚯蚓从盆底孔中进入,影响兰花生长。培养土可用山上第一层山坡土,或用细砂与壤土3:7加腐殖质堆肥30％拌匀。培养土需经过消毒处理后使用。

分盆:一般2～3年需分盆1次,秋兰分盆宜在3月至4月上旬进行,春兰、夏兰宜在10月至11月中旬进行。分盆时,盆土要干燥,湿泥操作不便,容易使根折断受伤。母株翻出后,轻轻除去泥块,按自然株分株,修剪败根残叶,注意不可触伤叶芽和肉质根。然后用净水将根部洗干净,放阴凉处,待根色发白,呈干燥状时,才可分拆上盆。如天气渐湿,还须先在阳光下晒10分钟左右,有利于兰花生长。

施肥:新兰上盆,盆土太肥,常不能成活,即使能成活,亦很少开花。如夏肥太多,则秋叶偏旺,常致明春旺叶开花不佳。如秋肥太少,则影响秋冬之交地下花芽形成。如平日氮肥太多,叶子太肥,使叶与花的生长营养失调,就会发生不开花或少开花的现象。一般来说,叶芽新出,可用少量氮肥。春分秋分和花谢后 20 天左右,都是比较恰当的时节。施肥时间以傍晚最好,第二天清晨再浇 1 次清水。每隔 2～3 星期施肥 1 次。每隔 20 天喷雾磷酸二氢钾 1 次,促使孕蕾开花。视叶色施肥,是较妥当的办法,叶显黄而薄是缺肥,应追肥,黑而叶尖发焦是施肥过多,应停止施肥。肥料一定要腐熟,未经腐熟不能使用,忌用粪尿。

浇水:兰花八分干,二分湿为宜。花期与抽生叶芽期,要少浇水。梅雨季节应搬回室内,或搭棚遮雨。夏季于清晨或傍晚浇水,不宜太多,秋天浇水量可以增加。干旱季节,可于每天傍晚喷雾。浇水要从盆边浇水,不可当头倾注,不可中午浇。冬季浇水可大减,注意不能让盆土干透,适当偏干为原则。用水以雨水、泉水为好,各种用水均应先取来积蓄在罐中,使水中污染物沉淀,水温正常,使自来水中氯气逸尽,然后再浇。

光照:光照是形成花芽的重要因素。兰花多属于半阴性植物,多数种类怕阳光直晒,需适当遮阴。兰花在 4 月上、中旬,可多照阳光促进其生长。4 月下旬以后要适当遮阴。夏兰、秋兰中直立性叶的品种最好放在荫蔽处的南面,使其适当多受阳光;垂叶性的秋兰和春兰,每天以受两小时的光照为好。从 6 月开始到 9 月,每天要提早遮阴,如用芦帘可以用密帘或两层稀帘。10 月以后天气转凉,阳光较弱,可推迟遮阴,但中午前后仍需注意做好遮阴工作。

场所:兰花放置的场所很重要,它直接影响兰花的生长发育。兰花一般在春、夏、秋三季放在空旷露地荫蔽处,冬季则放在室内。保持空气湿润。室内要有充足的光线,有利兰花生长。兰盆最好放在木架或桌子上,不要放在地面上。

植物文化

花语:在我国,兰花被看作高洁、爱国、淡泊、美好的象征,被称为"花中君子"。它和梅花、菊花、竹子一起被称为"四君子";又与菊花、水仙、菖蒲一起被称为"花中四雅"。

7
水 仙

·物种简介·

水仙(*Narcissus tazetta* subsp. *chinensis*)又名中国水仙,是多花水仙的一个变种,石蒜科水仙属多年生草本植物。中国水仙的原种为唐代从意大利引进,是法国多花水仙的变种,在中国已有一千多年栽培历史,经上千年的选育成为世界水仙中独树一帜的佳品,被誉为"凌波仙子",成为中国十大传统名花之一,排名第十位,千年名花,代表着吉祥如意。

分布范围

水仙原产于亚洲东部的海滨温暖地区,在我国浙江、福建沿海岛屿有野生,目前福建栽培较多。

形态特征

鳞茎卵球形。叶宽线形,扁平,长20～40厘米,宽8～15毫米,钝头,全缘,粉绿色。花茎几与叶等长;伞形花序有花4～8朵;佛焰苞状总苞膜质;花梗长短不一;花被管细,灰绿色,近三棱形,长约2厘米,花被裂片6,卵圆形至阔椭圆形,顶端具短尖头,扩展,白色,芳香;副花冠浅杯状,淡黄色,不皱缩,长不及花被的一半;雄蕊6,着生于花被管内,花药基着;子房3室,每室有胚珠多数,花柱细长,柱头3裂。蒴果室背开裂。花期春季。

⚙ 生长习性

水仙喜光、喜水、喜肥，生命力顽强，能耐半阴，不耐寒。喜温暖、湿润的气候条件，喜肥沃的砂质土壤。7—8月落叶休眠，在休眠期鳞茎的生长点部分进行花芽分化，秋冬生长，早春开花，夏季休眠。因此要求冬季无严寒、夏季无酷暑、春秋季多雨的气候环境。白天水仙花盆要放置在阳光充足的向阳处给予充足的光照。以疏松肥沃、pH 5～7.5 的沙壤土为宜。

✍ 药用价值

水仙以鳞茎入药，春秋采集，洗去泥沙，开水烫后，切片晒干或鲜用，有小毒。具有清热解毒、散结消肿等疗效。主治腮腺炎、痈疖疔毒、红肿热痛等症。

🌱 栽培技术

繁育：水仙通常采用分株分球法进行繁育。着生在鳞茎球外的两侧的子球，仅基部与母球相连，很容易自行脱离母体，秋季将其与母球分离，单独种植，次年产生新球。

栽培：水仙有水培法和土培法两种方法。

水培法即用浅盆水浸法培养。将经催芽处理后的水仙直立放入水仙浅盆中，加水淹没鳞茎三分之一为宜。盆中可用石英砂、鹅卵石等将鳞茎固定。白天水仙盆要放置在阳光充足的地方，晚上移入室内，并将盆内的水倒掉，以控制叶片徒长。次日晨再加入清水，注意不要移动鳞茎的方向。刚上盆时，水仙可以每日换一次水，以后每2～3天换一次，花苞形成后，每周换一次水。水仙在 10 ℃～15 ℃环境下生长良好，约45天即可开花，花期可保持月余。水养水仙，一般不需要施肥，如有条件，在开花期间稍施一些速效磷肥，花可开得更好。

土培法即用砂质土壤培养。一般于10月中、下旬，用肥沃的砂质土壤把大块鳞茎栽入有孔的花盆中，栽入一半露出一半，鳞茎下面应事先垫一些细砂，以利排水。把花盆置于阳光充足、温度适宜的室内。以 4 ℃～12 ℃为宜，温度过低容易发生冻害，温度过高再加之光照不足，容易陡长，植株细弱，开花时间短暂，降低观赏价值。土培水仙可在开花前追施2～3次液肥，保持光照和温度适宜，则叶片肥大，花茎粗壮，花朵大而饱满，芳香持久。

植物文化

花语：如意、吉祥、美好、纯洁、高尚。水仙花如其名，绿裙、青带，亭亭玉立于清波之上。素洁的花朵超尘脱俗，高雅清香，宛若凌波仙子踏水而来，因而被誉为"凌波仙子"。

8

杜 鹃

· 物种简介 ·

杜鹃(*Rhododendron* spp.），是杜鹃花科杜鹃花属植物的统称。杜鹃为灌木或乔木，多为地生，有少量为附生，花从小至大，花色繁多，有极高的观赏价值，在世界各地公园中均有栽培，为中国十大名花之一。下面以杜鹃(*Rhododendron simsii*)为例介绍。

分布范围

杜鹃原产于江苏、安徽、浙江、江西、福建、台湾、湖北、湖南、广东、广西、四川、贵州和云南，生于海拔 500～2 500 米的山地疏灌丛或松林下，为我国中南及西南典型的酸性土指示植物。

形态特征

落叶灌木，高 2～5 米；分枝多而纤细，密被亮棕褐色扁平糙伏毛。叶革质，常集生枝端，椭圆形、卵圆形、倒卵圆形或倒卵圆形至倒披针形，长 1.5～5 厘米，宽 0.5～3 厘米，先端短渐尖；叶柄长 2～6 毫米。花芽卵形，花 2～6 朵簇生枝顶；花萼 5 深裂，裂片三角状长卵圆形，径长 5 毫米，被糙伏毛，边缘具睫毛；花冠阔漏斗形，玫瑰色、鲜红色或暗红色，长 3.5～4 厘米，宽 1.5～2 厘米。蒴果卵球形，长达 1 厘米，密被糙伏毛；花萼宿存。花期 4—5 月，果期 6—8 月。

生长习性

杜鹃喜酸性土壤,喜凉爽、湿润、通风的半阴环境,既怕酷热又怕严寒,生长适温为12 ℃～25 ℃,夏季气温超过35 ℃,则新梢、新叶生长缓慢,处于半休眠状态。夏季要防晒遮阴,忌烈日曝晒,适宜在光照强度不大的散射光下生长,光照过强,嫩叶易被灼伤,新叶老叶焦边,严重时会导致植株死亡。冬季,露地栽培杜鹃要采取措施进行防寒,以保其安全越冬。

药用价值

全株可入药,有行气活血、补虚的功效,主治内伤咳嗽、肾虚耳聋、月经不调、风湿等疾病。

栽培技术

土壤:杜鹃喜阴,所以杜鹃专类园一般选择在有树荫的地方,在做绿化设计时,可在园中配置乔木。杜鹃喜排水良好的酸性土壤,长江以北盆栽观赏较多。盆土用腐叶土、砂土、园土以7:2:1的比例,掺入饼肥、厩肥等,拌匀后进行栽植。一般春季3月上盆或换土。长江以南以地栽为主,春季萌芽前栽植,选通风、半阴、疏松、肥沃的酸性砂质土壤,不宜积水,否则不利于杜鹃正常生长。

栽种:杜鹃宜在初春或深秋栽植,其他季节栽植必须架设遮阴棚,定植时须使根系和泥土匀实,又不宜过于紧实,使根茎附近土壤面呈弧形状态,可保护植株浅表性的根系不受严寒的冻害,有利于排水。

温度:4月中、下旬搬出温室,置于背风向阳处,夏季进行遮阴,或放在树下遮阴处,避免强光直射。生长适宜温度15 ℃～25 ℃,最高温度32 ℃。10月中旬开始搬入室内,冬季置于阳光充足处,室温保持5 ℃～10 ℃,最低温度不能低于5 ℃,否则停止生长。

水分:杜鹃要求土壤润而不湿。一般春秋季节,对露地栽种的杜鹃可以隔2～3天浇一次透水,在炎热夏季,每天浇一次水。浇水时还应注意水温不宜过冷,尤其在炎热夏天,用过冷水浇透,造成土温骤然降低,影响根系吸水。栽植和换土后浇1次透水,使根系与土壤充分接触,以利根部成活生长。生长期浇水,从3月开始,逐渐加大浇水量,特别是夏季不能缺水,经常保持盆土湿润,但勿积水,9月以后减少浇水,冬季入室后盆土干透再浇。

湿度:杜鹃喜欢空气湿度大的环境,但有些杜鹃专类园建在广场、道路两旁,空气流动快,比较干燥,所以必须经常对杜鹃叶片进行喷水或对周围空气进行喷雾,使杜鹃园周围空气保持湿润。

施肥:在每年的冬末春初,最好能对杜鹃园施一些有机肥料作为基肥。4—5月份杜鹃开花后,由于植株在花期中消耗掉大量养分,随着叶芽萌发、新梢抽长,可每隔15天左右追一次肥。入伏后,枝梢大多已停止生长,此时正值高温季节,生理活动减弱,可以不再追肥。秋后,气候渐趋凉爽,且时有秋雨绵绵,温湿度宜于杜鹃生长,此时可做最后一次追肥,入冬后一般不宜施肥。合理施肥是养好杜鹃的关键,喜肥又忌浓肥,在春秋生长旺季每10天施1次稀薄的饼肥液水,可用淘米水、果皮、菜叶等沤制发酵而成。在秋季还可增加一些磷、钾肥,可用鱼、鸡的内脏和洗肉水加淘米水和一些果皮沤制而成。除上述自制家用肥料外,还可购买一些家用肥料配合使用,但切记要"薄"肥适施。入冬前施1次干肥(少量),换盆时不要施盆底肥。另外,无论浇水或施肥时用水均不要直接使用自来水,应酸化处理(加硫酸亚铁或食醋),在pH达到6左右时再使用。

修剪:修剪整枝是日常维护管理工作中的一项重要措施,它能调节生长发育,从而使长势旺盛。日常修剪需剪掉少数病枝、纤弱老枝,结合树冠形态剪除一些过密枝条,增加通风透光,有利于植株生长。对于杜鹃园须经常检查,发现有枯枝、病枝,应及时清除,以减少病虫害在杜鹃中蔓延。蕾期应及时摘蕾,使养分集中供应,促花大色艳。修剪枝条一般在春、秋季进行,剪去交叉枝、过密枝、重叠枝、病弱枝,及时摘除残花。整形一般以自然树形略加人工修饰,根据个人审美喜好,因树造型。

花期:若想春节见花,可于1月或春节前20天将盆花移至20℃的温室内向阳处,其他管理正常,春节期间可观花。若想五一劳动节见花,可于早春萌动前将盆移至5℃以下室内冷藏,4月10日移至20℃温室向阳处,4月20日移出室外,五一劳动节可见花。因此,温度可调节花期,随心所愿,适时开放,另外,花后即剪的植株,10月下旬可开花;若生长旺季修剪,花期可延迟40天左右;若结合扦插时修剪,花期可延迟至翌年2月。因此,不同时期的修剪,也影响花期的早晚。

植物文化

花语:爱的快乐、鸿运高照、奔放、清白、忠诚、思乡、繁荣吉祥、坚韧乐观、事业兴旺。中国江西、安徽、贵州以杜鹃为省花,杜鹃在中国"十大名花"中排名第六。

9

茶 花

· 物种简介 ·

茶花（*Camellia japonica*）是山茶科山茶属灌木或小乔木植物。花瓣碗形，分单瓣和重瓣。有红、紫、白、黄色，甚至还有彩色斑纹茶花，喜温暖、湿润的环境。花期较长，从10月到翌年5月都有开放，盛花期通常在1—3月份。因其植株形姿优美，叶浓绿而有光泽，花形艳丽缤纷，受到世界园艺界的珍视。茶花的品种极多，是中国传统的观赏花卉，"十大名花"中排名第八，亦是世界名贵花木之一。原产于中国东部，朝鲜、日本和印度等地普遍种植。

📍 分布范围

在我国四川、台湾、山东、江西等地有野生种，目前国内各地广泛栽培；日本、朝鲜也有分布。

✳ 形态特征

灌木或小乔木，高9米，嫩枝无毛。叶革质，椭圆形，长5～10厘米，宽2.5～5厘米，先端略尖，或急短尖而有钝尖头，基部阔楔形，边缘有相隔2～3.5厘米的细锯齿。花顶生，红色，无柄；苞片及萼片约10片，组成长2.5～3厘米的杯状苞被，半圆形至圆形，径长4～20毫米，外面有绢毛，脱落；花瓣6～7片，外侧2片近圆形，径长2厘米，倒卵圆形，径长3～4.5厘米。蒴果圆球形，直径2.5～3厘米，2～3室，每室有种子1～2个，

3片裂开，果爿厚木质。花期1—4月。

⚙ 生长习性

茶花喜阳，喜地势高爽、空气流通、温暖湿润、排水良好、疏松肥沃的砂质土壤、黄土或腐殖土，pH5.5～6.5为佳。要求有一定温差，环境湿度70%以上，大部分品种可耐−8℃低温。淮河以南地区一般可自然越冬。

✏ 药用价值

茶花含有花白甙及花色甙等敛止血剂，有止血、散瘀消肿之功用，主治咳血、鼻出血、肠胃出血、子宫出血以及烧伤、烫伤、跌打损伤、创伤出血等症。泡酒成茶花酒，或煮糯米粥时加入茶花，成茶花糯米粥，可治痢。

🌱 栽培技术

土壤：地栽应选排水良好、保水性能强、富含腐殖质的沙壤土。

光照：茶花为半阴性花卉，夏季需搭棚遮阴。立秋后气温下降，茶花进入花芽分化期，应逐渐撤去遮阴网。冬季应置于室内阳光充足处，若室内光线太弱，茶花则生长不良，并易得病虫害。茶花为长日照植物，在日长12小时的环境中才能形成花芽。

温度：茶花最适生长温度18℃～25℃，最适开花温度10℃～20℃，高于35℃会灼伤叶片。不耐寒，冬季应入室，温度保持3℃～5℃，也能忍耐短时间−10℃的低温。

浇水：茶花对肥水要求较高，北方尤其要注意将碱性水经过酸化处理后才可浇花，具体办法是将自来水存放2天，使水中的氯气挥发掉，再加入适量硫酸亚铁（占水地0.5%左右）。浇水量不可过大，否则易烂根。盆土也不能干，否则易使根因失水而萎缩，以保持盆土和周围环境湿润为宜。一般冬季室内较干燥，应经常向茶花叶面喷水，以形成一个湿润的小气候。但阴雨天忌喷水。浇水时不要把水喷在花朵上，否则会引起花朵霉烂，缩短花期。冬季浇水要视室内温度而定，一般3天左右一次，保持盆土湿润，忌积水。

施肥：茶花喜肥。一般在上盆或换盆时在盆底施足基肥，秋冬季因花芽发育快，应每周浇一次腐熟的淡液肥，并追施1～2次磷、钾肥，氮肥过多易使花蕾焦枯，开花后可少施或不施肥。施肥以稀薄矾肥水为宜，忌施浓肥。一般春季萌芽后，每15天施1次薄肥水，夏季施磷、钾肥，初秋可停肥1个月左右，花前再施矾肥水，开花时再施速效磷、钾肥，使花大色艳，花期长。

修剪：地栽茶花主要剪去干枯枝、病弱枝、交叉枝、过密枝等，明显影响树形的枝条,以及疏去多余的花蕾。盆栽茶花还应根据个人喜好进行整形修剪,但不宜重剪,因其生长势不强。

花期:一般通过选择品种、温度控制、激素处理等办法来控制花期。若使茶花国庆节期间开花,可在7月中旬或8月初用毛笔蘸0.1%的赤霉素,点涂于花蕾上,每3天涂1次,肥水正常管理。9月看花蕾生长情况决定是否涂花蕾,可增加涂蕾次数,增加肥水量,促花蕾迅速生长。

越冬:当气温降至0℃以下时,需要注意防冻。将盆栽茶花搬至室外向阳温暖避风处,或放向阳的塑料棚内。也可放在室内,但要求所放之处光照、通风良好。若放在室外,夜间应加盖塑料薄膜、布等材料进行保温。开花前浇水应掌握盆土不干不浇,浇则浇透的原则。冬季每隔3~5天用水温与室温相近的清水喷洒叶面1次,以增加湿度和清洗叶面灰尘。开花期浇水量以盆土见干见湿为宜,浇水适宜时间为晴天中午。冬季是茶花花蕾膨大期,每月要结合叶面喷水喷施0.1%至0.3%的磷酸二氢钾液1次,或根施以磷钾为主的稀薄液肥1次。摘去过多花苞,使花大色艳,延长花期。

植物
文化

花语:可爱、谦逊、谨慎、美德、理想的爱、了不起的魅力。

10

桂 花

· 物种简介 ·

桂花（*Osmanthus fragrans*）是中国木犀科木犀属众多树木的通称，常绿灌木或小乔木，质坚皮薄，叶长椭圆形面端尖，对生，经冬不凋。花生叶腋间，花冠合瓣四裂，形小，园艺品种繁多，有金桂、银桂、丹桂、月桂等。桂花是中国传统十大名花之一，是一种观赏价值与实用价值兼备的优良园林树种。

📍 分布范围

桂花原产于我国西南部的贵州、四川及云南等地，现各地广泛栽培。目前主要分为四季桂、丹桂、金桂、银桂等 4 个品种群。

❋ 形态特征

常绿乔木或灌木，高 3～5 米，最高可达 18 米；树皮灰褐色，小枝黄褐色。叶片革质，椭圆形、长椭圆形或椭圆状披针形，长径 7～14.5 厘米，短径 2.6～4.5 厘米，先端渐尖，基部渐狭呈楔形或宽楔形，全缘或通常上半部具细锯齿。聚伞花序簇生于叶腋，或近于帚状，每腋内有花多朵；苞片宽卵圆形，质厚，径长 2～4 毫米，具小尖头；花极芳香；花萼长约 1 毫米，裂片稍不整齐；花冠黄白色、淡黄色、黄色或橘红色，长 3～4 毫米，花冠管长 0.5～1 毫米。果歪斜，椭球形，径长 1～1.5 厘米，呈紫黑色。花期 9—10 月上旬，果期翌年 3 月。

生长习性

桂花较喜阳光,亦能耐阴,在全光照下其枝叶生长茂盛,开花繁密。室内盆栽需注意有充足光照,以利于生长和花芽的形成。桂花耐干旱,好湿润,忌积水。桂花对土壤要求不严,除碱性土和低洼地黏重、排水不畅的土壤外,一般均可生长,但以土层深厚、疏松肥沃、排水良好的微酸性砂质土壤最为适宜。桂花对氯气、二氧化硫、氟化氢等有害气体有一定的抗性,有较强的吸滞粉尘的能力,常被用于城市及工矿区园林绿化。

食用价值

以桂花作原料制作的桂花茶是中国特产茶,它香气柔和、味道可口,为大众所喜爱。

药用价值

秋季采花,春季采果,四季采根,分别晒干。以花入药,有散寒破结、化痰止咳功效,主治牙痛、咳喘痰多、经闭腹痛。以果入药,有暖胃、平肝、散寒功效,主治虚寒胃痛。以根入药,有祛风湿、散寒功效,主治湿筋骨疼痛、腰痛、肾虚牙痛。

栽培技术

土壤:选通风、排水良好且温暖的地块,光照充足或半阴环境。栽植土要求偏酸性,忌碱土。盆栽桂花盆土可按腐叶土2份、园土3份、砂土3份、腐熟的饼肥2份,将其混合均匀,然后上盆或换盆。移栽要打好土球,以确保成活率。

光照:在黄河流域以南地区可露地栽培越冬。盆栽冬季应搬入室内,置于阳光充足处,使其充分接受直射阳光。

温度:室温保持5℃以上,但不可超过10℃。翌年4月萌芽后移至室外,先放在背风向阳处养护,待稳定生长后再逐渐移至通风向阳或半阴的环境,然后进行正常管理。生长期光照不足,影响花芽分化。

浇水:地栽前,树穴内应先掺入草本灰及有机肥料,栽后浇1次透水。新枝发出前保持土壤湿润,切勿浇肥水。

施肥:一般春季施1次氮肥,夏季施1次磷、钾肥,使花繁叶茂,入冬前施1次越冬有机肥,以腐熟的饼肥、厩肥为主。忌浓肥,尤其忌入粪尿。盆栽桂花在北方冬季应入低温温室,在室内注意通风透光,少浇水。4月出房后,可适当增加水量,生长旺季可浇适量的淡肥水,花开季节肥水可略浓些。

修剪:根据树姿,将葫蘖条、过密枝、徒长枝、交叉枝、病弱枝剪除,利于通风透光。

对树势上强下弱者,可将上部枝条短截 1/3,使整体树势强健,注意在修剪口涂抹愈伤防腐膜保护伤口。

抹芽:抹芽是在新芽刚刚萌发或新梢刚刚开始抽生的早期、新梢尚未木质化之前将它们抹除,可以节省许多有机养分,促使保留枝条的快速健康发展。嫁接后的抹芽需要多次反复进行。

摘心:摘除新梢先端的幼嫩部分,可以控制新梢生长高度,促进枝条老熟,刺激侧枝的分生。

扭梢:主要针对正在迅速生长的新梢进行。将半木质化的新梢扭伤,通过损伤木质部的输导组织,削弱该枝条的生长势,并保留该枝条叶片的光合功能。

短截:小桂花苗生长老熟的枝条需要借助整枝剪进行修剪。短截又称短剪,是将一年生的枝条剪去一部分,以减少该枝条上芽的数量,集中养分,促进枝条的增粗和分枝,刺激剪口芽抽生强枝。短截修剪多用于主枝延长枝的修剪,对桂花来说,枝条的前端节间密,容易形成轮生枝,所以主枝延长枝的修剪,一般剪去枝条的 1/3,以避免轮生枝的出现。

回缩:回缩是对二年生以上的老枝进行重短截的一种修剪方式。回缩修剪主要用于骨干枝的换头,改变大枝的延伸方向,开张主枝角度以及调整枝序之间生长势的平衡。

疏删:疏删修剪是将枝条从基部完全剪除,主要用于处理生长过于密集的枝条。对于主枝延长枝,疏删其下过密的轮生枝,以便集中养分,保证延长枝的正常生长。疏删枝序的强枝,可以削弱该枝序的生长势,起到平衡树势、改善光照的作用。

植物文化

花语:在我国,桂花寓意为崇高、美好、吉祥、友好、忠贞之士、芳直不屈、仙友、仙客,桂枝寓意为出类拔萃之人物及仕途;在欧美,桂枝寓意为光荣、荣誉。

11

荷　花

·物种简介·

荷花（*Nelumbo nucifera*）又名莲花，毛茛目睡莲科莲属多年生水生草本花卉。原产于亚洲热带和温带地区，地下茎长而肥厚，有长节，叶盾圆形。花期6—9月，单生于花梗顶端，花瓣多数，嵌生在花托穴内，有红、粉红、白、紫等多种颜色，或有彩纹、镶边。坚果椭球形，种子卵形。中国十大名花之一，是印度和越南的国花。

分布范围

荷花原产于我国南北各省，自生或栽培在池塘或水田内；俄罗斯、朝鲜、日本、印度、越南、亚洲南部和大洋洲均有分布。

形态特征

多年生水生草本；根状茎横生，肥厚，节间膨大，内有多数纵行通气孔道，节部缢缩，上生黑色鳞叶，下生须状不定根。叶圆形，盾状，直径25～90厘米，全缘稍呈波状，上面光滑，下面叶脉从中央射出，有1～2次叉状分枝；叶柄粗壮，圆柱形，长1～2米，中空，外面散生小刺。花直径10～20厘米，美丽，芳香；花瓣红色、粉红色或白色，矩圆形、椭圆形至倒卵圆形，长径5～10厘米，短径3～5厘米；花托（莲房）直径5～10厘米。坚果椭球形或卵形，径长1.8～2.5厘米，果皮革质，坚硬，熟时黑褐色；种子（莲子）卵形或椭球形，径长1.2～1.7厘米，种皮红色或白色。花期6—8月，果期8—10月。

⚙ 生长习性

喜深 0.3～1.2 米的静水,水深 1.5 米时不能开花。生长季节失水,如泥土湿润,虽不会导致死亡,但生长减慢;泥土干裂 3～5 天,叶片会枯焦,生长停滞;如继续干旱,则会导致死亡。喜热,耐高温,喜光,不耐阴,在强光下生长发育快,开花早;日照不足 5 小时,只长叶,不开花。对土壤要求不严,但以富含有机质的肥沃黏土为宜。

◑ 食用价值

我国自古就视莲子为珍贵食品,如今仍然是高级滋补营养品。莲藕是上好的蔬菜和蜜饯果品。莲叶、莲花、莲蕊等都是人们喜爱的药膳食品。传统的莲子粥、莲房脯、莲子粉、藕片夹肉、荷叶蒸肉、荷叶粥等,食文化丰富多彩。荷叶可为茶的代用品,又可作为包装材料。

◔ 药用价值

荷花、莲子、莲衣、莲房、莲须、莲子心、荷叶、荷梗、藕节等均可药用。不同的部位作用不同:荷花活血止血、去湿消风;莲子养心、益肾、补脾、涩肠;莲衣能敛、佐参以补脾阴;莲房消瘀、止血、去湿;莲须清心、益肾、涩精、止血;莲子心清心、去热、止血、涩精;荷叶清暑利湿、升发清阳、止血;荷梗清热解暑、通气行暑;荷叶蒂清暑去湿、和血安胎;藕节止血、散瘀。由于荷花的品种繁多,不同品种的不同部位,其药效略有差异。

🌱 栽培技术

水质:荷花是水生植物,生长期内时刻都离不开水。生长前期,水层要控制在 3 厘米左右,水太深不利于提高土温。如用自来水,需晒一两天再用。夏天是荷花的生长高峰期,盆内切不可缺水。池养水深一般要求在 30～60 厘米。

光照:荷花需要充足的阳光来进行光合作用,一般需要每天 6～8 小时的直射阳光。因此,在选择种植位置时应选择阳光充足的地方。

温度:最宜生长温度为 20 ℃～30 ℃,生长气温需保持 15 ℃以上,15 ℃以下时生长停滞。耐高温,气温高至 41 ℃时对生长无影响。

施肥:以磷钾肥为主,氮肥为辅。如土壤较肥,则全年可不必施肥。腐熟的饼肥、鸡鸭鹅粪是最理想的肥料,但不可多施,并要充分与泥土拌和。

越冬:入冬以后,将盆放入室内或埋入冻土层下即可,黄河以北地区除埋入冻土层以下还要覆盖农膜,整个冬季要保持盆土湿润。

植物
文化

花语:清白、高尚、谦虚、高风亮节。出淤泥而不染,濯清涟而不妖,表示坚贞、纯洁、无邪、清正的品质。低调中显现出了高雅,是象征品德高尚的花。

12 睡 莲

· 物种简介 ·

睡莲(*Nymphueu spp.*)是睡莲科睡莲属多年生水生草本植物的统称。自古睡莲同莲花一样被视为圣洁、美丽的化身,常被用作供奉女神的祭品。睡莲花可制作鲜切花或干花,睡莲根能吸收水中的铅、汞、苯酚等有毒物质,是城市中难得的水体净化、绿化、美化的观赏植物。

分布范围

睡莲广泛分布在温带及热带,我国有 5 种。目前栽培种繁多,全国各地均有栽培。

形态特征

多年生水生草本;根状茎肥厚。浮水叶圆形或卵圆形,基部具弯缺,心形或箭形,常无出水叶;沉水叶薄膜质,脆弱。花大形、美丽,浮在或高出水面;萼片 4;花瓣白色、蓝色、黄色或粉红色,花瓣数 12～32,成多轮,有时内轮渐变成雄蕊。浆果海绵质,不规则开裂,在水面下成熟;种子坚硬,为胶质物包裹,有肉质杯状假种皮,胚小,有少量内胚乳及丰富外胚乳。

生长习性

花期 7—10 月,昼开夜合。按其生态学特征,睡莲可分为耐寒、不耐寒两类,前者分布于亚热带和温带地区,后者分布于热带地区。

药用价值

睡莲有镇静安神、清热解暑的功效。根据对睡莲的营养成分分析,睡莲富含17种氨基酸,睡莲蛋白属优质蛋白。分析结果还表明睡莲含有丰富的维生素C、黄酮甙、微量元素锌,具有很强的排铅功能。动物急性毒性实验、微核试验及精子畸变实验都表明睡莲安全可靠、无任何毒副作用。睡莲花粉营养丰富,具有完全性、均衡性、浓缩性等特点,是具有开发利用前景的天然营养源。

栽培技术

盆栽:宜选用无孔营养钵,高30厘米,口径40厘米。填土高度在25厘米左右,栽种完成后沉入水池,水池水位控制在刚刚淹没营养钵为宜,随着生长逐渐增加水位。此方法优点在于越冬容易,只需冬季增高水位,使睡莲顶芽保持在冰层以下即可越冬,缺点是管理时必须进入水池,略感不便。

池栽:选择土壤肥沃的池塘,池底至少有30厘米深泥土,可将繁殖体直接栽入泥土中,水位控制在2～3厘米,随着生长逐渐增高水位。根据地区不同,入冬前池内加深水位,使根茎在冰层以下即可越冬。早春把池水放尽,底部施入基肥(饼肥、厩肥、骨粉和过磷酸钙等),之上填肥土,然后将睡莲根茎种入土内,淹水20～30厘米深,生长旺盛的夏天水位可深些,可保持在40～50厘米,水流不宜过急。若池水过深,可在水中用砖砌种植台或种植槽,或在长的种植槽内用塑料板分隔1米×1米的空间,种植多个品种,可以避免品种混杂。也可先栽入盆缸后,再将其放入池中。生育期间可适当增施追肥1～2次。7—8月,将50克饼肥粉加10克尿素混合,用纸包成小包,用手塞入离植株根部稍远处的泥土中,每株2～4包。种植后3年左右翻池更新1次,以避免拥挤和衰退。冬季结冰前要保持水深1米左右,以免池底冰冻,冻坏根茎。

水位:水温对睡莲的生长开花有直接影响。生长初期由于叶柄短,水位尽量浅,以不让叶片暴露在空气中为宜,以尽快提高水温,促进根系生长,提高成活率;随着叶片的生长,逐步提高水位,到达生长旺期,水位达到最大值,这样使叶柄增长,叶片增大,有助于营养物质储存;进入秋季,降低水位,提高水温,使叶片得到充足的光照,增强光合作用,以促进睡莲根茎和侧芽生长,提高翌年的繁殖体数量;秋末天气转凉后,逐渐加深水位,保持不没过大部分叶片为宜,以控制营养生长;水面结冰之前水位一次性加深,根据历史最大结冰厚度而定,保持睡莲顶芽在冰层以下,以安全越冬。

追肥:追肥的原则是既有益于睡莲生长,又在水中无浪费。因为肥料的浪费会导致水体富营养化而加快藻类及水草的生长,进而污染水体。可用有韧性、吸水性好的纸将肥料包好,并在包上扎几个小孔,以便肥分释放,施入距中心15～20厘米的位置,深度在 10 厘米以下。也可用潮湿的园土或黏土与肥料按一定的比例混合均匀后攒成土球,距根茎中心 15～20 厘米处分 3 点放射状施到根茎下 10～15 厘米处。追肥时间一般在盛花期前 15 天,以后每隔 15 天追肥 1 次,以保障开花量。但追肥不宜过多,过多容易加大营养生长,叶片数量加大,影响花期整体效果。科学合理的追肥可延长耐寒睡莲的群体花期,也可增加来年繁殖体生长数量。

植物
文化

花语:在我国睡莲寓意洁净、纯真。在德国睡莲花语是妖艳。

13
梅 花

· 物种简介 ·

梅花（*Prunus mume*）也称梅、春梅，是蔷薇科李属小乔木。原产于我国南方，已有三千多年的栽培历史，有许多品种。多为露地栽培观赏，也可作盆栽。素有"花魁"之称，与兰、竹、菊并称为"四君子"。

📍 分布范围

梅花原产于四川、云南，生于疏林、溪边及山地，日本、老挝及越南等国也有分布。我国已有三千多年的栽培历史，品种繁多，我国大部分地区有种植。

✳ 形态特征

小乔木，稀灌木，高4～10米；树皮浅灰色或带绿色，平滑；小枝绿色，光滑无毛。叶片卵圆形或椭圆形，长4～8厘米，宽2.5～5厘米，先端尾尖，基部宽楔形至圆形，叶边常具小锐锯齿，灰绿色；花单生或有时2朵同生于1芽内，直径2～2.5厘米，香味浓，先于叶开放；花萼通常红褐色，但有些品种的花萼为绿色或绿紫色；萼筒宽钟形；萼片卵形或近圆形，先端圆钝；花瓣倒卵形，白色至粉红色。果实近球形，直径2～3厘米，黄色或绿白色；果肉与核粘贴。花期冬春季，果期5—6月。

⚙ 生长习性

梅花性喜温暖、湿润，在光照充足、通风良好条件下能较好生长，对土壤要求不严，耐瘠薄,耐寒,怕积水,适宜在疏松、肥沃、排水良好的湿润土壤生长。

药用价值

作为药用,梅花在临床上被分为绿梅花、白梅花和红梅花,有疏肝解郁、理气和胃之功效,主治肝胃气积郁滞所导致的胸胁胀痛、脘腹胀满嗳气、胃脘疼痛等症状。

栽培技术

土壤:梅花对土壤要求不严,耐贫瘠,适应力强,土壤排水透气不积水就可以很好地生长。盆栽梅花一般使用腐叶土、堆肥土、砂土按照 2:2:1 的比例混合土。

浇水:浇水以见干见湿为原则,土不干不浇,土干后就要浇透水。在多雨的时候要注意排除积水,避免烂根。

光照:梅花适宜光照充足的地方生长,光照不足会变得瘦弱,没有精神,开花稀疏。

温度:梅花喜温暖,又非常耐寒,一般能耐 −10 ℃,个别耐寒品种甚至能耐受 −25 ℃的低温;也很耐热,在 40 ℃时也能长。最适生长温度为 16 ℃～23 ℃。

换盆:盆栽梅花一般一年换一次盆和新土,以保证养分的供给。

修剪:开花 20 天以后,要及时修剪,将残花败叶和病枝枯枝剪去,既能减少养分消耗,又能提升观赏性。

植物文化

花语:凌霜斗雪,迎春开放,风骨俊傲,不趋荣利。象征着高洁、坚强、美丽、有傲骨之风、不畏严寒、贫寒却有德行的人。它有着坚贞不屈的谦虚品格,人们常把它当作传达春意吉祥报喜的象征。

14

鸢 尾

· 物种简介 ·

鸢尾（*Iris tectorum*）又名老鸹蒜、扁竹花、紫蝴蝶、蓝蝴蝶等，是鸢尾科鸢尾属多年生草本植物。根茎粗壮；因花瓣形如鸢鸟尾巴而得名；花蓝紫色，上端膨大成喇叭形，外花披裂片圆形或宽卵圆形；花期4—5月。叶基生，黄绿色，稍弯曲，呈宽剑形；蒴果椭球形或倒卵形；种子黑褐色，梨形。

分布范围

鸢尾原产于山西、安徽、江苏、浙江、福建、湖北、湖南、江西、广西、陕西、甘肃、四川、贵州、云南、西藏，生于向阳坡地、林缘及水边湿地；日本也有分布。

形态特征

多年生草本，根状茎粗壮，直径约1厘米；须根较细而短。叶基生，宽剑形，长15～50厘米，宽1.5～3.5厘米，顶端渐尖或短渐尖，基部鞘状。花茎光滑，高20～40厘米，顶部常1～2个短侧枝，中、下部有1～2枚茎生叶；苞片2～3枚，绿色，披针形或长卵圆形，长5～7.5厘米，宽2～2.5厘米，顶端渐尖或长渐尖，内包含有1～2朵花；花蓝紫色，直径约10厘米；花被管细长，长约3厘米，上端膨大成喇叭形，外花被裂片圆形或宽卵圆形，长5～6厘米，宽约4厘米，内花被裂片椭圆形，径长4.5～5厘米，宽约

3厘米。蒴果长椭球形或倒卵形,长4.5～6厘米,直径2～2.5厘米;种子黑褐色,梨形。花期4—5月,果期6—8月。

⚙ 生长习性

鸢尾一般生长于海拔800～1800米的向阳坡地、林缘、水边湿地或灌丛边缘,也能见于山脚或小溪边的潮湿地。鸢尾喜温暖且阳光充足的气候、喜半阴环境、能耐干旱、能耐寒冷、不耐炎热,露地栽培最适温度为15℃～20℃。鸢尾对土壤环境要求不严,适应性较强,怕水涝,宜在排水良好、富含腐殖质、适度湿润的微酸性土壤环境中生长,也能在砂质土、黏土环境中生长。

◉ 药用价值

鸢尾的根状茎可入药,含有黄酮苷成分,有清热解毒、祛痰、利咽等功效,内服可用于缓解咽喉肿痛、咳嗽气喘等症状。

🌱 栽培技术

土壤:鸢尾可在温室大棚种植,也可以在露地种植。露地种植配临时覆盖物,春秋两季可行。鸢尾切花生产,在任何类型的土壤中都可以进行,只要排水良好,保湿性强即可。在黏重壤土中,可加入泥炭、蛭石或粗砂,与25厘米左右深的土壤进行混合,以对土壤进行改良。易板结的土壤,种植后可在土壤表层覆盖一层诸如稻壳、稻草、松针、黑色泥炭或类似的材料来防止土壤板结。

播种:种子成熟后应立即播种,实生苗需要2～3年才能开花。

栽植:栽植密度一般株行距45～60厘米为宜,栽植深度7～8厘米为宜。种植密度依不同品种、球茎大小、种植期、种植地点不同而不同。通常采用每平方米有64个网格的种植网。

分株:一般种植2年后进行分株,春季花后或秋季进行。分割根茎时,注意每块应具有2～3个不定芽。

温度:种植后,土壤最低温度为5℃,最高温度为20℃。土温的高低直接影响到出苗率。土温过低会造成开花能力降低,最适土温控制在16℃～18℃。温室内生产鸢尾,最适温度为15℃。

光照:鸢尾喜光,在高温和光线较弱的温室中,缺少光照是造成花朵枯萎的主要原因。

排水:为了快速排除过多水分,应配置功能良好的排水系统。

施肥:种植前对土壤进行抽样调查,以确保土壤含有合适的营养成分。根据抽样结果给土壤补充合适的肥料,进行精准施肥。鸢尾对氟元素敏感,因此禁止使用含氟的肥料和三磷酸盐肥料,应以磷、钾肥为主。

花语:鸢尾的花语是"华丽"。在中国常用以表达爱情和友谊前途光明。

15

唐菖蒲

· 物种简介 ·

唐菖蒲(*Gladiolus gandavensis*)又称剑兰、菖兰,是鸢尾科唐菖蒲属多年生草本植物。球茎扁圆球形,花茎高出叶上,花冠筒呈膨大的漏斗形,花色有红、黄、紫、白、蓝等单色或复色。唐菖蒲为重要的鲜切花,可作花篮、花束、瓶插等,也可布置花境及专类花坛。矮生品种可盆栽观赏。它与切花月季、康乃馨和扶郎花被誉为"世界四大切花"。品种有忧郁唐菖蒲、甘德唐菖蒲等。唐菖蒲茎叶可提取维生素 C。

分布范围

全国各地广为栽培,贵州及云南一些地方常逸为半野生状态。

形态特征

多年生草本。球茎扁圆球形,径长 2.5～4.5 厘米,外包有棕色或黄棕色的膜质包被。叶基生或在花茎基部互生,剑形,长 40～60 厘米,宽 2～4 厘米,基部鞘状,顶端渐尖。花茎直立,高 50～80 厘米,不分枝,花茎下部生有数枚互生的叶;顶生穗状花序长 25～35 厘米,每朵花下有苞片 2,膜质,黄绿色,卵圆形或宽披针形,长 4～5 厘米,宽 1.8～3 厘米,花在苞内单生,两侧对称,有红、黄、白或粉红等色,直径 6～8 厘米;花被管长约 2.5 厘米,基部弯曲,花被裂片 6,2 轮排列。蒴果椭球形或倒卵形;种子扁而有翅。花期7—9月,果期8—10月。

⚙ 生长习性

唐菖蒲喜温暖,生长适温为20 ℃～25 ℃,球茎在5℃以上的土温中即能萌芽。它是典型的长日照植物,长日照有利于花芽分化,光照不足会减少开花数,但在花芽分化以后,短日照有利于花蕾的形成和提早开花。夏花种的球根都必须在室内贮藏越冬,室温不得低于0 ℃。栽培土壤以肥沃的砂质土壤为宜,pH不超过7;喜肥,磷肥能提高花的质量,钾肥对提高球茎的品质和子球的数目有促进作用。

✐ 药用价值

唐菖蒲球茎可入药,具有解毒散瘀、消肿止痛之功效。用于治疗跌打损伤、咽喉肿痛。外用治腮腺炎、疮毒、淋巴结炎。

🌱 栽培技术

土壤:选择阳光充足、土层疏松肥沃、排水良好的砂质土壤。最好选择没种过唐菖蒲的生地,忌连作。栽植前,清除杂草,深耕土壤,犁地深翻25～30厘米,晒土2～3天,施足基肥,每平方米施入1～2千克有机肥,耙匀搂平。唐菖蒲忌积水,大面积花海种植,宜采用畦植的方法,留足排水沟。通常采用畦宽80～120厘米,畦高20～25厘米,畦沟20厘米。

栽植:栽植前对种球进行分级选择,挑选无病虫、无斑、发芽生根部位无损伤的种球,分级分片种植,便于管理。株行距15厘米×20厘米左右。可采用点播或条播的方式,栽培深度为种球直径大小的2～3倍,砂质土壤的种植深度应比黏重土壤的种植略深,以防开花后倒伏。

浇水:栽后立即浇1次透水。唐菖蒲生长期需要充足的水分,但不耐涝、不耐积水,应做好排水工作,确保水流畅通。可采用喷灌、漫灌和滴灌等给水方法,喷灌在唐菖蒲苗期能较均匀地给水,有利于植株生长,但进入花期之后就不宜了,因为喷灌会增加花的重量,易引起倒伏。漫灌是通过畦沟给水,对种植片区进行灌溉,以达到浇透的效果,漫灌时以不淹过畦面为给水标准,待畦面刚出现水渍状时立即停止灌溉,并及时排除畦沟内多余的水。每次漫灌后,畦地一般能够保持4～5天水分充足。多次漫灌后,土壤会出现板结现象,需要中耕松土。漫灌虽然能使土壤有充足的水分,但这种灌溉方法容易造成水资源的浪费。滴灌则能根据唐菖蒲生长不同阶段对水分的不同要求,有效控制土壤水分,又能起到节约用水的作用。

施肥：唐菖蒲喜肥，磷肥能提高成花质量，钾肥可提高茎秆的硬度。基肥以有机肥为主，每平方米施用有机肥1～2千克，根据土壤肥力适当增减施肥量。唐菖蒲生长前期主要靠球茎提供的营养，出苗整齐后开始需要外界提供养分。在整个生长期间，花芽分化肥和孕穗肥这2次追肥最为重要。第1次是在植株长至2～3叶期，正是花芽分化的时期，将影响到花穗的长度和小花数，此时应施足以磷、钾为主的促花肥。第2次是6～7叶期的孕穗肥，此时施肥有利于花穗的生长和开花。

除草：在畦面或畦沟长出杂草时，要及时连根拔除，并将杂草集中处理，避免杂草在原地恢复长势。漫灌后，拔除杂草，既可清理畦面，也可达到中耕松土的效果，还可以减少病虫害的发生，有利于唐菖蒲更好地吸收水分，涵养水土。中耕松土之后还要注意培土，以防唐菖蒲植株的倒伏。

修剪：花谢之后及时剪除残花，促使其余花蕾继续开放，提高观赏效果。

植物
文化

花语：唐菖蒲代表怀念之情，表示爱恋、用心、长寿、康宁、福禄。

16
美人蕉

· 物种简介 ·　　美人蕉（*Canna* spp.）是美人蕉科美人蕉属多年生宿根草本植物统称，叶大，互生，有明显的羽状平行脉。萼片3枚，花瓣3枚。因其叶似芭蕉而花色艳丽，故得名美人蕉。其中蕉芋为我国南方常见栽培植物之一，块茎可煮食或提取淀粉。下面以大花美人蕉（*Canna* ×*generalis*）为例介绍。

分布范围

大花美人蕉原产美洲、印度，我国各地常见栽培。大花美人蕉为杂交种，现世界各地广为栽培。

形态特征

株高约1.5米，茎、叶和花序均被白粉。叶片椭圆形，长径达40厘米，短径达20厘米，叶缘、叶鞘紫色。总状花序顶生，长15～30厘米；花大，密集；萼片披针形，长1.5～3厘米；花冠管长5～10毫米，花冠裂片披针形，长4.5～6.5厘米；唇瓣倒卵状匙形，长约4.5厘米，宽1.2～4厘米；子房球形，直径4～8毫米；花期秋季。

生长习性

大花美人蕉是亚热带和热带常用的观花植物。喜温暖和充足的阳光，不耐寒。对土壤要求不严，在疏松肥沃、排水良好的沙壤土中生长最佳，肥沃黏质土壤和沼泽环境亦可生长。

药用价值

大花美人蕉的根状茎及花可入药,有清热利湿、安神降压的功效;主治疮疡肿毒、子宫出血、白带过多、急性黄疸型肝炎。

栽培技术

光照:生长期要求光照充足,需保证每天接受至少 5 个小时的直射阳光。光照不足,会使开花期向后延迟。

温度:适宜生长温度 15 ℃～30 ℃。开花时,为延长花期,可放在温度低、光照弱的地方,环境温度不宜低于 10 ℃。气温高达 40℃以上时,可将大花美人蕉移至通风凉爽处。霜降前后,可把盆栽大花美人蕉移至温度 5 ℃～10 ℃处,即可安全越冬。

湿度:生长期,每天应向叶面喷水 1～2 次,以保持湿度。由于大花美人蕉极喜肥耐湿,所以盆内要浇透水。

浇水:春秋两季,保持土面湿润;夏季注意水温太凉会造成叶边焦枯;雨季注意排水防涝;冬季休眠期少浇水。

施肥:栽植前施足基肥,生长旺季每月应追肥 3～4 次。如在预定开花期前 20～30 天还未抽生出花蕾时,可叶面喷施 0.2％磷酸二氢钾水溶液催化。盆栽大花美人蕉有时会出现叶边枯焦及发黄的症状,主要是施硫酸亚铁过多或遭受干旱、烈日曝晒所致。如在盛暑时施肥过浓,会出现烧灼根茎使其"烧死"。

土壤:对土壤要求不严,在疏松肥沃、排水良好的沙壤土中生长最佳,也适应肥沃黏质土壤。盆土要用腐叶土、园土、泥炭土、山泥等富含有机质的土壤混合配制。盆栽大花美人蕉宜选用矮型品种,一般以腐叶土、菜园土、砻糠灰三种为原料,按 1:1.5:0.5 的比例,并加入少量豆饼、骨粉等肥料混合为好。

上盆:在春季 3—4 月,取出块茎,去除腐烂部分,选取有 2～3 个健壮芽的茎块埋入盆土,最好芽尖露出盆土。由于大花美人蕉极喜肥耐湿,所以盆内要浇透水,等长到第 5 张叶片时,每 7～10 天施一次腐熟的追肥,施肥后进行浇水。一般每月施一次 1％ 的硫酸亚铁肥水,或再加入少量的草木灰,促使其茎挺直健壮,叶片碧绿肥厚,花色鲜艳。开花阶段及越冬期间,停止施肥。

修剪:花落后应随时将茎枝从基部剪去,以便萌发新芽,长出花枝陆续开花。

植物文化

花语:美人蕉的花语为"坚实的未来"。盛开的美人蕉,让人感受到它强烈的存在意志。

17
朱顶红

· 物种简介 ·

朱顶红（*Hippeastrum rutilum*）又名对红百枝莲，为石蒜科朱顶红属多年生草本植物。朱顶红花色艳丽且复杂多变，花瓣形状丰富，极具观赏价值，除可用于一般的盆景植物外，还可用于户外景观植物栽培，在中国是元旦、春节和国庆的重要装饰。

分布范围

朱顶红原产于南美洲墨西哥、阿根廷、巴西。现中国各地均有栽培。

形态特征

多年生草本。鳞茎近球形，直径5～7.5厘米，并有葡匐枝。叶6～8枚，花后抽出，鲜绿色，带形，长约30厘米，基部宽约2.5厘米。花茎中空，稍扁，高约40厘米，宽约2厘米，具有白粉；花2～4朵；佛焰苞状总苞片披针形，长约3.5厘米；花梗纤细，长约3.5厘米；花被管绿色，圆筒状，长约2厘米，花被裂片长圆形，顶端尖，长约12厘米，宽约5厘米，洋红色，略带绿色，喉部有小鳞片；雄蕊6，长约8厘米，花丝红色，花药线状长圆形，长约6毫米，宽约2毫米；子房长约1.5厘米，花柱长约10厘米，柱头3裂。花期夏季。

生长习性

喜温暖、湿润、阳光充足的环境，生长最适温度为18 ℃～25 ℃。适宜生长在 pH

为 5.5～6.5、富含腐殖质、疏松肥沃而且排水良好的砂质土壤中。如冬季土壤湿度大，温度超过 25 ℃，茎叶生长旺盛，妨碍休眠，会直接影响翌年正常开花。

🖊 药用价值

鳞茎入药，味辛，有毒，具有解毒消肿之功效，用于治疗痈疮肿毒。

🌱 栽培技术

土壤：要求排水良好，含有机质丰富的砂质土壤，忌黏重土壤。

温度：生长适温 5 ℃～10 ℃。冬季休眠期可冷凉干燥。

光照：朱顶红喜光，宜放置在光线明亮、通风好，没有强光直射的窗前。

水分：保持植株湿润，浇水要透彻。但忌水分过多、排水不良。一般室内空气湿度即可。

换盆：朱顶红生长快，经 1～2 年生长，应换 1 次花盆和新土。

分株：经 1～2 年生长，朱顶红小鳞茎增多，因此在换盆、换土同时进行分株，把大株的合种为一盆，中株的合种为一盆，小株的合种为一盆。

施肥：朱顶红喜肥，生长期随着叶片的生长每半月施肥 1 次，花期停止施肥，花后继续施肥，以磷、钾肥为主，减少氮肥，秋末可停止施肥。朱顶红在换盆、换土、种植的同时要施底肥，上盆后每月施磷钾肥一次，施肥原则是薄施勤施，以促进花芽分化和开花。

修剪：朱顶红生长快，叶长又密，应在换盆、换土的同时把败叶、枯根、病虫害根叶剪去，留下旺盛叶片。

植物
文化

花语：朱顶红的花语是渴望被爱，追求爱。

18
马蹄莲

· 物种简介 ·   马蹄莲(*Zantedeschia aethiopica*)是单子叶植物纲天南星科马蹄莲属多年生草本植物。具块茎,并容易分蘖形成丛生植物。叶基生,叶下部具鞘;叶片较厚,绿色,心状箭形或箭形,先端锐尖、渐尖或具尾状尖头,基部心形或戟形。喜疏松肥沃、腐殖质丰富的黏壤土。马蹄莲在欧美国家是新娘捧花的常用花,也是埃塞俄比亚的国花。

⊙ 分布范围

马蹄莲原产于非洲东北部及南部,现我国各地广泛栽培。

✳ 形态特征

多年生粗壮草本,具块茎。叶基生,下部具鞘;叶片较厚,绿色,心状箭形或箭形,先端锐尖、渐尖,基部心形或戟形,全缘,长15～45厘米,宽10～25厘米,后裂片长6～7厘米。花序柄长40～50厘米,光滑。佛焰苞长10～25厘米,管部短,黄色;檐部略后仰,锐尖或渐尖,具锥状尖头,亮白色,有时带绿色。肉穗花序圆柱形,长6～9厘米,粗4～7毫米,黄色。子房3～5室,渐狭为花柱,大部分周围有3枚假雄蕊。浆果短卵形,淡黄色,直径1～1.2厘米;种子倒卵状球形,直径3毫米。花期2—3月,果8—9月成熟。

🔧 生长习性

喜温暖、湿润和阳光充足的环境，不耐寒和干旱。生长适温为 15 ℃～25 ℃，夜间温度不低于 13 ℃，若温度高于 25 ℃ 或低于 5 ℃，会休眠。马蹄莲喜水，生长期土壤要保持湿润，夏季高温期块茎进入休眠状态后要控制浇水。土壤要求肥沃、保水性能好的黏质壤土，pH 为 6.0～6.5。

🖊 药用价值

马蹄莲可作外敷药用，具有清热解毒的功效，主治烫伤。鲜马蹄莲块茎适量，捣烂外敷在创伤处，预防破伤风。但因其含有毒物质，禁止内服。

🌱 栽培技术

土壤：喜肥沃、中性或偏酸性土壤，可用细碎塘泥土 2 份、腐叶土 1 份，加入适量过磷酸钙及腐熟的有机肥，混合成盆土。

光照：马蹄莲喜温暖湿润及稍有遮阴的环境，但花期要阳光充足，否则佛焰苞带绿色，影响品质。须保证每天 3～5 小时光照，不然叶柄会伸长影响观赏价值。

温度：马蹄莲不耐寒，10 月中旬要移入温室。夏季需要在遮阴情况下，喷水降温保湿。

浇水：马蹄莲喜湿润、肥沃土壤，喜大肥大水，生长期间要多浇水。

施肥：追肥可用腐熟的豆饼水等液肥与复合肥或磷酸二铵轮换施用，每隔 2 周追施 1 次。追施液肥时，切忌肥水浇入叶鞘内以免腐烂。每月追施 1 次硫酸亚铁能使马蹄莲叶片变大、变厚、变绿，平滑有光泽，叶柄不易伸长，从而保证叶片美观。同时能促进花蕾形成，延长花期。

分株：分株通常在花后，剥取块茎四周小球培养 1 年，来年开花。根蘖分株当年即可开花。在 6 月下旬至 8 月上旬，结合换盆，将发育良好的大型分株带根用手掰开，植于准备好的盆中。如用作切花，可多植 2～3 个分株，栽后置于阴凉处。采用分株繁殖，当年 9—10 月份即可开花。

植物文化

花语：博爱，圣洁虔诚，永恒，优雅，高贵，尊贵，希望，高洁，纯洁的友爱，气质高雅。

19

鸡冠花

· 物种简介 ·
　　鸡冠花(*Celosia cristata*)又称老来红、红鸡冠,为苋科青葙属一年生草本植物。夏秋季开花,花多为红色,因其花瓣形似鸡冠,故名鸡冠花。喜阳光充足、湿热,不耐霜冻,不耐瘠薄,喜疏松肥沃和排水良好的土壤。世界各地广为栽培,具有很高的药用价值。

分布范围

鸡冠花原产于非洲,现世界各地广为栽培。

形态特征

　　一年生草本,高 60～90 厘米;茎直立,粗壮。叶卵圆形、卵状披针形或披针形,长5～13 厘米,宽 2～6 厘米,顶端渐尖,基部渐狭,全缘。花序顶生,扁平鸡冠状,中部以下多花;苞片、小苞片和花被片紫色、黄色或淡红色。胞果卵形,径长 3 毫米。

生长习性

喜温暖气候,对土壤要求不严,一般土壤庭院都能种植,以排水良好的砂土栽培较好。

药用价值

鸡冠花以干燥花序入药,具凉血、止血功效。主治痔漏下血、赤白下、吐血、咳血、血淋、妇女崩中、赤白带下。

🌱 栽培技术

土壤：一般土壤庭院都能种植，以地势高燥、向阳、肥沃、排水良好的砂质土壤为宜。

播种：种子繁殖一般直播，也可育苗移栽。直播时，每亩用种量5～6两，拌火灰混匀，在畦上按行、株距各约30厘米开穴，深约3厘米，穴底要平，先施人畜粪水，然后将种子灰均匀撒播。

补苗：苗高7～10厘米时，进行匀苗、补苗，每穴留壮苗4～5株。

除草：匀苗后进行除草。

浇水：生长期浇水不能过多，开花后控制浇水，天气干旱时适当浇水，阴雨天及时排水。

施肥：等到鸡冠形成后，每隔10天施1次稀薄的复合液肥。

摘芽：苗期开始摘除全部腋芽。

采收：一般在白露前后，种子逐渐发黑成熟，及时割掉花苔，放通风处晾晒脱粒，花与籽分开管理，分别入药，一般亩产籽150千克，花500千克左右。花在晒时要早出晚归，勿使夜露，以免变质降低药效，籽要扬净，装袋贮存，防霉变生虫。

植物
文化

花语：秋天，鸡冠花火红的颜色鲜艳夺目、花团锦簇，因此人们赋予它"真爱永恒"的花语。

20
向日葵

· 物种简介 ·

    向日葵（*Helianthus annuus*）又名朝阳花，是桔梗目菊科向日葵属一年生草本植物。因花序随太阳转动而得名。高 1～3.5 米，茎直立，头状花序，直径 10～30 厘米，单生于茎顶或枝端。总苞片多层，叶质，覆瓦状排列，被长硬毛，夏季开花，花序边缘生中性的黄色舌状花，不结实。花序中部为两性管状花，棕色或紫色，能结实。矩卵形瘦果，果皮木质化，灰色或黑色，称葵花籽。

分布范围

    向日葵原产于北美，世界各国均有栽培。目前通过人工选育出大量品种，不同品种适应不同生境，头状花序的大小、色泽及瘦果形态上有许多变异，有些品种可油用，有些品种适合观赏。

形态特征

    一年生草本，高 1～3 米。茎直立，粗壮，被粗硬刚毛，髓部发达。叶互生，宽卵圆形，径长 10～30 厘米或更长，顶端渐尖或急尖，基部心形或截形，边缘具粗锯齿，两面被糙毛，基部 3 脉，有长叶柄。头状花序单生于茎端，直径可达 35 厘米；总苞片卵圆形或卵状披针形，顶端尾状渐尖，被长硬刚毛；雌花舌状，金黄色，不结实；两性花筒状，花冠棕色或紫色，结实；花托平；托片膜质。瘦果矩卵形或椭球形，稍扁，灰色或黑色；冠毛具 2

鳞片,呈芒状,脱落。

生长习性

向日葵适应性强,耐热又耐寒,耐酸亦耐碱。最适生长温度为 21 ℃～26 ℃,土壤 pH5.7～8.0。向日葵的生长期一般为 85 天以上,生长期长短因品种、播期和栽培条件不同而有差异。

食用价值

葵花籽富含蛋白质、脂肪及多种维生素、叶酸、铁、钾、锌等丰富的营养成分,味道清香可口,是广受欢迎的悠闲零食。脱壳的葵花籽仁可以烹饪或用于制作蛋糕、冰淇淋、月饼等甜食。葵花籽油是世界五大油料之一。

药用价值

向日葵具有平肝祛风、清湿热、消滞气的功效,种子油可作软膏的基质,茎髓为利尿消炎剂,叶与花瓣可作苦味健胃剂,花扎有降血压作用。

栽培技术

土壤:向日葵对土壤要求不严,在各类土壤上均能生长,从肥沃土壤到旱地、瘠薄、盐碱地均可种植,有较强的耐盐碱能力。向日葵根和茎通气组织发达,非常耐涝。应选择土地平整,肥力中等,灌排方便,土壤黏性相对较小的地块,不宜重茬。

播种:播种前用新高脂膜拌种,能驱避地下害虫,隔离病毒感染,提高种子发芽率。播种时间一般为 3—4 月,播种适宜温度为 18 ℃～25 ℃,通常播种后 5～7 天出芽。根据品种生育期进行春播或夏播。

补苗:向日葵是双子叶作物,顶土出苗较费劲,再加上整地、播种质量不高或播后遇雨表土板结,或病、虫、鼠、雀等为害,都易造成缺苗断垄。为了保证全苗,出苗期要及时补种、补苗。

中耕:向日葵一般中耕 2～3 次,目的为除草松土、破除板结、保蓄水分、减少蒸发、减轻盐碱危害等。第 1 次中耕在 1～2 对真叶时结合间苗定苗进行,第 2 次中耕在定苗后 1 周进行,第 3 次中耕在封垄前结合开沟、培土、施肥完成。

追肥:向日葵较喜肥,开沟追肥通常在第 3 次中耕时进行,以氮、磷肥为主,每亩磷酸二铵 5 千克、尿素 10 千克,混合均匀后施入土壤。通过开沟培土能有效保证次生根生长发育,防止倒伏,减少子叶节以下基部分枝。

灌水：向日葵是耗水较多的作物，植株高大，叶多而密，吸水量是玉米的1.74倍，不同生育阶段对水分的要求差异很大。从播种到现蕾需水不多，现蕾到开花是需水高峰，开花到成熟需水量也较多。向日葵灌水一般采用沟灌方式，一般株高2米的品种，头水应在开花前4～5天进行，二水在头水后6～7天进行，三水在灌浆期进行。

温度：向日葵是喜温又耐寒的作物，对温度适应性强，种子耐低温，地温稳定在2℃以上种子就开始萌动，4℃～5℃时就能发芽生根。向日葵在整个生育过程中，只要温度不低于10℃就能正常生长。

光照：向日葵为短日照作物。日照充足幼苗生长健壮，生育中期能促进茎叶生长旺盛，正常开花授粉，提高结实率；生长后期能促使籽粒充实饱满。

植物
文化

花语：信念、光辉、高傲、忠诚、爱慕、沉默的爱，代表着勇敢地追求自己想要的幸福，对梦想、对生活的热爱。

21

蜀 葵

· 物种简介 ·

蜀葵(*Alcea rosea*)又称一丈红、大蜀季、戎葵,是锦葵科蜀葵属二年生直立草本植物。高可达 2 米,花呈总状花序顶生单瓣或重瓣,有紫、粉、红、白等色;由于它原产于中国四川,故名曰"蜀葵"。又因其可达丈许,花多为红色,故名"一丈红"。

分布范围

蜀葵原产于我国西南地区,全国各地广泛栽培供园林观赏用,也引种至世界各国。

形态特征

二年生直立草本,高达 2 米。叶近圆心形,直径 6～16 厘米,掌状 5～7 浅裂或波状棱角,裂片三角形或圆形,中裂片长约 3 厘米,宽 4～6 厘米。花腋生,单生或近簇生,排列成总状花序式,具叶状苞片;小苞片杯状,常 6～7 裂,裂片卵状披针形,长 10 毫米;萼钟状,直径 2～3 厘米,5 齿裂,裂片卵状三角形,长 1.2～1.5 厘米;花大,直径 6～10 厘米,有红、紫、白、粉红、黄和黑紫等色,单瓣或重瓣,花瓣倒卵状三角形,长约 4 厘米;果盘状,直径约 2 厘米。花期 2—8 月。

生长习性

蜀葵喜阳光充足,耐半阴,忌涝。耐盐碱能力强,在含盐 0.6% 的土壤中仍能生长。耐寒,在华北地区可以安全露地越冬。

药用价值

蜀葵全草入药,有清热止血、消肿解毒之功效,主治吐血、血崩等症,也用于治疗痢疾、尿路感染以及痈肿疮疡等疾病。

栽培技术

土壤:蜀葵喜土层深厚、肥沃、排水良好的土壤。

播种:8、9月种子成熟后即可播种,次年开花;春播,当年不易开花。播种后7天出苗,入冬稍加覆盖防寒。可播于露地苗床,再育苗移栽,也可露地直播,不再移栽。南方常采用秋播,通常宜在9月份秋播于露地苗床,发芽整齐。而北方常以春播为主。种子播种后约7天就可以萌发。蜀葵种子的发芽力可保持4年。播种苗2年后会出现生长衰退现象。

分株:蜀葵的分株一般在秋季进行,适时挖出多年生蜀葵的丛生根,用快刀切割成数小丛,使每小丛都有2～3个芽,分栽定植。

扦插:花后至冬季均可进行。取蜀葵老干基部萌发的侧枝作为插穗,长约8厘米,插于砂床或盆内均可。插后用塑料薄膜覆盖进行保湿,并置于遮阴处直至生根。冬季应在床底铺设电加温线,以增加地温,加速新根产生。

移栽:幼苗长出2～3片真叶时,应移植1次,加大株行距。定植:播种苗经1次移栽后,可于11月定植。

水分:移栽、定植后及时浇水,开花期保持充足的水分供应,利于植株健壮,可延长花期。

施肥:幼苗生长期,施2～3次液肥,以氮肥为主。叶腋形成花芽后,开花前结合中耕除草施追肥1次磷钾肥。

除草:常松土、除草,利于植株生长健壮。

修剪:花后及时将地上部分剪掉,可萌发新芽。盆栽应在早春上盆,保留独本开花。

采种:因蜀葵种子成熟后易散落,应及时采收。

更新:栽植3年后,易衰老退化,因此需要及时更新。

植物文化

花语:蜀葵花代表梦想、温和、勇敢。

22

绣 球

· 物种简介 ·

绣球（*Hydrangea macrophylla*）又称八仙花、紫阳花，为虎耳草科绣球属落叶灌木。因其形态像绣球，故名。绣球是一种常见的庭院花卉，其伞形花序如雪球累累，簇拥在椭圆形的绿叶中，花型丰满，大而美丽，花色有红有蓝，是常见的盆栽观赏花木。

分布范围

绣球原产于山东、江苏、安徽、浙江、福建、河南、湖北、湖南、广东、广西、四川、贵州、云南等省区，野生或栽培。生于海拔 380～1 700 米山谷溪旁或山顶疏林中。日本、朝鲜也有分布。

形态特征

灌木，高 1～4 米；茎常于基部发出多数放射枝而形成一圆形灌丛；枝圆柱形，粗壮，紫灰色至淡灰色。叶纸质或近革质，倒卵圆形或阔椭圆形，长径 6～15 厘米，短径 4～11.5 厘米，先端骤尖，具短尖头，基部钝圆或阔楔形，边缘于基部以上具粗齿；伞房状聚伞花序近球形，直径 8～20 厘米；不育花萼片 4，阔物卵形、近圆形或阔卵圆形，长径 1.4～2.4 厘米，短径 1～2.4 厘米，粉红色、淡蓝色或白色；萼筒倒圆锥状，长 1.5～2 毫米；花瓣长圆形，径长 3～3.5 毫米；蒴果未成熟，长陀螺状，连花柱长约 4.5 毫米；种子未熟。花期 6—8 月。

⚙ 生长习性

绣球喜温暖、湿润和半阴环境。绣球的生长适温为 18 ℃～28 ℃,冬季温度不低于 5 ℃。花芽分化需在 5 ℃～7 ℃条件下 6～8 周,20 ℃温度可促进开花,见花后维持 16 ℃,能延长花期。但高温使花朵褪色快。绣球为短日照植物,每天黑暗处理 10 小时以上,45～50 天形成花芽。平时栽培要避开烈日照射,以 60%～70% 遮阴最为理想。土壤 pH 的变化,使绣球的花色变化较大。

✎ 药用价值

绣球,以叶入药,有抗疟、消热功效。

🌱 栽培技术

土壤:绣球喜肥沃、排水良好的酸性土壤。土壤的酸碱度对绣球的花色影响非常明显,土壤为酸性时,花呈蓝色;土壤呈碱性时,花呈红色。以酸性(pH4～4.5 为宜)土壤为好。为了加深蓝色,可在花蕾形成期施用硫酸铝;为保持粉红色,可在土壤中施用石灰。

水分:绣球叶片肥大,枝叶繁茂,需水量较多,在春、夏、秋生长季,要保证充足水分,经常保持湿润状态。夏季天气炎热,蒸发量大,除浇足水分外,还要每天向叶片喷水。绣球的根为肉质根,忌积水,否则会烂根。9 月份以后,天气渐转凉,要逐渐减少浇水量。

肥料:绣球喜肥,生长期间,一般每 15 天施一次腐熟稀薄饼肥水。为保持土壤的酸性,可用 1%～3% 的硫酸亚铁加入肥液中施用。经常浇灌矾肥水,可使植株枝繁叶绿;孕蕾期增施 1～2 次磷酸二氢钾,能使花大色艳;施用饼肥应避开伏天,以免招致病虫害和伤害根系。

越冬:入冬后,露地栽培的植株要壅土保暖,使之安全越冬;盆栽的可置于朝南向阳、无寒风吹袭的暖和处。冬季虽枯叶脱落,但根枝仍成活,翌春又有新叶萌发。

换土:盆栽绣球,一般每年要翻盆换土一次。翻盆换土在 3 月上旬进行为宜。新土中用 4 份叶土、4 份园土和 2 份砂土比例配制,再加入适量腐熟饼肥作基肥。同时,要对植株的根系进行修剪,剪去腐根、烂根及过长的根须。植株移放新盆后,要把土压实,再浇透水,放置在荫蔽处 10 天左右,然后移置室外,进行正常管理。修剪:要使绣球树冠美、多开花,就要对植株进行修剪。绣球生长旺盛,耐修剪。一般可从幼苗成活后,长至 10～15 厘米高时,即作摘心处理,使下部腋芽能萌发。然后选萌好后的 4 个中上部新枝,将下部的腋芽全部摘除。新枝长至 8～10 厘米时,再进行第二次摘心。绣球一般在两年生的壮枝上开花,开花后应将老枝剪短,保留 2～3 个芽即可,以限制植株长得过高,并促生新梢。秋后剪去新梢顶部,使枝条停止生长,以利越冬。经过修剪,植株的株型优美,观赏价值提升。

植物
文化

花语:在中国,绣球寓意希望、健康、骄傲、冷爱、美满、团圆。

23

紫藤

· 物种简介 ·

　　紫藤（*Wisteria sinensis*）是豆科紫藤属落叶藤本植物。作为观花绿荫藤本，初夏时紫穗悬垂，盛暑时则浓叶满架，常用于园林棚架、湖畔、池边、假山、石坊等处。紫藤对二氧化硫和硫化氢等有害气体有较强的抗性，对空气中的灰尘有吸附能力。利用紫藤花总状花序，下垂长达 20～30 厘米，花密集而醒目，蓝紫色特点，在立交桥、裸露的山石或陡坡上进行垂直绿化，可以遮盖水泥山石的不足，达到理想的绿化美化效果。

分布范围

　　紫藤原产于河北以南黄河长江流域及陕西、河南、广西、贵州、云南，野生于海拔 500～1 800 米的山地林中。常见栽培的还有原产于日本的多花紫藤。

形态特征

　　落叶藤本。茎左旋，枝较粗壮；冬芽卵形。奇数羽状复叶长 15～25 厘米；托叶线形，早落；小叶 3～6 对，纸质，卵状椭圆形至卵状披针形。总状花序，长 15～30 厘米，径 8～10 厘米；苞片披针形，早落；花长 2～2.5 厘米，芳香；花萼杯状，长 5～6 毫米，宽 7～8 毫米，密被细绢毛，上方 2 齿甚钝，下方 3 齿卵状三角形；花冠紫色，旗瓣圆形，先端略凹陷，花开后反折。荚果倒披针形，长 10～15 厘米，宽 1.5～2 厘米，悬垂枝上不脱落,有种子1～3粒;种子褐色,具光泽,圆形,宽1.5厘米,扁平。花期4月中旬至5月上旬,果期5—8月。

生长习性

紫藤为暖温带植物,对气候和土壤的适应性强,较耐寒,能耐水湿及瘠薄土壤,喜光,较耐阴。以土层深厚、排水良好、向阳避风的地方栽培最适宜。主根深,侧根浅,不耐移栽。生长较快,寿命长,缠绕能力强,对其他植物有绞杀作用。

药用价值

紫藤花含挥发油,可做菜食,茎叶可供药用。种子含金雀花碱,树皮含甙类,有止痛、杀虫等作用,主治腹痛、蛲虫病。

栽培技术

土壤:紫藤属于强直根植物,侧根少,不择土壤,但以湿润、肥沃、排水良好的土壤为宜,过庶潮湿易烂根。

播种:种子在秋季成熟时可即采即播,也常将种子晾干贮藏至翌春播种。播前用50 ℃～60 ℃热水浸种1～2日,待开水温度降至30 ℃左右时,捞出种子并在冷水中淘洗片刻,然后保湿再堆放1昼夜后便可播种,在10 ℃～13 ℃时可发芽。播种繁殖的实生苗需3～5年才能开花,较少采用。

扦插:插条繁殖一般采用硬枝插条。在秋季或第二年3—4月枝条萌芽前进行,操作时选取1～2生的粗壮嫩枝,剪成10～15厘米长的插穗,直插或斜插于事先准备好的苗床,扦插深度为插穗长度的2/3。插后喷水,保持苗床湿润,加强养护,成活率很高,当年株高可达20～50厘米,2年后可出圃。插根繁殖是利用紫藤根上容易产生不定芽来进行。一般在3月中下旬挖取0.5～2.0厘米粗的根系,剪成10～12厘米长的插穗,插入苗床,扦插深度保持插穗的上切口与地面相平,插后要注意苗床湿润。

移栽:在移栽定植时应尽量多掘侧根,并带土球。移栽多于早春进行,移栽前须先搭架,并将粗枝分别系在架上,使其沿架攀援。由于紫藤寿命长,枝粗叶茂,制架材料必须坚实耐久。采用细木柱或钢铁管架时,要刷漆防腐,也可采用水泥架或石柱做支架。

水肥:紫藤的主根很深,所以有较强的耐旱能力,过湿易烂根,只在干旱季节才需要浇水。紫藤幼树树势衰弱时,注意增施肥料补充营养,促进树势健壮、开花繁盛。一般在栽植时穴施有机肥、过磷酸钙、草木灰等,生长期一般追肥2～3次磷、钾肥,促进开花。

修剪：紫藤的修剪宜在休眠期进行，修剪时可通过去密留稀和人工牵引使枝条分布均匀。开花后可将中部枝条留5～6个芽短截，剪除细弱枝以促进来年花芽形成。

植物
文化

花语：紫藤花语为执着的等待、深深的思念。

24

海 棠

· 物种简介 ·

　　海棠（*Malus* spp.）是蔷薇科苹果属花楸苹果组植物的统称，为中国著名观赏树种，园艺品种有粉红色重瓣和白色重瓣，多用于城市绿化美化，其中西府海棠、垂丝海棠为重要的观花花木。下面以垂丝海棠（*Malus halliana*）为例介绍。

分布范围

　　垂丝海棠原产于江苏、浙江、安徽、陕西、四川、云南。生于山坡丛林中或山溪边，海拔 50～1 200 米。

形态特征

　　乔木，高达 5 米，树冠开展；小枝细弱，紫色或紫褐色；冬芽卵形，紫色。叶片卵圆形或椭圆形至长椭卵形，长径 3.5～8 厘米，短径 2.5～4.5 厘米。伞房花序，具花 4～6 朵，花梗细弱，长 2～4 厘米，下垂，紫色；花直径 3～3.5 厘米；萼片三角卵圆形，径长 3～5毫米，先端钝，全缘；花瓣倒卵圆形，径长约 1.5 厘米，粉红色，常在 5 以上。果实梨形或倒卵形，直径 6～8 毫米，略带紫色。花期 3—4 月，果期 9—10 月。

生长习性

　　垂丝海棠性喜阳光，不耐阴，适宜在阳光充足的环境生长，较耐旱，耐寒，对严寒及干旱气候有较强的适应性,可以承受寒冷的气候,一般来说,垂丝海棠在−15 ℃也能生长得很好,可以在室外越冬。但在 −30 ℃以下时,需要注意采取保护措施。

药用价值

垂丝海棠果实含苹果酸、酒石酸、枸橼酸及维生素 C 等,干制入药,有祛风、舒筋、活络、镇痛、消肿、顺气之效。

栽培技术

土壤:垂丝海棠喜疏松透气、排水性好的土壤,可选择园土、河砂土混合。每年秋、冬季可在根际处换培一批塘泥或肥土。

栽植:一般栽植的大苗要带土球,小苗要根据情况留宿土,苗木栽植后浇透定植水。

水分:垂丝海棠喜湿润、忌湿涝。

光照:垂丝海棠喜欢强光照射,不耐阴。如果光照不足,就会造成垂丝海棠的枝叶徒长,叶子的颜色变得越来越淡,并且会变黄。而且还会造成不开花或是开的花不美观,容易受到病虫害的侵扰。

温度:垂丝海棠夏季可以采用遮阳、浇水、叶面喷水等降温措施,北方越冬需要一定保暖措施。长江以南地区,露地栽培能够安全越冬。

修剪:落叶后至早春萌芽前进行一次修剪,剪除枯弱枝、病虫枝,以保持树冠疏散,通风透光。为促进植株开花旺盛,要把徒长枝实行短截,以减少发芽的养分消耗,使所留的腋芽可获较多营养物质,形成较多的开花结果枝。结果枝、中间枝不必修剪。

摘心:在生长期间及时进行摘心,早期限制营养生长,可以控制树型,提升开花效果。一般盆栽的桩景都需要摘心控制树型。

花语:海棠花语为"苦恋"。代表游子思乡、离愁别绪、温和、美丽、快乐。

植物
文化

25

樱花

· 物种简介 ·　　　樱花（*Cerasus* spp.）是蔷薇科樱属植物的统称。约有 150 种，主要分布于亚洲、欧洲及北美，我国有 43 种，其中 29 种为特有。樱花品种繁多，栽培品种约 300 个，花色丰富，有白色、粉红色、红色等，有单瓣、半重瓣及重瓣，常用于园林观赏。

分布范围

樱花分布于北半球温和地带，亚洲、欧洲至北美洲均有，主要种类分布于我国西部和西南部，日本和朝鲜也有分布。

形态特征

落叶乔木或灌木；腋芽单生或 3 个并生，中间为叶芽，两侧为花芽。幼叶在芽中为对折状，后于花开放或与花同时开放。花常数朵着生在伞形、伞房状或短总状花序上；萼筒状，萼片反折或直立开张；花瓣白色或粉红色，先端圆钝、微缺或深裂。核果成熟时肉质多汁，不开裂；核球形或卵形，核面平滑或稍有皱纹。

生长习性

樱花喜阳光和温暖湿润的气候条件，对土壤要求不严，宜在疏松肥沃、排水良好的砂质土壤生长，不耐盐碱。根系较浅，忌积水低洼地。较耐寒，耐旱。

药用价值

櫻花具有很好的收缩毛孔和平衡油脂的功效，含有丰富的天然维生素 A、B、E，樱叶黄酮还具有美容养颜、强化黏膜、促进糖分代谢的功效。樱花提取物中含有樱花酵素，用于祛痘。

栽培技术

土壤：根系较浅，宜在疏松肥沃、排水良好的中性砂质土壤生长，忌积水低洼地。栽植前要把地整平，挖直径 0.8 米、深 0.6 米的坑，坑里先填入 10 厘米的有机肥。

播种：樱花种子采后即播，不宜干燥。因种子有休眠，或经砂藏于次年春播，以培育实生苗作嫁接之用。

扦插：春季用一年生硬枝，夏季用当年生嫩枝。扦插可用 NAA 处理，苗床需遮阴保湿与通气良好的介质，以便提高成活率。

栽种：把苗放进挖好的坑里，使苗的根向四周伸展。樱花填土后，向上提一下苗使根伸展开，再进行踏实。栽好后充分灌溉，用棍子架好，以防大风吹倒。

浇水：定植后苗木易受旱害，除定植时充分灌水外，以后 8~10 天灌水一次，保持土壤潮湿但无积水。灌后及时松土，最好用草将地表薄薄覆盖，减少水分蒸发。在定植后 2~3 年，为防止树干干燥，可用稻草包裹。但 2 年后，树苗长出新根，对环境的适应性逐渐增强，则不必再包草。

施肥：樱花每年施肥两次，以酸性肥料为好。一次是冬肥，在冬季或早春施用豆饼、鸡粪和腐熟肥料等有机肥；另一次在落花后，施用硫酸铵、硫酸亚铁、过磷酸钙等速效肥料。一般大樱花树施肥，可采取穴施的方法，即在树冠正投影线的边缘，挖一条深约 10 厘米的环形沟，将肥料施入。此法既简便又利于根系吸收，以后随着树的生长，施肥的环形沟直径和深度也随之增加。

修剪：花后和早春发芽前，需剪去枯枝、病弱枝、徒长枝，尽量避免粗枝的修剪，以保持树冠圆满。一般大樱花树干上长出许多枝条时，应保留若干长势健壮的枝条，其余全部从基部剪掉，以利通风透光。

消毒：修剪后的枝条要及时用药物消毒伤口，防止雨淋后病菌侵入，导致腐烂。樱花经太阳长期曝晒，树皮易老化损伤，造成腐烂，应及时将其除掉并进行消毒处理。之后，用腐叶土及炭粉包扎腐烂部位，促其恢复正常生理机能。

植物文化

花语：樱花是爱情与希望的象征，代表着高雅、质朴、纯洁的爱情。

26
迎春花

· 物种简介

迎春花(*Jasminum nudiflorum*)又称金腰带,为木犀科素馨属多年生落叶灌木。株高30～500厘米。小枝细长直立或拱形下垂,呈纷披状。因其在百花之中开花最早,迎来百花齐放的春天而得名。迎春花与梅花、水仙和山茶统称为"雪中四友",是中国常见的花卉之一。

分布范围

迎春花原产于甘肃、陕西、四川、云南及西藏,生于海拔800～2 000米山坡灌丛中。世界各地普遍栽培。

形态特征

落叶灌木,直立或匍匐,高0.3～5米,枝条下垂。枝稍扭曲,小枝四棱形。叶对生,三出复叶,小枝基部常具单叶;小叶片卵圆形、长卵圆形、椭圆形、狭椭圆形,稀倒卵圆形,叶缘反卷;顶生小叶片较大,长1～3厘米,宽0.3～1.1厘米,侧生小叶片长0.6～2.3厘米,宽0.2～11厘米;单叶为卵圆形或椭圆形,有时近圆形,长径0.7～2.2厘米,短径0.4～1.3厘米。花单生于小枝的叶腋,稀生于小枝顶端;苞片小叶状,披针形、卵圆形或椭圆形,长径3～8毫米,短径1.5～4毫米;花萼绿色,裂片5～6枚,窄披针形,长4～6毫米,宽1.5～2.5毫米;花冠黄色,径2～2.5厘米,花冠管长0.8～2厘米,基部直径1.5～2毫米,向上渐扩大,裂片5～6枚,长圆形或椭圆形,长径0.8～1.3厘米,短径3～6毫米。花期6月。

生长习性

喜光,稍耐阴,略耐寒,怕涝,华北地区可露地越冬,要求温暖而湿润的气候,疏松肥沃和排水良好的砂质土壤,在酸性土中生长旺盛,碱性土中生长不良。根部萌发力强。枝条着地部分极易生根。

药用价值

叶苦涩,有活血解毒、消肿止痛的功效,用于肿毒恶疮、跌打损伤、创伤出血。花发汗,可解热利尿,用于发热头痛、小便涩痛。花还可治高血压、头昏头晕。根用于小儿热咳、小儿惊风。

栽培技术

土壤:迎春花适应性强,喜光、耐寒、耐旱、耐碱、怕涝,对土壤要求不严,在微酸、中性、微碱性土壤中都能生长,在疏松肥沃的砂质土壤中生长最好。

盆栽:一般在花凋后或9月中旬进行。如欲培养成提根式,可在栽种时把根适当提高一些,但一次不要提得太高,否则对生长不利。

扦插:春、夏、秋三季均可进行,剪取半木质化的枝条12～15厘米长,插入砂土中,保持湿润,约15天生根。将较长的枝条浅埋于砂质土壤中,不必刻伤,40天后生根,翌年春季与母株分离移栽。

嫁接:可选胸径2厘米以上的水蜡苗,早春萌动时选一定的高度进行嫁接。采当年生迎春枝长8～10厘米作接穗,进行嫁接。接后用薄膜绑紧,套塑料袋,成活抽枝后逐渐将袋撕破透气放风炼苗,并摘心促抽侧枝,培育冠形。

水分:在生长过程中,注意土壤不能积水和过分干旱,以保持湿润偏干为主,不干不浇,气候干燥时,适当浇水增加湿度,雨后要防止盆中积水。

肥料:生长季每隔半月施一次粪肥,生长后期增施些磷、钾肥,这样才能在修剪后,促进多发壮枝。

温度:在夏季烈日当头出现高温时,将它移至半阴处,更有利其生长。春节前后,将其连盆移入温室或塑料大棚中,室温保持15 ℃左右,约15天就可见花。

修剪:迎春花在1年生枝条上形成花芽,第2年冬末至春季开花,因此在每年花谢后应对所有花枝进行修剪,促使长出更多的侧枝,增加着花量。

花语:迎春花花语是希望、相爱到永远。

植物
文化

27
紫 荆

·物种简介·

紫荆（*Cercis chinensis*）为豆科紫荆属落叶乔木或灌木。喜光照，较耐寒。萌蘖性强，耐修剪。常栽于庭院、草坪、岩石及建筑物前，用于园林绿化，具有较好的观赏效果。皮、果、花皆可入药。

分布范围

紫荆原产于我国东南部，北至河北，南至广东、广西，西至云南、四川，西北至陕西，东至浙江、江苏和山东等省区。常见栽培，多植于庭园、屋旁，少数生于密林或石灰岩地区。

形态特征

丛生或单生灌木，高2～5米；树皮和小枝灰白色。叶纸质，近圆形或三角状圆形，长径5～10厘米，短径与长径相当或略短于长径，嫩叶绿色，叶柄略带紫色。花紫红色或粉红色，2～10余朵成束，簇生于老枝和主干上，尤以主干上花束较多，通常先于叶开放，但嫩枝或幼株上的花则与叶同时开放，花长1～1.3厘米；花梗长3～9毫米。荚果扁狭长形，绿色，长4～8厘米，宽1～1.2厘米；种子2～6颗，阔长圆球形，长径5～6毫米，短径约4毫米，黑褐色。花期3—4月；果期8—10月。

⚙ 生长习性

较耐寒,喜光,稍耐阴。喜肥沃、排水良好的土壤,不耐涝。萌芽力强,耐修剪。

◐ 药用价值

紫荆皮可入药,有清热解毒,活血行气,消肿止痛之功效,主治产后血气痛、疗疮肿毒、喉痹;花可治风湿筋骨痛;果实用于咳嗽,孕妇心痛。

🌱 栽培技术

土壤:对土壤要求不严,喜肥沃、排水良好的土壤。

播种:9—10月收集成熟荚果,取出种子,埋于干砂中置阴凉处越冬。次年3月下旬到4月上旬播种,播前进行种子处理。用60℃温水浸泡种子,水凉后继续泡3～5天。每天需要换凉水一次,种子吸水膨胀后,放在15℃环境中催芽,每天用温水淋浇1～2次,待露白后播于苗床,2周可齐苗,出苗后适当间苗。

移栽:播种苗4片真叶时可移栽至苗圃中。畦地以疏松肥沃的壤土为好。为便于管理,栽植可实行宽窄行,宽行60厘米,窄行40厘米,株距30～40厘米。幼苗不耐寒,冬季需用塑料拱棚保护越冬。

分株:紫荆根部易产生根蘖。秋季10月份或春季发芽前用利刀断蘖苗和母株连接的侧根另植,容易成活。秋季分株的应假植保护越冬,春季3月定植,一般第二年可开花。

压条:以春季3—4月为宜。空中压条法可选1～2年生枝条,用利刀刻伤并环剥树皮1.5厘米左右,露出木质部,将生根粉液涂在刻伤部位上方3厘米左右,待干后用筒状塑料袋套在刻伤处,装满疏松园土,浇水后两头扎紧即可。1个月后检查,如土过干可补水保湿,生根后剪下另植。

浇水:紫荆喜湿润环境,种植后应立即浇头水,第3天浇二水,第6天后浇三水,三水过后视天气情况浇水,以保持土壤湿润不积水为宜。夏天及时浇水,并可叶片喷雾,雨后及时排水,防止水大烂根。入秋后如气温不高应控制浇水,防止秋发。入冬前浇足防冻水。翌年3月初浇返青水,除7月和8月外,视降水量确定是否浇水。

施肥:紫荆喜肥,肥足则枝繁叶茂,花多色艳,缺肥则枝稀叶疏,花少色淡。应在定植时施足底肥,以腐叶肥、圈肥或烘干鸡粪为好,与种植土充分拌匀再用,否则根系会被烧伤。正常管理后,每年花后施一次氮肥,促长势旺盛,初秋施一次磷钾复合肥,利于花芽分化和新生枝条木质化后安全越冬。初冬结合浇冻水,施用牛马粪。植株生长不良可叶面喷施0.2%磷酸二氢钾溶液和0.5%尿素溶液。

修剪：紫荆在园林中常作为灌丛使用，故从幼苗抚育开始就应加强修剪，以利形成良好株形。幼苗移栽后可轻短截，促其多生分枝，扩大营养面积，积累养分，发展根系。翌春可重短截，使其萌生新枝，选择长势较好的 3 个枝保留，其余全部剪除。生长期内加强水肥管理，对留下的枝条摘心。定植后将多生萌蘖及时疏除，加强对头年留下的枝条的抚育，多进行摘心处理，以便多生二次枝。在栽培中要加强对开花枝的更新。超过 5 年的老枝，着花量变少，花芽上移，影响观赏，应及时更新。

植物
文化

花语：家庭和美、骨肉情深。

28

茉 莉

· 物种简介 ·

    茉莉（*Jasminum sambac*）是木犀科素馨属直立或攀援灌木。茉莉的花极香，为著名的花茶原料及重要的香精原料；茉莉花茶有去寒邪、助理郁的功效和作用，是春季饮茶之上品。花、叶药用治目赤肿痛，并有止咳化痰之效。

📍 分布范围

茉莉原产于印度，世界各地广泛栽培。

✳ 形态特征

    直立或攀援灌木，高达3米。小枝圆柱形或稍压扁状，有时中空。叶对生，单叶，叶片纸质，圆形、椭圆形、卵圆形或倒卵圆形，长径4～12.5厘米，短径2～7.5厘米。聚伞花序顶生，通常有花3朵，有时单花或多达5朵；花序梗长1～4.5厘米，被短柔毛；苞片微小，锥形，长4～8毫米；花梗长0.3～2厘米；花极芳香；花萼无毛或疏被短柔毛，裂片线形，长5～7毫米；花冠白色，花冠管长0.7～1.5厘米，裂片长圆形至近圆形，径长5～9毫米，先端圆或钝。果球形，径约1厘米，呈紫黑色。花期5—8月，果期7—9月。

⚙ 生长习性

茉莉性喜温暖湿润,在通风良好、半阴的环境生长最好。土壤以含有大量腐殖质的微酸性砂质土壤最适。大多数品种畏寒、畏旱,不耐霜冻、湿涝和碱土。冬季气温低于3 ℃时,枝叶易受冻害。

✏ 药用价值

茉莉根苦、温,有毒。有麻醉、止痛功效,用于跌损筋骨、龋齿、头痛、失眠。叶辛、凉,有清热解表功效,用于外感发热、腹胀腹泻。花辛、甘、温,有理气、开郁、辟秽、和中功效,用于下痢腹痛、目赤红肿、疮毒。茉莉花可提取茉莉花油,根含生物碱、甾醇。茉莉花、叶和根都可药用,一般秋后挖根,切片晒干备用;夏秋采花,晒干备用。

🌱 栽培技术

土壤:盆栽要求培养土富含有机质,而且具有良好的透水和通气性能。一般用田园土 4 份、堆肥 4 份、河砂或谷糠灰 2 份,外加充分腐熟的干枯饼末、鸡鸭粪等适量,并筛出粉末和粗粒,以粗粒垫底盖面。

上盆:茉莉上盆时间以每年 4—5 月份新梢未萌发前最为适宜。按苗株大小选用合适的花盆。上盆时一手扶苗,一手铲填培养土,待土盖满全部根系后,将植株稍向上轻提,并把盆振动几下,使土与根系紧密接触。然后用手把盆土压实,让土面距盆沿有 2 厘米的距离,留作浇水。

水分:栽好后,浇定根水,然后放在稍加遮阴的地方 7～10 天,避免阳光直射,以后逐渐见光。日常管理的关键是水,要根据茉莉喜湿润、不耐旱、怕积水、喜透气的特性,掌握浇水时间和浇水量。至 6—7 月份可开花。这时根系已恢复正常生长,每 7～10天要浇一次稀薄矾肥水。以后可按成株茉莉管理,当年不再换盆。盛夏季每天要早、晚浇水,如空气干燥,需补充喷水;冬季休眠期,要控制浇水量,如盆土过湿,会引起烂根或落叶。

施肥:从 6 月至 9 月开花期勤施含磷较多的液肥,最好每 2～3 天施一次,肥料可用腐熟好的豆饼和鱼腥水肥液,或者用硫酸铵、过磷酸钙。也可用 0.1% 的磷酸二氢钾水溶液。茉莉喜肥,喜酸性土,平时可每周浇一次 1:10 的矾肥水。第一次花后,宜用豆饼等作追肥,施于表土中,开花时酌施骨粉、磷肥,有条件的可浇腐熟的粪尿,这样可使茉莉花香浓郁。浇肥不宜过浓,否则易引起烂根。浇前用小铲将盆土略松后再浇,不要在盆土过干或过湿时浇肥,于似干非干时施肥效果最好。

修剪:为使盆栽茉莉株形丰满美观,花谢后应随即剪去残败花枝,以促使基部萌发新枝,控制植株高度。

过冬:茉莉畏寒,在气温下降为 6 ℃～7 ℃时,应搬入室内,同时注意开窗通风,以免造成叶子变黄脱落。遇有天气暖时,仍应搬到室外,通风见光。宜放置在阳光充足的房间里,室温应在 5 ℃以上。每 7 天左右浇 1 次水,使盆土微湿。这样,冬季亦能保持枝叶鲜绿,不失其观赏效果。

换盆:盆栽茉莉一般每年应换盆换土一次。换盆时,将茉莉根系周围部分旧土和残根去掉,换上新的培养土,重新改善土壤的团粒结构和养分,有利于茉莉的生长。 换盆后浇透水,以利根土密接,恢复生长。换盆前应对茉莉进行一次修剪,对上年生的枝条只留 10 厘米左右,并剪掉病枯枝和过密、过细的枝条。生长期经常疏除生长过密的老叶,可以促进腋芽萌发和多发新枝、多长花蕾。

养护:茉莉极喜肥,只要养护得当,盆栽茉莉一年可开 3 次花。如果肥料不足、养分不够,开 1 次花后,就不再开花了。如果管理到位的,可以不停地从 5 月底开到 11 月初。

植物
文化

花语:茉莉素洁、浓郁、清香,它的花语表示忠贞、尊敬、清纯、贞洁、质朴、玲珑、迷人。许多国家将其作为爱情之花,青年男女之间,互送茉莉以表达坚贞爱情。它也作为友谊之花,在人们中间传递。

29
木 槿

· 物种简介 ·

木槿（*Hibiscus syriacus*）是锦葵科木槿属落叶灌木，花朵色彩有纯白、淡粉红、淡紫、紫红色等，花形呈钟状，有单瓣、复瓣、重瓣几种。花期7—10月。木槿是一种在庭院很常见的灌木花种，中国中部各省原产，各地均有栽培。在园林中可做花篱式绿篱，孤植和丛植均可。木槿是韩国的国花。

分布范围

木槿原产于我国中部，台湾、福建、广东、广西、云南、贵州、四川、湖南、湖北、安徽、江西、浙江、江苏、山东、河北、河南等省均有栽培。

形态特征

落叶灌木，高3～4米，小枝密被黄色星状绒毛。叶菱形至三角状卵圆形，长3～10厘米，宽2～4厘米，具深浅不同的3裂或不裂。花单生于枝端叶腋间；小苞片6～8，线形，长6～15毫米，宽1～2毫米；花萼钟形，长14～20毫米，裂片5，三角形；花钟形，淡紫色，直径5～6厘米，花瓣倒卵圆形，径长3.5～4.5厘米。蒴果卵形，直径约12毫米；种子肾形。花期7—10月。

生长习性

木槿对环境的适应性很强,较耐干燥和贫瘠,对土壤要求不严。稍耐阴,喜温暖、湿润气候,耐修剪、耐热又耐寒,在北方地区栽培需保护越冬,耐水又耐旱,在重黏土中也能生长,萌蘖性强。

药用价值

木槿的花、果、根、叶和皮均可入药。具有防治病毒性疾病和降低胆固醇的作用。木槿花内服治反胃、痢疾、脱肛、吐血、下血、疟腮、白带过多等,外敷可治疗疮疖肿。木槿花含肥皂草甙、皂苷等,对金黄色葡萄球菌和伤寒杆菌有一定抑制作用,可治疗肠风泻血。

栽培技术

土壤:木槿对土壤要求不严格,在重黏土中也能生长,但在疏松透气且富含多种营养物质的土壤中最适。整好苗床,按畦带沟宽 130 厘米、高 25 厘米作畦。采用单行垄作栽培,垄间距 110～120 厘米,株距 50～60 厘米,垄中间开种植穴或种植沟。

移栽:木槿移栽定植时,种植穴或种植沟内要施足基肥,一般以垃圾土或腐熟的厩肥等农家肥为主,配合施入少量复合肥。或每平方米施入厩肥 6 千克、火烧土 1.5 千克、钙镁磷肥 75 克作为基肥。

定植:木槿为多年生灌木,生长速度快,可 1 年种植多年采收。为获得较高的产量,便于田间管理及鲜花采收,移栽定植最好在幼苗休眠期进行,也可在多雨的生长季节进行。移栽时要剪去部分枝叶以利成活。

水分:定植后应浇 1 次定根水,并保持土壤湿润,直到成活。长期干旱无雨天气,应注意灌溉,而雨水过多时要排水防涝。

追肥:当枝条开始萌动时,应及时追肥,以速效肥为主,促进营养生长;现蕾前追施 1～2 次磷、钾肥,促进植株孕蕾;5—10 月盛花期间结合除草、培土进行追肥两次,以磷钾肥为主,辅以氮肥,以保持花量及树势;冬季休眠期间进行除草清园,在植株周围开沟或挖穴施肥,以农家肥为主,辅以适量无机复合肥,以供应来年生长及开花所需养分。

修剪:新栽的木槿植株较小,在前 2 年可放任其生长或进行轻修剪,在秋冬季将枯枝、病虫弱枝、衰退枝剪去。树体长大后,应对木槿植株进行整形修剪。整形修剪宜在秋季落叶后进行。根据木槿枝条开张程度不同可分为直立型和开张型。直立型木槿枝条着生角度小,近直立,萌芽力强,成枝力相对较差,不耐长放,可将其培养改造成有主干不分层树形,主干上选留3~4个主枝,其余疏除,在每个主枝上可选留1~2个侧枝,称为有主干开心形。

采收:鲜花采收,木槿花期长,从5月始花可一直开到10月份,约有半年的花期。但就一朵花而言,于清晨开放,第2天枯萎。因此作蔬菜食用的花朵采摘宜在每天早晨进行。如加工晒干,应于晴天早上采摘后即晒干,干后置于通风干燥处,要防压、防虫蛀。

植物文化

花语:木槿花花语为温柔的坚持、坚韧、永恒、美丽、生生不息、质朴、永恒的生命力、魅力、念旧、重情重义。

30
合 欢

· 物种简介 ·

　　合欢（*Albizia julibrissin*）又名绒花树、夜合花、马缨花、合昏花、鸟绒，是豆科合欢属多年生落叶乔木，因昼开夜合故名夜合。合欢花粉红花序形似轻盈柔软的"绒球"，因此被称为"绒花树"；把花球倒转过来，又像马铃上的红缨，故又得名"马缨花"。

分布范围

　　合欢原产于我国东北至华南及西南部各省区，生于山坡或栽培；非洲、中亚至东亚均有分布。

形态特征

　　落叶乔木，高可达 16 米，树冠开展；小枝有棱角。二回羽状复叶，总叶柄近基部及最顶一对羽片着生处各有 1 枚腺体；羽片 4～12 对，栽培的有时达 20 对；小叶 10～30 对，线形至长圆形，长 6～12 毫米，宽 1～4 毫米，向上偏斜，先端有小尖头，有缘毛，有时在下面或仅中脉上有短柔毛。头状花序于枝顶排成圆锥花序；花粉红色；花萼管状，长 3 毫米；花冠长 8 毫米，裂片三角形，长 1.5 毫米，花萼、花冠外均被短柔毛。荚果带状，长 9～15 厘米，宽 1.5～2.5 厘米。花期 6—7 月；果期 8—10 月。

⚙ 生长习性

合欢喜温暖湿润和阳光充足环境,对气候和土壤适应性强,宜在排水良好、肥沃土壤生长,也耐瘠薄土壤和干旱气候,但不耐水涝。合欢花对二氧化硫、氯化氢等有害气体有较强的抗性。

✏ 药用价值

合欢含有合欢甙,鞣质,具有解郁安神、理气开胃、活络止痛之功效,用于心神不安、忧郁失眠。主治郁结胸闷、失眠、健忘、风火眼,能安五脏、和心志、悦颜色,有较好的强身、镇静、安神等作用,也是治疗神经衰弱的佳品。

🌱 栽培技术

土壤:合欢对土壤要求不严,但以肥沃湿润、排水良好的沙壤土和石灰岩地壤土为佳,选择地势开阔、阳光充足的地方种植。

播种:春季育苗,播种前将种子浸泡8～10小时后取出播种。开沟条播,沟距60厘米,覆土2～3厘米,播后保持畦土湿润,约10天发芽。1公顷用种量约150千克。

移栽:合欢密植才能保证主干通直,育苗期要及时修剪侧枝,发现有侧枝要趁早用手从枝根部抹去,因为用刀剪削侧枝往往不彻底,导致侧芽再度萌发。主干倾斜的小苗,第2年可齐地截干,促生粗壮、通直主干;小苗移栽要在萌芽之前进行,移栽大苗要带足土球。移植时间宜在春、秋两季。春季移栽宜在萌芽前,树液尚未流动时;秋季栽植可在合欢落叶之后至土壤封冻前。同时,要及时浇水、设立支架,以防风吹倒伏。

光照:合欢为喜光树种,稍耐阴,所以在生长期要注意提供充足的阳光照射,但夏季光照过强时也要注意遮阴。

温度:合欢喜欢温暖的环境,但其抗寒能力非常强,在南方地区冬天是不需要移入温室的。

水分:合欢耐干燥,不耐水涝,浇水不要过多,以免造成水涝,损伤根系。合欢可以实行粗放管理,对水肥的要求不是很高,即使是贫瘠地区也可能生长得非常旺盛。但需要注意的是,它不喜噪声以及灰尘,因此在养殖时需要在这上面把好关。

肥料:定苗后结合灌水追施淡薄有机肥和化肥,加速幼树生长,也可叶面喷施0.2％～0.3％的尿素和磷酸二氢钾混合液。8月上旬以前要以施氮肥为主,用纯氮225～375千克/公顷,后期(8月中下旬至9月间)以施用氮、磷、钾等复混肥为主,用量为600～750千克/公顷,施肥时要按照"少量多次"的原则,不可过量,以防肥多烧苗。

植物文化

花语:"合欢"寓意"言归于好,合家欢乐"之美意,合欢象征永远恩爱、两两相对、夫妻好合。夜合枝头别有春,坐含风露入清晨,任他明月能想照,敛尽芳心不向人。它常被用于礼仪文化传播,送给朋友言归于好,送给爱人表示忠贞不渝的爱情。

31

玉 兰

· 物种简介 ·

  玉兰（*Yulania denudata*）是木兰科玉兰属落叶乔木，因其"色白微碧、香味似兰"而得名。玉兰树姿挺拔，叶片浓翠茂盛，自然分枝匀称，生长迅速，适应性强，病虫害少，非常适合种植于道路两侧作为行道树，盛花时节漫步玉兰花道，可深深体会到"花中取道、香阵弥漫"的愉悦之感。玉兰对二氧化硫、氯等有毒气体抵抗力较强，可防治工业污染、优化生态环境，是厂矿地区极好的防污染绿化树种。

分布范围

  玉兰原产于江西、浙江、湖南及贵州，生于海拔 500～1 000 米的林中。现全国各大城市园林广泛栽培。

形态特征

  落叶乔木，高达 25 米，枝广展形成宽阔的树冠；树皮深灰色，粗糙开裂；小枝稍粗壮，灰褐色。叶纸质，倒卵圆形、宽倒卵圆形或倒卵状椭圆形，基部徒长枝叶椭圆形，长径 10～18 厘米，短径 6～12 厘米。花蕾卵形，花先叶开放，直立，芳香，直径 10～16 厘米；花被片 9 片，白色，基部常带粉红色，长圆状倒卵圆形，长径 6～10 厘米，短径 2.5～6.5 厘米。聚合果圆柱形，长 12～15 厘米，直径 3.5～5 厘米；种子心形，侧扁，外种皮红色，内种皮黑色。花期 2—3 月，果期 8—9 月。

生长习性

玉兰对温度较敏感,在中国愈向南方开花愈早。在中国北京 5 月开花,在河南 4 月开花,在上海 3 月开花,到昆明可在 2 月开花。杭州地区一般在 3 月中旬始花,3 月下旬进入盛花期,至 4 月初凋谢,花期 10～20 天。

药用价值

玉兰含有挥发油,其中主要为柠檬醛、丁香油酸等,还含有木兰花碱、生物碱、望春花素、癸酸、芦丁、油酸、维生素 A 等成分,具有祛风散寒通窍、宣肺通鼻的功效。可用于头痛、血瘀型痛经、鼻塞、急慢性鼻窦炎、过敏性鼻炎等症,对常见皮肤真菌有抑制作用。

栽培技术

土壤:玉兰喜土层深厚、略带酸性的土壤环境。大的种植穴可保证根系在到达更加坚实的未整地块土壤之前,能有足够的空间供其扩展。隔盐措施是在树穴的底面铺垫 20 厘米厚的炉渣或碎石瓦块,加上 10 厘米厚的草袋。回填土壤要拌入 20% 的砂土,以提高其透气性。

栽植:栽植前在坑内施入腐熟的有机肥。玉兰是浅根系树种,主要吸收表层土壤的水分、养分。为了使玉兰植株牢固扎稳,不至于种植后倒伏,应当栽植到足够的深度,栽植深度应比原土球深 2～3 厘米,并保证根茎部埋入土下。

浇水:玉兰移栽后,定根水要及时,并且要浇足、浇透,使根系与土壤充分接触而有利于成活。浇水一定要围大坑,还可将溶解的 10 克生根剂随水浇入树穴,以促生新根。7～10 天浇二次水。20 天左右浇三次水即可。

支架:栽植后应立支架固定树干,以防晃动。如果不立支架,会由于树干摇动,使根系不能与土壤密接而产生缝隙,使根极易失水,影响成活,还会损伤根系,会直接影响移植效果。竖立支架时,应在栽种前将桩打入土壤之中,而不是在栽种后插桩,以免损伤根系。

防寒:新移植的玉兰 4 年之内一定要注意防寒。入冬后,搭建牢固的防风屏障,在南面向阳处留一开口,接受阳光照射。另外,在地面上覆盖一层稻草或其他覆盖物,以防根部受冻。

施肥:玉兰喜氮磷肥,每年每棵树可施 500 克的过磷酸钙。在生长期或谢花后,可施稀薄粪水 1～2 次,促进花芽分化,使其叶绿花繁,增强植株的抗病能力,第二年花大香浓。

中耕：玉兰是肉质浅根性树种，在玉兰植株周围中耕松土不宜过深，以免根系遭到伤害，特别是在树冠投影区以内仅能拔草或松土，而在其外可则深挖，以利根系顺利扩展。

修剪：玉兰分枝匀称，树形端正，可任其自然生长，不需多加整枝。如果为了保持完美的树形而须疏剪或短剪某个枝条时，应当在花谢后当叶芽刚刚开始伸展时进行，不要在早春开花前或秋季落叶后进行，否则会留下枯桩，使完美的树冠遭到破坏。但在秋季可将弱枝、死枝、病枯枝及徒长枝剪除。剪枝时短于 15 厘米的中等枝或短枝一般不剪，长枝剪至 12～15 厘米长。

植物文化

花语：玉兰的花语为纯洁无瑕、真情真意、感激、报恩、高洁、高尚、芬芳、纯洁的爱、真挚、友谊长存、忠贞不渝。

32

栀子花

·物种简介·

    栀子花（*Gardenia jasminoides*）又名栀子，是双子叶植物纲茜草科栀子属常绿灌木。栀子花枝叶繁茂，叶色四季常绿，花芳香，是重要的庭院观赏植物。其花、果实、叶和根可入药，有泻火除烦、清热利尿、凉血解毒之功效。花可做茶之香料，果实可消炎祛热。是优良的芳香花卉。

分布范围

    栀子花原产于山东、江苏、安徽、浙江、江西、福建、台湾、湖北、湖南、广东、香港、广西，生于海拔 10～1 500 米处的旷野、丘陵、山谷、山坡、溪边的灌丛或林中；日本、朝鲜及南亚也有分布。

形态特征

    灌木，高达 3 米。叶对生或 3 枚轮生，长圆状披针形、倒卵状长圆形、倒卵圆形或椭圆形，长 3～25 厘米，宽 1.5～8 厘米。花芳香，单朵生于枝顶。萼筒倒圆锥形或卵形，长 0.8～2.5 厘米，有纵棱，萼裂片 5～8，披针形或线状披针形，长 1～3 厘米；花冠白或乳黄色，高脚碟状，冠筒长 3～5 厘米，裂片 5～8，倒卵圆形或倒卵状长圆形，径长 1.5～4 厘米。果卵形、近球形、椭球形或长球形，黄或橙红色，长径 1.5～7 厘米，短径 1.2～2 厘米，有翅状纵棱 5～9。种子多数，近球形。花期 3—7 月，果期 5 月至翌年 2 月。

⚙ 生长习性

栀子花喜光照充足且通风良好的环境,但忌强光曝晒。喜疏松肥沃、排水良好的酸性土壤。喜温湿,怕积水,耐干旱瘠薄,较耐寒,耐半阴,在庇荫条件下叶色浓绿,但开花稍差;抗二氧化硫能力较强,萌蘖力强,耐修剪。

⊘ 药用价值

栀子花花、果、叶和根可入药,具有镇静、抑菌、止泻、镇痛、抗炎等功效,对血热、鼻衄、疮疡、下痢等疾病有辅助治疗的作用。

🌱 栽培技术

土壤:栀子花宜在偏酸性土壤环境下生长,土壤 pH 以 4.0～6.5 为宜。

温度:栀子花最佳的生长温度为 16 ℃～18 ℃,温度过高或者过低都不利于栀子花的生长,因此夏季宜将栀子放在通风良好、空气湿度大又透光的疏林或阴棚下养护;冬季宜放在见阳光、温度又不低于 0 ℃的环境,让其休眠,温度过高会影响来年开花。

水分:栀子喜空气湿润,生长期要适量增加浇水。通常盆土发白即可浇水,一次浇透。夏季燥热,每天须向叶面喷雾 2～3 次,以增加空气湿度,帮助植株降温。但花现蕾后,浇水不宜过多,以免造成落蕾。冬季浇水以偏干为好,防止水大烂根。

光照:栀子花是喜光植物,春秋冬三季需注意增加光照时间,夏季注意避免曝晒。

肥料:栀子花是喜肥植物,为了满足其生长期对肥的需求,保持土壤微酸性环境,可将硫酸亚铁拌入肥液中发酵,进入生长旺季 4 月后,每半月追肥一次,多兑些水,以防烧花。这样既能满足栀子对肥料的需求,又能保持土壤环境处于相对平衡的微酸环境,防止黄化病的发生,同时又避免了突击补硫酸亚铁,局部过酸对栀子花的伤害。栀子花生长旺盛时期,每半个月施一次豆饼肥料,有利于繁花形成。

修剪:栀子花在生长期间,容易枝杈重叠、密不通风,因此需要进行适当修剪,剪除重叠枝、病弱枝和根蘖萌出的其他枝条,能够很好地促进生长。

花语:栀子花代表喜悦、坚强,也代表一生的守候、永恒的爱。

植物
文化

33
三角梅

· 物种简介 ·

　　三角梅（*Bougainvillea glabra*）是紫茉莉科叶子花属植物,常绿攀援状灌木。花紫色或洋红色,花瓣长圆形或椭圆形,花柱侧生,线形,边缘扩展成薄片状,柱头尖;花被管狭筒形,长 1.6～2.4 厘米;花盘基部合生呈环状,上部撕裂状。花期较长,中国北方温室栽培春秋冬三季开花,南方冬春季开花。

分布范围

　　三角梅原产于南美,我国栽培广泛。

形态特征

　　灌木或小乔木,有时攀援。枝具刺。叶互生,具柄。花两性,常 3 朵集生枝顶,外包 3 枚红、紫或橘红色叶状苞片。花梗贴生苞片中脉;花被筒状,常绿色,5～6 裂,裂片短,玫瑰或黄色。瘦果圆柱形或棍棒状,具 5 棱。种皮薄,胚弯,子叶席卷,包被胚乳。

生长习性

　　三角梅喜湿,但忌积水;耐高温、干旱,忌寒冻;喜肥,抗贫瘠能力强;宜中性土壤,稍偏酸性或稍偏碱性土壤均可正常生长。疏松、富含有机质的土壤有利于生长发育,开花多。三角梅适宜生长温度 18 ℃～30 ℃,气温稳定在 15 ℃以上才会开花,已开放的花可耐 7 ℃～10 ℃低温,气温低于 3 ℃时会受冻害。

药用价值

叶可作药用,捣烂敷患处,有散瘀消肿的效果;花可作药材基原,活血调经、化湿止带,主治血瘀经闭、月经不调、赤白带下;茎、叶有毒,食用 10～20 片叶可导致腹泻、血便等。

栽培技术

土壤:肥沃、疏松、保水保肥性好的菜园土或稻田土等比较适宜。每立方米营养土拌入 50%代森锰锌可湿性粉剂 40 克,或拌入 50%多菌灵可湿性粉剂 40 克,或喷洒 0.5%甲醛溶液 15 千克,混拌均匀后用塑料薄膜密封覆盖 6～7 天,揭膜待药味散去后装盆,可有效防控土传真菌性、细菌性和病毒性病害。

移栽:起苗时尽可能多带土。幼苗移栽时剪去细弱枝、重叠枝、病虫枝和其他无用枝,留用枝剪留 15～20 厘米长。将苗定植于盆中央,定植深度以覆土至幼苗原有表土痕为适。浇透定根水。定植好后放入遮阳棚或树荫下缓苗,成活后再放在自然光照下养护。

水分:雨水多的季节或气温较低时,少浇水或不浇水。夏秋高温季节,隔天浇水 1 次,水要浇透;气温较低的季节,在上午 10 时后、下午 4 时前浇水,以浇湿土壤为适。长势旺或迟迟不开花的树,应实行干、湿交替处理,待枝梢上较多叶片出现凋萎时再浇水,促使花芽形成和尽早开花。冬季和早春,每月根据情况当盆中表土大部分现白时才能浇水。肥水足、长势旺的树,尤其要控制浇水次数和每次浇水量,通过控水抑制枝梢过快生长。

肥料:移栽苗 6～7 天萌芽、生根,此时可喷洒 1～2 次 0.3%磷酸二氢钾溶液加 1%尿素溶液的混合液。幼苗移栽 10 天后,深施 1～2 次高氮型复合肥料,每株施 12～15 克,也可浇施适量兑水腐熟粪尿水,每次施肥间隔期为 15 天。树龄大、长势弱、花量多的树,适当增加施肥次数和每次施肥量,反之适当减少施肥次数和每次施肥量。1～2 年生树,每年春季刚萌芽时或萌芽前 10～15 天,每盆深施腐熟饼肥 15～20 克;每次花苞出现前,浇施适量兑水腐熟饼肥液;每次花苞出现后,施 1～2 次含氮量较低的三元复合肥,每盆深施 15～20 克。出现花苞后和正在开花的树,每隔 13～15 天叶面喷洒 1 次 0.3%磷酸二氢钾溶液,可使花开得更大、更艳,时间更长。

整形:三角梅整形没有固定要求,可根据个人喜好、市场需求和想象力确定。1～2 年生小盆树多整成单主干、2～3 个主枝的自然开张形、伞形等;2 年生以上的树,可整成各种树形。整形时，先确定好主干和主枝，主干和主枝的同级、同势枝全部从基部剪除，其他相互错开的枝条根据情况留用，多余不用枝随时从基部剪除。盆栽三角梅主要通过盘、曲、折、拉、撑等方法固定枝条，从而达到栽培者需要的造型。盘枝等用0.6~0.8毫米铝丝或塑料绑带绑扎，待枝梢木质化并定形后再松绑。

摘心：1~2年生盆花，对于常规树形，每个枝梢的控长应根据不同品种和留花序数等来确定，重瓣品种留3~4个花序摘心，单瓣品种留6~7个花序摘心，其他枝条留20~30厘米长摘心。整个生长季节通过对枝梢不断摘心，促使枝梢充实，使营养物质集中到花苞生长和开花上。枝梢生长过旺且通过摘心等难以控制长势时，可叶面喷洒1次15%多效唑可湿性粉剂150~200倍液，有控梢作用。

修剪：主要在霜降后、春季萌芽前进行修剪。生长季修剪，一般在每次谢花后进行，以轻剪为主。修剪时适当短截水平枝，从基部剪去多余扰乱树形的新生枝，以及过密枝、弱枝、重叠枝、枯枝和病虫枝等。长势旺盛的枝条，要稍重短截，剪留25~30厘米长；回缩短截多年老枝，短截留芽2~3个，促使老枝萌发出新枝，复壮树势。

植物文化

花语：三角梅的花语是热情，坚韧不拔，顽强奋进。

34

凌 霄

· 物种简介 ·

凌霄（*Campsis grandiflora*）是紫葳科凌霄属攀援藤本植物。其茎木质，老干扭曲盘旋、苍劲古朴，花色鲜艳，芳香味浓，且花期很长，常作园景及室内盆栽植物，可根据种花人的爱好，装扮成各种图形，是一种受人喜爱的地栽和盆栽花卉。凌霄在园林及野外栽培，可用于廊架、棚架、墙垣、石壁、枯树、假山、花门的垂直绿化与美化，具有较高观赏价值。

分布范围

凌霄产长江流域各地以及河北、山东、河南、福建、广东、广西、陕西；日本也有分布。

形态特征

攀援藤本。奇数羽状复叶，小叶 7～9，卵圆形或卵圆状披针形。花序长 15～20 厘米。花萼钟状，长 3 厘米，裂至中部，裂片披针形，长约 1.5 厘米；花冠内面鲜红色，外面橙黄色，长约 5 厘米，裂片半圆形；雄蕊着生花冠筒近基部，花丝线形，长 2～2.5 厘米，花药黄色，个字形着生；花柱线形，长约 3 厘米，柱头扁平，2 裂。蒴果顶端钝。花期 5—8 月。

⚙ 生长习性

凌霄生性强健，喜温暖，较耐寒；喜阳光充足，也较耐阴；耐盐碱瘠薄，但以深厚肥沃、排水良好的微酸性土壤为好。

✏ 药用价值

凌霄花可入药，具有活血通经、凉血祛风、抗菌、抗血栓形成等作用。主治月经不调、经闭症瘕、产后乳肿、风疹发红、皮肤瘙痒、痤疮。现代临床还用于原发性肝癌、胃肠道息肉、红斑狼疮、荨麻疹等病的治疗。

🌱 栽培技术

土壤：宜选择排水性能良好、透气性较好的中性或微酸性砂质土壤，也可用腐叶土和菜园表土等量混合作为盆栽土壤。

移栽：移栽一般在 3 月进行，中国南方地区栽培凌霄也可在秋季进行移栽。植株通常需带土坨，栽植时，穴内施用腐熟的有机肥作基肥，栽后浇一次透水。小苗也可雨季进行移栽，但栽后要注意遮阴，防止烈日曝晒，保持土壤湿润，促进新栽苗成活。

支架：植后应立引杆，使其攀附。凌霄生长很快，植株体量较大，宜做棚架栽植。栽植前要选择坚固持久的支架进行支撑，以后随着凌霄植株的生长，逐段进行绑扎牵引，将其引上支架或攀附生长，尽快形成景观效果。

水分：凌霄喜湿润、稍耐旱，但怕涝。其生长期宜常浇水，盆栽注意保持盆土湿润，但不能积水。自深秋开始落叶至翌春萌芽前的休眠期，盆土以偏干、稍湿为好。

肥料：栽植前需将选好的盆土与腐熟有机肥充分混合均匀后栽植。自 5 月起，减少氮肥施用，改施以磷钾肥为主的肥料，促其花芽分化、孕蕾。6 月起每隔 7～10 天，叶面喷施一次 0.2% 磷酸二氢钾肥液，以利越冬。冬季不施肥。

换土：盆栽凌霄在栽培一年后，应进行翻盆换土，并在培养土中加入一点骨粉或有机肥作底肥，萌芽后 10～15 天施一次以氮肥为主的肥料，促其长枝叶。

修剪：凌霄可在冬季进行一次修剪，剪去枯枝、过密枝、病虫枝，以增加其内部的通风透光，并保持优美的树形。花后如果不留种，也要及时摘掉残花，以免消耗过多的养分，影响下次开花。早春也可视其情况进行修剪，将过长枝剪除，促其萌发健壮枝条，减少不必要的营养消耗，把养分集中供应到成花的枝条上，使其花多花大，提高观赏性。随着枝蔓的生长，需逐段牵引或绑扎在棚架、墙垣、花廊等上，不使其在地面上匍匐生长，根据环境需要，可让部分茎蔓自然下垂，或用铁丝牵引拉其向上攀援生长，上下连成一片，更加飘逸美观。每年早春萌芽前把枯枝清理干净，对过长的枝条进行短截，使之长势均匀,展现优良的观赏效果。

植物
文化

花语:凌霄花语是"敬佩、声誉",寓意着慈母之爱。凌霄花经常与冬青、樱草放在一起,结成花束赠送给母亲,以表达对母亲的热爱之情。

35
铁线莲

· 物种简介 ·

铁线莲（*Clematis* spp.）为毛茛科铁线莲属植物的统称，为多年生木质或草质藤本，或者为直立灌木或草本。原生种约有300种，目前人工选育的品种极多，可用于园林观赏用。铁线莲享有"藤本花卉皇后"之美称，花色多为白色或蓝色，具芳香。下面以铁线莲（*Clematis ftorida*）为例介绍。

分布范围

铁线莲原产于广西、广东、湖南、江西，生于低山区的丘陵灌丛中，山谷、路旁及小溪边。

形态特征

草质藤本。茎被短柔毛，具纵沟，节膨大。二回或一回三出复叶，小叶纸质，窄卵圆形或披针形，径长1～6厘米，全缘。花序腋生，1花；苞片宽卵圆形或卵圆状三角形，径长1.4～3厘米；花径3.6～5厘米。花梗长3.7～8.5厘米；萼片6，白色，平展，倒卵圆形或菱状倒卵圆形，径长2～3厘米。瘦果宽倒卵圆形，长约3.5毫米。花期4—6月。

⚙ 生长习性

喜肥沃、排水良好的碱性壤土,忌积水。耐寒,短期可耐 −20 ℃低温。

⊘ 药用价值

根及全草入药,利尿、理气通便、活血止痛,主治小便不利、腹胀、便闭;外用治关节肿痛、虫蛇咬伤。

🌱 栽培技术

土壤:选择地势稍高、肥沃、排水良好的碱性壤土,并需有少量遮阴。

温度:生长的最适温度为夜间 15 ℃～17 ℃,白天 21 ℃～25 ℃。夏季,温度高于 35 ℃时,会引起铁线莲叶片发黄甚至落叶,在夏季要采取降温措施。在 11 月份,温度持续降低,到 5 ℃以下时,铁线莲将进入休眠期,在 12 月份,铁线莲完全进入休眠期,休眠期的第 1～2 周,铁线莲开始落叶。

光照:铁线莲需要每天 6 小时以上的直射光照,对生长有利。

浇水:铁线莲对水分非常敏感,不能过干或过湿,夏季高温时期基质不能人湿。一般在生长期每隔 3～4 天浇 1 次透水,浇水在基质干透但植株未萎蔫时进行。休眠期保持基质湿润。注意基部不要积水。

施肥:早春抽新芽前,可施一点氮磷钾配比为 3:1:1 的复合肥,以加快生长,在 4 月至 6 月追施 1 次磷肥,以促进开花。平时可用 150 毫克/千克的 1:1:1 或 2:1:2 水溶性肥,在生长旺期增加到 200 毫克/千克,每月喷洒 2～3 次。

修剪:为了植株开更多的花,一般一年 1 次修剪。剪除一些过密枝、瘦弱枝,使新生枝条能向各个方向伸展。修剪时间根据不同品种开花时期而定。早花品种宜在花期过后 6—7 月进行,剪除多余的枝条,但不能剪掉已木质化的枝条,如果在这之前修剪,会导致当年开不了花。

植物
文化

花语:白色铁线莲花朵洁白,给人很高洁、纯洁的感觉,人们常用来它来形容美丽的心灵,纯洁无瑕。

36

薰衣草

·物种简介·　　薰衣草(*Lavandula angustifolia*)是唇形科薰衣草属半灌木或矮灌木。全株略带木头甜味的清淡香气。原产于地中海沿岸、欧洲各地及大洋洲列岛,后被广泛引种。其叶形花色优美典雅,蓝紫色花序颀长秀丽,是庭院中一种新的多年生耐寒花卉,适宜花径丛植或条植,也可盆栽观赏。

分布范围

薰衣草原产于地中海地区,我国有栽培。

形态特征

小灌木,被星状绒毛。茎皮条状剥落。花枝叶疏生,叶枝叶簇生,线形或披针状线形,花枝的叶长 3～5 厘米,宽 3～5 毫米;叶枝的叶长 1.7 厘米,宽 2 毫米。轮伞花序具 6～10 花,多数组成长 3～5 厘米穗状花序,花序梗长 9～15 厘米;苞片菱状卵圆形。花萼长 4～5 毫米,13 脉,密被灰色星状绒毛;上唇全缘,下唇 4 齿相等;花冠蓝色,长 0.8～1 厘米,密被灰色星状线毛,基部近无毛,喉部及冠檐被腺毛,内面具微柔毛环,上唇直伸,2 裂片圆形,稍重叠,下唇开展。小坚果。花期 6—7 月。

生长习性

薰衣草具有很强的适应性。成年植株既耐低温,又耐高温,在收获季节能耐高温

40 ℃左右。薰衣草是一种性喜干燥、需水不多的植物,年降雨量在600～800毫米比较适合。返青期和现蕾期,植株生长较快,需水量多;开花期需水量少;结实期水量要适宜;冬季休眠期要进行冬灌或有积雪覆盖。所以,一年中理想的雨量分布是春季要充沛、夏季适量,冬季有充足的雪。薰衣草属长日照植物,生长发育期要求日照充足,全年要求日照时数在2 000小时以上。植株若在阴湿环境中,则会发育不良、衰老较快。薰衣草根系发达,性喜土层深厚、疏松、透气良好而富含硅钙质的肥沃土壤。酸性或碱性强的土壤及黏性重、排水不良或地下水位高的地块,都不宜种植。

药用价值

全草含挥发油1%～3%,薰衣草用于治疗疾病可以追溯到古罗马和古希腊时代。薰衣草精油是许多不同类型的芳香族化合物组成的复杂混合物,30多种成分,主要成分有芳樟醇、乙酸芳樟酯、桉树脑和樟脑等,具有镇静、催眠、解痉、抗菌作用,对治疗心血管功能不全和神经症有一定功效。

栽培技术

土壤:薰衣草根系发达,性喜土层深厚、疏松、透气良好而富含硅钙质的肥沃土壤。酸性或碱性强的土壤及黏性重、排水不良或地下水位高的地块,都不宜种植。

播种:繁殖快、根系发达、幼苗健壮,但变异性大,是选种的良好材料。种子应选大小均匀、籽粒饱满、有棕褐色光泽的。播种前要进行晒种,30 ℃温水浸种12～24小时,浓硫酸浸种5分钟,用水清洗晾干后进行播种。4月可用种子播种繁殖,种子发芽的最低温度为8 ℃～12 ℃,最适温度为20 ℃～25 ℃,5月进行定植,但薰衣草种子繁殖变异较大且种子价格较高。

扦插:薰衣草主要以扦插繁殖为主,它可以保持母本的优良品质。扦插适应性较强,春季、秋季都可进行。一般选用无病虫害健康的植株顶芽(5～10厘米)或较嫩、没有木质化的枝条扦插,扦插时将底部2节的叶片摘除,然后用"根太阳"生根剂100倍液浸一浸,处理过后扦入土中2～3星期就会生根。扦插的介质可用河砂与椰糠按2:1的比例混合均匀,装进穴盘里进行扦插。扦后将苗放在通风凉爽的环境里,前3天保持土壤湿润,以后视天气而定,保证枝条不皱叶、干枯,提高成活率。扦插苗的管理比较方便,整个苗期都不用施肥,生产上采用较多。

浇水:对新定植的薰衣草,前3年要保证充足的灌水,以促进植株发棵。每年4月中下旬薰衣草返青期及时浇好返青水,根据天气情况和土壤墒情全年浇水6～8次,注意重点浇好现蕾水和花期水,要浇匀、浇透,确保浇水质量。结合每次灌水及时中耕,达到保墒、增温和锄草的目的,一般全年中耕除草 5～7 次。11 月上中旬灌越冬水。

追肥:薰衣草虽然具有较强的耐瘠薄和耐旱能力,在定植后为促进薰衣草的快速发棵和提高产量,需要供给相对较多的水肥。对新定植的薰衣草,在定植后 3 年内要早施肥、勤施肥。结合灌水,第 1 次追肥在第 1 茬花现蕾期,结合浇水亩施尿素 15 千克、磷酸二铵 10 千克;第 2 次追肥亩施尿素 10 千克。

修剪:新定植的薰衣草前期生长较缓慢。随着春季气温的回升,薰衣草在 4 月中旬进入返青期,为促进薰衣草增加分枝和根系发育,要在 4 月底至 5 月上旬进行人工修剪,即将距地面 15 厘米以上的顶端枝条进行修剪平茬,对植株中部重剪,四周轻剪。

打蕾:在本地 5 月下旬薰衣草第 1 茬花进入现蕾期,6 月下旬进入盛花期。在定植的第 1 年,为促进薰衣草幼苗的枝条生长,减少营养消耗,在 6 月上旬可打掉第 1 茬花蕾。第 2 茬花在 8 月中旬进入现蕾期,9 月中旬为盛花期。在秋季气候条件较好的情况下,第 3 茬花 10 月中旬为盛花期。

采收:适宜的采收期为盛花期,即花穗的小花 70% 开放时,采收过早或过晚,都会影响产量。头茬花一般在 6 月下旬至 7 月中旬,二茬花在 9 月下旬至 10 月上旬。收获前要预测产量。采收时不能夹带杂草和过多的茎叶,以免影响油的质量。选择晴天上午 10 点以后进行,如早晨露水大或阴天则不宜采收。光越强,天越热,出油率越高。运输及晾花时不宜堆积过厚,防止发热、自蒸,必须当天采收当天加工。

越冬:为保证薰衣草安全越冬,越冬前必须进行人工埋土。即 11 月上旬灌越冬水后,先将薰衣草距地面 15～20 厘米以上的枝条进行平茬修剪,然后用土培围,埋土厚 15 厘米左右,以保证基部发棵部位不遭受冻害。注意埋土既不能过厚也不能过薄。翌年春季在浇返青水前,及时扒土放苗,即把覆盖在植株上的覆土扒去,以防枝叶在土壤中霉烂。

植物文化

花语:等待爱情,浪漫的爱,意味着一种含蓄的示爱。

37
勿忘草

·物种简介·

勿忘草(*Myosotis alpestris*)又名勿忘我,为紫草科勿忘草属多年生草本植物。常常生于山地林缘或林下、山坡或山谷草地等处。勿忘草植株小巧秀丽,常用于布置春季或初夏时节的花坛、花境,与球根花卉配植,可提高观赏效果,也可盆栽观赏。

分布范围

勿忘草原产于云南、四川、江苏、华北、西北、东北,生于山地林缘或林下、山坡或山谷草地等处;欧洲以及伊朗、巴基斯坦、印度和克什米尔地区也有分布。

形态特征

多年生草本。高达 50 厘米。茎直立,常分枝。基生叶窄倒披针形或线状披针形,长 4～8 厘米;茎生叶较小。果序长达 15 厘米。花萼裂至近基部,长 2～3 毫米,裂片钻状披针形,先端渐尖,被开展钩状糙硬毛及短柔毛;花冠蓝色,冠筒稍短于花萼,冠檐径为 6～7 毫米,裂片近圆形,径长 3～3.5 毫米。小坚果卵形,径长约 2 毫米,暗黄褐色。花果期 6—8 月。

生长习性

勿忘草喜干燥、凉爽的气候,忌湿热,喜光,耐旱,生长适温为 20 ℃～25 ℃,适合在疏松、肥沃、排水良好的微碱性土壤中生长,适应力强。野生则常见于山地林缘或林下、山坡或山谷草地。

药用价值

勿忘草含有较多的维生素,能够调理人体的新陈代谢,对减肥和美容都有不错的效果。全草入药,有清肝明目和清热解毒的功效,对于便秘和皮肤粉刺也有不错疗效。有护肤养颜、美白肌肤、促进肌体新陈代谢、延缓衰老、提高免疫力的功效,对雀斑、粉刺有一定的消除作用,还能有效调节女性的生理问题。

栽培技术

土壤:勿忘草喜干燥,喜土层深厚、疏松透气、微碱性砂质土壤。可将适量腐熟的有机肥和缓效复合肥均匀翻入土中。

定植:株行距一般为30厘米×40厘米,栽植深度以基质稍高于根茎部为宜。

光照:勿忘草喜阳光,必须在充足的日光照射下才能正常生长。若环境荫蔽,虽然繁茂,但抽生的花葶少。因此,每天植株接受日光照射要在4小时以上。如果能够保证全日照,则生长更好。

温度:勿忘草忌高温高湿,其花芽分化需1.5～2个月低温阶段,温度需要在15 ℃以下,高于30 ℃或低于5 ℃对其生长不利。因此春夏定植的勿忘草,当种苗未作低温处理时,需推迟进入大棚的时间,使其充分接受低温,完成春化。

水分:浇足定植水,在成活前保持充足水分,成活后要适当控水以防徒长。在抽薹开花期注意排水,使植株生长坚实挺直。

肥水:氮、磷、钾比例为3:2:4,生产上施用复合肥即可,每月观察1～2次,以叶色不变淡、叶尖不发红来控制施肥量及施肥次数。

支架:勿忘草花枝较长,易倒伏,要生产高质量的勿忘草切花,通常要拉网固定花枝或立支架防倒伏。具体做法是在植株抽薹前,用25厘米×25厘米或30厘米×30厘米的尼龙网,距地面20～30厘米拉设一层网架。勿忘草在生长期间,对抽生的花枝要根据苗的大小来区别处理。

整形:对已长得较大、植株间叶片基本封行的植株,每株保留4～5个花枝让其生长开花;对植株较小的苗,可摘除开花枝,抑制其暂不开花,使其植株充分生长,为生产优质切花打基础,待植株充分长大再让其进入产花期。在此期间,还要定期摘除新抽生的细弱花枝,以集中养分供应开花枝,并改善植株内部的通风、透光条件,减少植株中下部盲花数量,提高单一花枝的品质。

留茬:切花量超过 50%后,要开始培养下茬开花枝,保留少量新抽生花枝,待上一茬全部切完花后,保留的花枝已生长到一定高度,从而有效缩短两茬花之间的时间。

植物
文化

花语:永恒的爱,浓情厚谊,永不变的心,永远的回忆。寓意请不要忘记我真诚的爱;请想念我,希望一切都还没有晚,我会再次归来给你幸福。

38

凤仙花

·物种简介·

凤仙花(*Impatiens balsamina*)是凤仙花科凤仙花属一年生草本植物。原产于中国、印度和马来西亚,中国各地庭园广泛栽培。民间常用其花染指甲,故也称"指甲花"。茎及种子可入药。除作花境和盆景装置外,也可做切花。

📍 分布范围

凤仙花原产于印度及斯里兰卡,我国各地庭园广泛栽培,为常见的观赏花卉。

✱ 形态特征

一年生草本,高 60～100 厘米。茎粗壮,肉质,直立。叶互生,最下部叶有时对生;叶片披针形、狭椭圆形或倒披针形,长 4～12 厘米、宽 1.5～3 厘米。花单生或 2～3 朵簇生于叶腋,白色、粉红色或紫色,单瓣或重瓣;苞片线形,位于花梗的基部;侧生萼片 2,卵形或卵状披针形,长 2～3 毫米;唇瓣深舟状,长 13～19 毫米,宽 4～8 毫米;旗瓣圆形,兜状,长 23～35 毫米,2 裂。蒴果宽纺锤形,长 10～20 毫米。种子多数,圆球形,直径 1.5～3 毫米,黑褐色。花期 7—10 月。

⚙ 生长习性

凤仙花性喜阳光,怕湿,耐热不耐寒,喜疏松肥沃的微酸土壤,也耐瘠薄。

药用价值

凤仙花的茎及种子可入药。茎称"凤仙透骨草",有祛风湿、活血、止痛之效,主治风湿性关节痛、屈伸不利;种子称"急性子",有软坚、消积之效,主治噎膈、腹部肿块、闭经。

栽培技术

土壤:对土壤要求不严,喜疏松、肥沃的微酸土壤,耐瘠薄。

播种:一般于春季3—4月播种,可直接播于庭院花坛,及时间苗。苗床播种可经移植后,于6月初定植于园地。

光照:喜光,也耐阴,每天要接受至少4小时以上散射日光。夏季要进行遮阴,防止温度过高和烈日曝晒。

温度:适宜生长温度16 ℃～26 ℃,花期环境温度应控制在10 ℃以上。冬季要入温室,防止冻害。

浇水:定植后及时灌足定植水。生长期要注意经常保持土壤湿润。夏季要多浇水,但不能积水,忌在烈日下给萎蔫的植株浇水。开花期,不能受旱,否则易落花。如果雨水较多应注意排水防涝,否则根、茎容易腐烂。

施肥:定植后施肥要勤,每15～20天追肥1次,肥不宜过浓,否则易引起根和茎的腐烂。

花期:如果要使花期推迟,可在7月初播种。也可采用摘心的方法,同时摘除早开的花朵及花蕾,使植株不断扩大,每15～20天追肥1次。9月以后形成更多的花蕾,可在国庆节开花。

采收:以花入药时,一般于齐苗后的3个月后花开时即采收,因其成熟不一致,可分批采摘。将采摘的凤仙花晒干后即可出售,一般每亩产量40千克左右。凤仙花收完后将植株齐根割下晒干后称为透骨草,每亩产量200千克左右。以种子入药时,于种子成熟后采收,将采收的种子晒干去净杂质即可出售,每亩产量100千克左右。

植物文化

花语:别碰我,因为它的籽荚只要轻轻一碰就会弹射出很多籽儿。

39

月见草

· 物种简介 ·

月见草（*Oenothera biennis*）为柳叶菜科月见草属多年生草本植物。适应性强，耐酸又耐旱，常用作优良草种进行人工草场建设。月见草油是21世纪发现的重要的营养药物，可治疗多种疾病，调节血液中类脂物质，对高胆固醇、高血脂引起的冠状动脉梗死、粥样硬化及脑血栓等症有显著疗效。

分布范围

月见草原产于北美，早期引入欧洲，后迅速传播于世界温带与亚热带地区。我国东北、华北、华东、西南有栽培，并已逸生至开旷荒坡路旁。

形态特征

直立二年生草本，基生莲座叶丛紧贴地面；茎高50～200厘米。基生叶倒披针形，长10～25厘米，宽2～4.5厘米，茎生叶椭圆形至倒披针形，长7～20厘米，宽1～5厘米。花序穗状；苞片叶状，长1.5～9厘米，宽0.5～2厘米；花蕾锥状长圆形，长1.5～2厘米，粗4～5毫米；花管长2.5～3.5厘米，径1～1.2毫米，黄绿色或开花时带红色；萼片绿色，有时带红色，长圆状披针形，长1.8～2.2厘米；花瓣黄色，稀淡黄色，宽倒卵形，长2.5～3厘米，宽2～2.8厘米。蒴果锥状圆柱形，向上变狭，长2～3.5厘米，径4～5毫米，直立。种子在果中呈水平状排列，暗褐色，棱形，长1～1.5毫米，径 0.5～1 毫米。

生长习性

月见草生性强健,耐寒、耐旱,耐瘠薄,喜光照,忌积涝。常逸生于开旷荒坡路旁。

药用价值

秋季将根挖出,除去泥土,晒干,有祛风湿、强筋骨、活血通络、息风平肝、消肿敛疮之功效。主治风寒湿痹、筋骨酸软、胸痹心痛、中风偏瘫、虚风内动、小儿多动、风湿麻痛、腹痛泄泻、痛经、狐惑、疮疡、湿疹等。

栽培技术

土壤:月见草耐旱耐贫瘠,黑土地、砂土地、黄土地、幼林地、轻盐碱地、荒地、河滩地、山坡地均适合种植。宜选肥沃、排水良好的豆茬、瓜类茬口种植,可以连作。

播种:北方春季播种,淮河以南可秋季播种。播种时要把土耙细整平,种子撒在畦面上,用耙轻轻耙一下,盖上一薄层土,种子小,土不能盖厚,否则影响种子萌发。播种后,土壤要保持湿润10～15天,种子即可萌发出幼苗。

移栽:小苗移栽时,先挖好种植穴,在种植穴底部撒上一层有机肥料作为底肥,厚度为4～6厘米,再覆上一层土并放入幼苗,根系不要直接接触肥料,避免烧根。回填土壤,把根系覆盖住,把土壤踩实,浇一次透水。

中耕:幼苗在第2对真叶伸展前与杂草幼苗极相似,容易混淆,不能中耕除草。只有在第2对真叶展开后才能进行。当幼苗长到5～6叶时,禾本科杂草多时可喷雾灭草,生育期内进行2次中耕,在开花前结束,苗罩垄时进行第1次中耕,在7月下旬和8月上旬进行2次人工拔草,使田间没有超过月见草株高的杂草。

植物
文化

花语:月见草寓意默默的爱、不屈的心、自由的心。

40

紫罗兰

· 物种简介 ·

紫罗兰(*Matthiola incana*)是十字花科紫罗兰属二年生或多年生草本。紫罗兰花朵茂盛,花色鲜艳,香气浓郁,花期长,花序也长,为众多爱花者所喜爱,适宜于盆栽观赏,适宜布置花坛、台阶、花径,整株花可作为花束。紫罗兰常做切花生产,也常栽于庭园花坛或温室中,具有很高的观赏价值。因其甜蜜香气被认为具有催情功能,是许多清洁剂爱用的香料,花朵所释放出来的挥发性油类具有显著的杀菌作用,有利于人体的呼吸道健康。

分布范围

紫罗兰原产于欧洲南部,现世界各地广为栽培,我国有引种,常植于庭园花坛或温室中观赏。

形态特征

二年生或多年生草本,高达60厘米。茎直立,多分枝,基部稍木质化。叶片长圆形至倒披针形或匙形,连叶柄长6～14厘米,宽1.2～2.5厘米,全缘或呈微波状。总状花序顶生和腋生,花多数,较大;萼片直立,长椭圆形,长约15毫米;花瓣紫红、淡红或白色,近卵形,长约12毫米。长角果圆柱形,长7～8厘米,直径约3毫米。种子近圆形,直径约2毫米,扁平,深褐色。花期4—5月。

⚙ 生长习性

喜冷凉气候,忌燥热。喜通风良好的环境,能耐短暂的 −5 ℃的低温。生长适温白天 15 ℃～18 ℃,夜间 10 ℃左右,对土壤要求不严,但在排水良好、中性偏碱的土壤中生长较好,忌酸性土壤。

✏ 药用价值

紫罗兰全草入药,具有清热解毒、美白祛斑、滋润皮肤、除皱消斑、清除口腔异味、增强皮肤光泽、防紫外线照射等功效。紫罗兰对支气管炎也有调理之效,可以润喉,用于辅助治疗呼吸道疾病。

🌱 栽培技术

土壤:紫罗兰对土壤要求不严,宜选择排水良好、中性偏碱的土壤。

播种:一般于 9 月中旬露地播种。采种宜选单瓣花者为母本,因重瓣花缺少雌蕊,不能结种子,播前土壤宜较潮润,播后盖一薄层细土,不再浇水。播种后注意遮阴,15天左右即可出苗。

移栽:幼苗于真叶展开前,可按 6 厘米×8 厘米的株行距分栽苗床,起苗时须小心勿伤根须,并要带土球。

定植:紫罗兰栽培播种后经过 30～40 天,在真叶 6～7 片时定植。定植前应在土中施放些干的猪、鸡粪做基肥。定植后浇足定根水,遮阴但要透气;盆栽宜移至阴凉透风处,成活后再移至阳光充足处。

温度:生长适温白天 15 ℃～18 ℃,夜间 10 ℃左右,但在花芽分化时需 5 ℃～8 ℃的低温周期。有 8 片以上真叶的幼苗,遇上 3 周时间 5 ℃～15 ℃的低温,花芽就分化。因而在自然条件下,多数在 10 月中下旬分化花芽。花芽分化后在长日照条件下,如保持 5 ℃以上,花芽形成快,能提早 2 周开花。紫罗兰的花期通常是利用品种、播种期以及温室、冷床、电照等进行调节的。对一年生品种,在夏季凉爽地区,一年四季都可播种。1 月播 5 月开花,2—3 月播 6 月开花,4 月播 7 月开花,5 月中旬播 8 月开花。因此通常要有 100～150 天的生长期。

水分:播种时要将土壤浇足水,播后不宜直接浇水,若土壤变干发白,可用喷壶喷洒保持土壤湿润。

肥料:在紫罗兰生长期,每隔 10～15 天施用 1 次稀薄的腐熟肥液,也可以选择用复合化肥。每次量不宜过多,不要用过多的氮肥。当紫罗兰在长出花苞以及开花期时,可以添加过磷酸钙。

摘心：通常无须摘心。但分枝性系定植 15～20 天后，真叶增加到 10 片而且生长旺盛，此时可留 6～7 片真叶，摘掉顶芽；发侧枝后，留上部 3～4 枝，其余及早摘除。

植物
文化

花语：紫罗兰有永恒的美与爱、质朴、美德、盛夏的清凉等寓意。

41
千日红

·物种简介·

千日红（*Gomphrena globosa*）又称百日红、火球花，是苋科千日红属一年生直立草本植物。花色艳丽有光泽，花期长，花干后不凋落，色泽不褪，仍保持鲜艳，经久不变，所以得名千日红。是优良的园林观赏花卉，也是花坛、花境的常用材料。

分布范围

千日红原产于美洲热带，我国南北各省均有栽培，为著名庭园花卉。

形态特征

一年生直立草本，高 20～60 厘米；茎粗壮，有分枝，枝略成四棱形，有灰色糙毛，幼时更密，节部稍膨大。叶片纸质，长椭圆形或矩圆状倒卵形，长 3.5～13 厘米，宽 1.5～5 厘米，顶端急尖或圆钝，凸尖，基部渐狭，边缘波状，两面有小斑点、白色长柔毛及缘毛，叶柄长 1～1.5 厘米，有灰色长柔毛。花多数，密生，成顶生球形或矩圆形头状花序，单一或 2～3 个，直径 2～2.5 厘米，常紫红色，有时淡紫色或白色；总苞为 2 绿色对生叶状苞片而成，卵形或心形，长 1～1.5 厘米，两面有灰色长柔毛；苞片卵形，长 3～5 毫米，白色，顶端紫红色；小苞片三角状披针形，长 1～1.2 厘米，紫红色，内面凹陷，顶端渐尖，背棱有细锯齿缘；花被片披针形，长 5～6 毫米，不展开，顶端渐尖，外面密生白色绵毛，花期后不变硬；雄蕊花丝连合成管状，顶端 5 浅裂，花药生在裂片的内面，微伸出；

花柱条形,比雄蕊管短,柱头2,叉状分枝。胞果近球形,直径2～2.5毫米。种子肾形,棕色,光亮。花果期6—9月。

⚙ 生长习性

千日红喜阳光,耐热、耐旱、怕积水,喜疏松肥沃土壤,生长适温为20 ℃～25 ℃,在35 ℃～40 ℃范围内生长也良好,冬季温度低于10 ℃以下植株生长不良或受冻害。耐修剪,花后修剪可再萌发新枝,继续开花。

✍ 药用价值

花序入药,有止咳祛痰、定喘、平肝明目功效,主治支气管哮喘、支气管炎、百日咳、肺结核等症。

🌱 栽培技术

土壤:选用阳光充足、地下水位高、排水良好、土质疏松肥沃的砂壤土地块为好。

扦插:在6—7月剪取健壮枝梢,长3～6厘米,即3～4个节为适,将插入土层的节间叶片剪去,以减少叶面水分蒸发。插入砂床,温度控制在20 ℃～25 ℃,插后18～20天可移栽。如果温度低于20 ℃以下,发根天数会推迟5～7天。

播种:千日红幼苗生长缓慢,一般春季4—5月播于露地苗床。播种前需要进行催芽。用温水浸种一天或冷水浸种2天,控水稍干,拌以草木灰或细砂(用量为种子的2～3倍),使其松散便于播种。播后略覆土,温度控制在20 ℃～25 ℃,10～15天可以出苗。

间苗:待幼苗出齐后间一次苗,让它有一定的生长空间不会互相遮盖。

定植:一般6月定植。定植后及时浇透定植水。

温度:最适生长温度20 ℃～25 ℃,耐高温。

光照:千日红喜阳光充足的环境,栽培过程中,应保证植株每天不少于4个小时的直射阳光。栽培地点不可过于遮阴,否则植株生长缓慢、花色暗淡。

浇水:千日红喜微潮、偏干的土壤环境,较耐旱。因此当小苗重新长出新叶后,要适当控制浇水;当植株花芽分化后适当增加浇水量,以利于花朵正常生长。花期保持土壤微潮状态即可,不要往花朵上喷水。

施肥:间苗后用1 000倍的尿素液浇施,施完肥后要及时喷洒叶面,以防肥料灼伤幼苗。定植时用腐熟鸡粪作为基肥,生长旺盛阶段每隔半个月追施1次富含磷、钾的稀薄液体肥料。花朵开放后,要停止追施肥料。

整形：当苗高 15 厘米时摘心 1 次，以促发分枝，根据生长情况决定是否进行第 2 次摘心。整形修剪时注意找圆整形，以提高观赏价值。植株成型后，对枝条摘心可有效控制花期。

修剪：花后及时修剪，以便重新抽枝开花。

植物
文化

花语：永恒不灭的爱。

42
百日菊

· 物种简介 ·

　　百日菊(*Zinnia elegans*)是菊科百日菊属一年生草本植物,是中国各地常见庭院观赏花卉。花大色艳,开花早,花期长,株型美观,常用于花坛、花境,也常用于盆栽。百日菊第一朵花开在顶端,然后侧枝开花比第一朵开得更高,所以又得名"步步高"。因其长期保持鲜艳的色彩,象征友谊天长地久。

📍 分布范围

　　百日菊原产于墨西哥,为著名的观赏花卉,品种繁多,我国各地栽培很广,有时成为野生。

✳ 形态特征

　　一年生草本。茎直立,高 30～100 厘米。叶宽卵圆形或长圆状椭圆形,长 5～10 厘米,宽 2.5～5 厘米。头状花序径 5～6.5 厘米,单生枝端。总苞宽钟状;总苞片多层,宽卵形或卵状椭圆形,外层长约 5 毫米,内层长约 10 毫米,边缘黑色。托片上端有延伸的附片;附片紫红色,流苏状三角形。舌状花深红色、玫瑰色、紫堇色或白色,舌片倒卵圆形,先端 2～3 齿裂或全缘。管状花黄色或橙色,长 7～8 毫米,先端裂片卵状披针形。雌花瘦果倒卵圆形,长 6～7 毫米,宽 4～5 毫米,扁平;管状花瘦果倒卵状楔形,长 7～8 毫米,宽 3.5～4 毫米,极扁。花期 6—9 月,果期 7—10 月。

⚙ 生长习性

喜温暖,不耐寒,喜阳光,怕酷暑,性强健,耐干旱,耐瘠薄,忌连作。根深茎硬不易倒伏。宜在肥沃深土层土壤中生长。生长适温 15 ℃～30 ℃。

✍ 药用价值

全草入药,有清热、利湿的功效。主治上感发热、口腔炎、风火牙痛、痢疾、淋症。

🌱 栽培技术

土壤:百日菊对土壤要求不严,宜在肥沃、疏松的土壤中生长。播种前,土壤要经过严格的消毒处理,可采用高温熏蒸法,杀死其中的病菌、害虫及草种,防止生长期出现病虫害。基质宜用腐叶土 2 份、河沙 1 份、泥炭 2 份、珍珠岩 2 份混合配制。盆栽可用腐殖土 3 份、锯木屑 1 份、河沙 1 份搅均匀。

播种:播种宜在 4 月上旬至 6 月下旬进行。种子消毒用 1%高锰酸钾溶液浸种 30 分钟。播前基质湿润后点播,百日菊为嫌光性花种,播种后须覆盖一层蛭石。在 21 ℃～23 ℃温度时,3～5 天即可发芽。百日菊的种子寿命为 3 年,发芽率为 60%左右,尽量选择上一年饱满种子,以提高种子发芽率。可根据开花时间确定播种日期,从播种到开花需 75～90 天。种子可点播或撒播,覆 1 厘米左右薄土,播后浇水,播种 5～10 天后发芽。

扦插:扦插苗不如播种苗整齐。选择长 10 厘米侧芽进行扦插,一般 5～7 天生根,以后栽培管理与播种一样,30～45 天后即可出圃。

移植:一般在幼苗长出 2 片叶、高 5～8 厘米时移植一次。

定植:当幼苗长至 4 片叶时,定植并摘心,促长下部分枝以形成较好株形。定植后及时浇足定植水。从定植到开花因品种不同需 45～60 天。定植时盆底施入 2～3 克复合肥,定植后用 800 倍液敌克松灌根消毒。定植 1 周内应保持盆土湿润,以促进表层根系生长,待根系生长至盆底就可开始追肥。

光照:发芽期不需要光照,除幼苗需遮光避雨外,均需充足阳光。百日菊喜温暖向阳,可直接采用全日照方式,太阳直射。若日照不足则植株容易徒长,抵抗力亦较弱,此外开花亦会受影响。

温度:百日菊不耐酷暑高温和严寒,生长适温白天 18 ℃～20 ℃、夜晚 15 ℃～16 ℃。夏季生长尤为迅速。

水分:发芽后苗床保持 50%～60%的含水量,不能太湿,以免烂根或发生猝倒病。进入开花期应保证充足的水量,上午浇水比下午好,叶片的快速干燥可防止病害的发生并防止徒长。

　　肥料：每周施肥 2～3 次，晴天施水肥，浓度控制在 200 毫克／千克以内，雨天施粒肥 2～3 克／盆，还可补充施 1 次钙肥。定植 1 周后开始摘心，摘心后可喷 1 次杀菌剂并施 1 次重肥。在最后 1 次摘心后约两周进入生殖阶段，可逐步增加磷钾肥，如喷施磷酸二氢钾 1 000 倍液，促使出花多且花色艳丽，并相应减少氮肥的用量。开花期间继续施入磷酸二氢钾等磷钾肥，促使花头不断长出。

　　摘心：适当摘心可以促进植株矮化、花朵增加。定植一周后开始摘心，留 4 对真叶，并视植株生长及分枝情况决定是否进行再次摘心。花凋谢后要及时剪除枯花头，以减少养分流失。

植物
文化

花语：天长日久，步步高升。

43

诸葛菜

·物种简介·　　诸葛菜（*Orychophragmus violaceus*）又名二月兰、紫金草,被称为"和平之花";是十字花科诸葛菜属一年或二年生草本植物。诸葛菜具有较高观赏价值,在公园、城市街道、高速公路或铁路两侧的绿化带大量应用。嫩茎叶用开水泡后,再放在冷开水中浸泡,直至无苦味时即可炒食,营养丰富。种子可榨油。

分布范围

诸葛菜原产于辽宁、河北、山西、山东、河南、安徽、江苏、浙江、湖北、江西、陕西、甘肃、四川,生于平原、山地、路旁或地边;朝鲜也有分布。

形态特征

一年或二年生草本,高 10～50 厘米;茎直立,基部或上部稍有分枝,浅绿色或带紫色。基生叶及下部茎生叶大头羽状全裂,顶裂片近圆形或短卵形,长 3～7 厘米,宽 2～3.5 厘米;上部叶长圆形或窄卵形,长 4～9 厘米,顶端急尖,基部耳状,抱茎,边缘有不整齐牙齿。花紫色、浅红色或褪成白色,直径 2～4 厘米;花萼筒状,紫色,萼片长约 3 毫米;花瓣宽倒卵形,长 1～1.5 厘米,宽 7～15 毫米。长角果线形,长 7～10 厘米。具 4 棱,裂瓣有 1 凸出中脊,喙长 1.5～2.5 厘米;果梗长 8～15 毫米。种子卵形至长圆形,长约 2 毫米,稍扁平,黑棕色。花期 4—5 月,果期 5—6 月。

⚙ 生长习性

诸葛菜适应性强,耐寒,喜光,对土壤要求不严,酸性土和碱性土均可生长,但在疏松、肥沃、土层深厚的地块生长良好,产量高。在瘠薄地栽培,加强管理,也能获高产。

🖊 药用价值

诸葛菜含亚油酸较高,因亚油酸具有降低人体内血清胆固醇和甘油三酯的功能,可以清理血管、软化血管和阻止血栓形成,是心血管病患者的良药。经常食用可以避免血栓形成,降低心脑血管疾病发病概率,起到保健作用。

🌱 栽培技术

土壤:诸葛菜对土壤要求不高,以疏松、肥沃且排水良好的砂质土壤为宜。盆栽诸葛菜对盆土的要求较高,一般可将 6 份园土和 1 份草木灰以及 2 份珍珠岩混合均匀,施足基肥。

播种:可直播亦可育苗移栽。直播 10 月中、下旬,按行距 20～30 厘米,开沟 2～3 厘米深,条播。播前可将种子浸泡 2～3 小时,晾一会儿,然后拌细砂均匀撒入沟内,用种量每亩 0.5～0.8 千克,然后覆细土,镇压,注意保持土壤湿润,防止表土板结、干旱影响种子发芽。

光照:诸葛菜是短日照植物,日照时间不用太久,室内散射光照射即可。

温度:诸葛菜耐寒,最适宜的生长和开花的温度为 15 ℃～25 ℃。

间苗:直播苗可在苗高 8～10 厘米时间苗,株距 10～15 厘米。

移植:移栽 1 周后检查移栽苗成活情况,如有缺苗要及时补栽。

中耕:间苗和移栽成活后,要进行一次中耕除草,使表土疏松,保持下部土壤湿润,促进幼苗根系深扎。当叶片长到 5 厘米以上时,即可摘取莲座外围叶片,上市销售。

浇水:播种前浇水,促进表土层中的种子萌发,保持土壤湿度适中,种子可在两周之内发芽。修剪后浇水,注意修剪口处,不要碰到水,可以用塑料薄膜裹住修剪口,等到夜晚可以去掉,既防止修剪口不会干瘪,又可以促使其再次生长发芽。

施肥:诸葛菜喜肥,肥力充足可以促使其开花结果。一般一年施肥 4 次。早春时候的花芽肥、花谢之后的健壮肥、坐果之后的壮果肥以及入冬前的壮苗肥。结实期修剪摘除外围叶片后,也要及时追施人畜粪水或速效氮肥促苗生长,以后根据条件可酌情再追施 1 次磷、钾肥,提高开花和结果量。

修剪:修剪一般在结实期进行,用剪草机把植株修剪到 15 厘米左右的高度即可。修剪过程中注意把老枝以及病弱枝,还有刚生长出的嫩枝进行一定的修剪,更利于植株的生长,使其枝叶繁茂,开花多且时间长。修剪的时候可以依据植株的生长形态进行一定的造型修剪,这样可以使诸葛菜外形更加优美,提高其观赏价值,美化空间。修剪的大体是要留下壮芽,剪除壮芽周边的枯黄枝芽以及发黄的叶子,利于积攒养分,使植株迅速生长。

植物
文化

花语:不忘历史,珍爱和平。

44
石 竹

·物种简介·　　石竹（*Dianthus chinensis*）为石竹科石竹属多年生草本植物。株形低矮，茎秆似竹，叶丛青翠，自然花期5—9月，从暮春开至仲秋，温室盆栽可以四季开花。花朵繁茂，此起彼伏，观赏期较长。花色有白、粉、红、粉红、紫、淡紫、黄、蓝等，五彩缤纷。园林中常用于花坛、花境、花台；也用于岩石园和草坪边缘点缀。大面积成片栽植时可作景观地被材料。切花、盆栽观赏俱佳。石竹有吸收二氧化硫和氯气的作用，能够净化空气。

📍 分布范围

石竹原产于东北、内蒙古、河北，生长于草原、草甸草原、山地草甸、林缘沙地、山坡灌丛中；俄罗斯、蒙古也有分布。

✳ 形态特征

多年生草本，高30～50厘米。茎直立，上部分枝。叶片线状披针形，长3～5厘米，宽2～4毫米。花单生枝端或数花集成聚伞花序；苞片4，卵形；花萼圆筒形，长15～25毫米，直径4～5毫米；花瓣长16～18毫米，瓣片倒卵状三角形，长13～15毫米，紫红色、粉红色、鲜红色或白色，顶缘不整齐齿裂。蒴果圆筒形；种子黑色，扁圆形。花期5—6月，果期7—9月。

⚙ 生长习性

石竹性耐寒、耐干旱,不耐酷暑,夏季生长不良,栽培时应注意遮阴降温。喜阳光充足、干燥,通风及凉爽湿润气候。要求肥沃、疏松、排水良好及含石灰质的壤土或砂质土壤,忌水涝,好肥。

✏ 药用价值

全草入药,清热利尿,破血通经,散瘀消肿。主治尿路感染、热淋、尿血、妇女经闭、疮毒、湿疹。

🌱 栽培技术

土壤:石竹喜欢在肥沃、排水良好的土壤中生长。对于酸性土壤,可以适量添加石灰或硫酸钙。如果在花盆中种植,可以选用营养土、腐叶土和沙子混合组成的混合土。

播种:一般在 9 月进行。播种于露地苗床,播后保持盆土湿润,播后 5 天即可出芽,10 天左右即出苗,苗期生长适温 10 ℃～20 ℃;当苗长出 4～5 片叶时可移植,翌春开花。也可于 9 月露地直播或 11—12 月冷室盆播,翌年 4 月定植于露地。

扦插:在 10 月至翌年 2 月下旬到 3 月进行,枝叶茂盛期剪取嫩枝 5～6 厘米长做插条;插后 15～20 天主根。

分株:多在花后利用老株分株,可在秋季或早春进行。例如,可于 4 月分株,夏季注意排水,9 月份以后加强肥水管理,于 10 月初再次开花。

盆栽:石竹要求施足基肥,每盆种 2～3 株。苗长至 15 厘米高摘除顶芽,促其分枝,以后注意适当摘除腋芽,不然分枝多,会使养分分散而开花小,适当摘除腋芽使养分集中,可促使花大而色艳;生长期间宜放置在向阳、通风良好处养护,保持盆土湿润,每隔 10 天左右施 1 次腐熟的稀薄液肥;夏季雨水过多,注意排水、松土。石竹易杂交,留种者需隔离栽植。开花前应及时去掉一些叶腋花蕾,主要是保证顶花蕾开花。冬季宜少浇水,如温度保持在 5 ℃～8 ℃条件下,则冬、春不断开花。

地栽:8 月施足底肥,深耕细耙,平整打畦。当播种苗长 1～2 片真叶时间苗,长出 3～4 片真叶时移栽。株距 15 厘米,行距 20 厘米。移栽后浇水,喷施新高脂膜,提高成活率。

光照:生长期要求光照充足,摆放在阳光充足的地方,夏季以散射光为宜,避免烈日曝晒。

温度:生长适宜温度 15 ℃～20 ℃。夏季温度过高时需要遮阴、降温。冬季应放温室,温度保持在 12 ℃以上。

浇水：浇水应掌握不干不浇。秋季播种的石竹，11—12月浇防冻水，第2年春天浇返青水。

施肥：整个生长期要追肥2～3次腐熟的粪尿或饼肥。

摘心：石竹必须及时摘心和摘除腋芽，才能促其多分枝，多开花。

修剪：石竹经过修剪，可再次开花，并可以保持造型优美，减少养分消耗。

植物文化

花语：石竹的花语为纯洁的爱。

45

康乃馨

· 物种简介 ·　康乃馨（*Dianthus caryophyllus*）是石竹科石竹属多年生草本植物。康乃馨是世界上应用最普遍的花卉之一，也是世界四大切花之一。康乃馨有许多品种，花朵形状和颜色丰富，开花时间长，非常适合花束和花园。中国各地广泛栽培，有很多园艺品种，温室培养可四季开花，是优异的切花品种，矮生品种也可用于盆栽观赏，花朵可提取香精。

分布范围

康乃馨在欧亚温带地区有分布，我国广泛栽培供观赏。

形态特征

多年生草本，高 40～70 厘米。茎丛生，直立，基部木质化，上部稀疏分枝。叶片线状披针形，长 4～14 厘米，宽 2～4 毫米，顶端长渐尖，基部稍成短鞘。花常单生枝端，有时 2 或 3 朵，有香气，粉红、紫红或白色；苞片 4～6，宽卵形，长达花萼 1/4；花萼圆筒形，长 2.5～3 厘米，萼齿披针形，边缘膜质；瓣片倒卵形，顶缘具不整齐齿。蒴果卵球形。花期 5—8 月，果期 8—9 月。

生长习性

喜温暖、湿润、阳光充足且通风良好的环境；不耐炎热，夏季呈半休眠状态；宜栽植在疏松、肥沃的微酸性土壤中,忌湿涝。其最适的生长温度为 14 ℃～21 ℃,昼夜温差要控制在 12 ℃以下。

药用价值

康乃馨入药,有镇静安神、抗菌消炎、护肤、促进消化等功效。

栽培技术

土壤:要求排水良好、腐殖质丰富,保肥性能良好而微呈碱性之黏质土壤。栽植前要根据圃地土质情况,适当进行土壤调配改良。为防止感染病害,最好在苗床上翻掘后进行土壤消毒。用福尔马林药剂加水 50 倍稀释,用喷雾器均匀地喷洒在翻后的土壤中,盖好塑料膜严密封闭,使药液挥发深入土层杀菌。2～3 天后再将塑料膜撤除,晾晒一周左右至药味完全消失。

扦插:除炎夏外均可进行,在 2 月上旬至 3 月上旬在中温温室内扦插效果最好,成活率最高,生长健壮。插穗应选植株中部生长健壮的侧芽为好,在顶蕾直径 1 厘米时采取,采后应立即扦插。

光照:喜阳光充足且通风良好的环境,冬季要求光照充足,夏季炎热要求适当遮阴,创造凉爽的环境。

温度:最适的生长温度为 14 ℃～21 ℃,一天之内昼夜温差要控制在 12 ℃以下。如温度过低,则生长缓慢,甚至不开花;温度过高则生长快速,但茎干细弱,花亦瘦小;如连续处在高温情况下,植株会出现丛生莲座状,茎叶繁茂而不孕蕾开花,在花蕾期还会出现裂苞现象。

浇水:康乃馨较耐干旱。除生长开花旺季要及时浇水外。平时可以少浇水,以维持土壤湿润为宜。空气湿润度以保持在 75%左右为宜,花前适当喷水调湿,可防止花苞提前开裂。多雨过湿地区,土壤易板结,根系因通风不良而发育不正常,所以雨季要注意松土排水。

施肥:康乃馨喜肥,在栽植前施足底肥,生长期内还要不断追施液肥,一般每隔 10 天左右施一次腐熟的稀薄肥水,采花后施一次追肥。

整枝:为促使康乃馨多枝多花,需从幼苗期开始进行多次摘心。当幼苗长出 8～9 对叶片时,进行第一次摘心,保留 4～6 对叶片;待侧枝长出 4 对以上叶时,进行第二次摘心,每侧枝保留 3～4 对叶片,最后使整个植株有 12～15 个侧枝为好。孕蕾时每侧枝只留顶端一个花蕾,顶部以下叶腋萌发的小花蕾和侧枝要及时全部摘除。第一次开花后及时剪去花梗,每枝只留基部两个芽。经过这样反复摘心,能使株形优美,花繁色艳。

植物
文化

花语：热情、魅力、真情、母亲我爱您、温馨的祝福、热爱着您、慈祥、不求代价的母爱、宽容、母亲之花、浓郁的亲情、女性之爱、亲情思念、伟大、神圣、慰问、真挚、走运。

46

三色堇

· 物种简介 ·

三色堇（*Viola tricolor*）是堇菜科堇菜属多年生草本植物。通常每花有紫、白、黄三色，故名三色堇。较耐寒，喜凉爽，开花受光照影响较大。常地栽于花坛，作毛毡花坛、花丛花坛，成片、成线、成圆镶边栽植，也非常适宜布置花境、草坪边缘；不同的品种与其他花卉配合栽种能形成独特的早春景观；也可盆栽布置阳台、窗台、台阶或点缀居室。三色堇富含维生素，花具芳香，可提取香精。

分布范围

三色堇原产于欧洲，我国各地公园栽培供观赏。

形态特征

一、二年生或多年生草本，高10～40厘米。地上茎较粗，直立或稍倾斜，有棱，单一或多分枝。基生叶叶片长卵形或披针形，具长柄；茎生叶叶片卵形、长圆状圆形或长圆状披针形，先端圆或钝，基部圆，边缘具稀疏的圆齿或钝锯齿，上部叶叶柄较长，下部者较短；托叶大型，叶状，羽状深裂，长1～4厘米。花大，直径3.5～6厘米，每个茎上有3～10朵，通常每花有紫、白、黄三色；花梗稍粗，单生叶腋，上部具2枚对生的小苞片；小苞片极小，卵状三角形；萼片绿色，长圆状披针形，长1.2～2.2厘米，宽3～5毫米，先端尖，边缘狭膜质，基部附属物发达，长3～6毫米，边缘不整齐；上方花瓣深紫堇色,侧方及下方花瓣均为三色,有紫色条纹,侧方花瓣里面基部密被须毛,下方花瓣距较细,长 5～8 毫米;子房无毛,花柱短,基部明显膝曲,柱头膨大,呈球状,前方具较大的柱头孔。蒴果椭圆形,长 8～12 毫米。无毛。花期 4—7 月,果期 5—8 月。

⚙️ 生长习性

较耐寒,喜凉爽,喜阳光,在昼温 15 ℃～25 ℃、夜温 3 ℃～5 ℃的条件下发育良好。忌高温和积水,耐寒抗霜,昼温若连续在 30 ℃以上,则花芽消失,或不形成花瓣;昼温持续 25 ℃时,只开花不结实,即使结实,种子也发育不良。根系可耐 −15 ℃低温,但低于 −5 ℃叶片受冻边缘变黄。日照长短比光照强度对开花的影响大,日照不良,开花不佳。喜肥沃、排水良好、富含有机质的中性壤土或黏壤土,pH 为 5.4～7.4。为多年生花卉,常作二年生栽培。

🏷️ 药用价值

全草入药,有清热解毒、散瘀、止咳、利尿之功效。主治咳嗽、小儿瘰疬、无名肿毒。还可杀菌,治疗青春痘、粉刺、过敏等。

🌱 栽培技术

土壤:三色堇喜肥沃、排水良好、富含有机质的中性壤土或黏壤土,pH 为 5.4～7.4。家庭盆栽选用腐叶土 3 份、园土 2 份、河沙 1 份、腐熟饼肥粉 1 份混合成培养土,这种配方的培养土呈微酸性,疏松透气、富含有机质、保水保肥能力好的砂质土壤,很适合三色堇的生长。配制好后要经过消毒后再使用,消毒方法一般为放在太阳下曝晒。

播种:宜采用较为疏松的人工介质,穴盘育苗,介质要求 pH 为 5.5～5.8,经消毒处理,播种后保持介质温度 18℃～22 ℃,避光遮阴,5～7 天陆续出苗。5～7 天胚根展出,播种后必须始终保持介质湿润,需覆盖粗蛭石或中砂,覆盖以不见种子为度。三色堇种子发芽势不整齐,前后可相差 1 周时间出苗,在这段时间内宜保持土壤介质充分湿润。

扦插:宜在 5—6 月进行,剪取植株基部萌发的枝条,插入泥炭中,保持空气湿润,插后 15～20 天生根,成活率高。

光照:三色堇喜充足的日光照射,光照是开花的重要限制因子,日照长短比光照强度对开花的影响大,日照不良,开花不佳,在栽培过程中应保证植株每天接受不少于 4 小时的直射日光。因其根系对光照敏感,在有光条件下,幼根不能顺利扎入土中,所以胚根长出前不需要光照,当小苗长出 2～3 片真叶时,应逐渐增加日照,使其生长更为苗壮。

温度：三色堇喜凉爽、忌高温、怕严寒，在 12 ℃～18 ℃ 的温度范围内生长良好，可耐 0 ℃ 低温。温度是影响三色堇开花的限制性因子，在昼温 15 ℃～25 ℃、夜温 3 ℃～5 ℃ 的条件下发育良好。小苗必须经过 28～56 天低温环境，才能顺利开花，如果将其直接种到温暖的环境中，会使花期延后。昼温若连续在 30 ℃ 以上，则花芽消失，不形成花瓣。若遇高温达 28 ℃ 以上天气，需要做好通风降温，防止枯萎死亡。

浇水：三色堇喜微潮偏干的土壤环境，不耐旱。生长期保持土壤湿润，冬天应偏干，每次浇水要见干见湿。开花期，需保持充足的水分，对花朵的增大和花量的增多非常必要。在气温较高、光照较强的季节要注意及时浇水。

施肥：三色堇宜薄肥勤施。当真叶长出 2 片后，开始施氮肥，早期喷施 0.1% 尿素，临近花期可增加磷肥，开花前施 3 次稀薄的复合液肥，孕蕾期加施 2 次 0.2% 的磷酸二氢钾溶液，开花后可减少施肥。生长期 10～15 天追施 1 次腐熟液肥，生育期每 20～30 天追肥 1 次。

植物
文化

花语：幸福的思念。

47

牵 牛

牵牛（*Ipomoea nil*）是旋花科番薯属一年生缠绕草本植物。花似喇叭状，因此又称喇叭花。一般在春季播种，夏秋季开花，品种很多，花的颜色有蓝色、绯红色、桃红色、紫色等，亦有混色的，花瓣边缘的变化较多，常用于小庭院及居室窗前遮阴及小型棚架的美化，也可作地被栽植。

分布范围

原产于热带美洲，现已广植于热带和亚热带地区。我国除西北和东北的一些省外，大部分地区都有分布。生长于海拔 100～1 600 米的山坡灌丛、干燥河谷路边、园边宅旁、山地路边，或为栽培。

形态特征

一年生缠绕草本植物，茎上被倒向的短柔毛及杂有倒向或开展的长硬毛。叶宽卵形或近圆形，深或浅的 3 裂，偶 5 裂，长 4～15 厘米，宽 4.5～14 厘米，基部圆，心形，中裂片长圆形或卵圆形，渐尖或骤尖，侧裂片较短，三角形，裂口锐或圆，叶面被微硬的柔毛；叶柄长 2～15 厘米，毛被同茎。花腋生，单一或通常 2 朵着生于花序梗顶，花序梗长短不一，长 1.5～18.5 厘米，通常短于叶柄，有时较长，毛被同茎；苞片线形或叶状，被开展的微硬毛；花梗长 2～7 毫米；小苞片线形；萼片近等长，长 2～2.5 厘米，披针状线形，内面 2 片稍狭，外面被开展的刚毛，基部更密，有时也杂有短柔毛；花冠漏斗状，长 5～10 厘米，蓝紫色或紫红色，花冠管色淡；雄蕊及花柱内藏；雄蕊不等长；花丝基部被柔毛；子房无毛，柱头头状。蒴果近球形，直径 0.8～1.3 厘米，3 瓣裂。种子卵状三棱形，长约 6 毫米，黑褐色或米黄色，被褐色短绒毛。

生长习性

牵牛适应性较强，喜阳光充足，耐半阴。喜温暖，也耐高温，但不耐寒，怕霜冻。喜肥美、疏松土壤，耐水湿也耐干旱，较耐盐碱。种子发芽适温 18 ℃～23 ℃，幼苗在 10 ℃以上气温即可生长。

药用价值

牵牛的种子称为牵牛子，苦、寒、有毒，具有泻水通便、消痰涤饮、杀虫攻积之功效，主治水肿胀满、二便不通、痰饮积聚、气逆喘咳、虫积腹痛、蛔虫病、绦虫病。

栽培技术

土壤：牵牛偏爱疏松、肥沃和排水良好的土壤，因此，最好在土壤中添加有机物质来改善土壤质地。可以在原有土壤中掺入腐叶土、腐熟的堆肥或腐熟的动植物粪肥，以增加土壤的肥力和保水能力。盆栽用土可选用富含腐殖质的砂质土壤，用腐叶土 4 份、园土 5 份、河砂 1 份配成，并在盆底施入少量骨粉做基肥。

播种：江南暖地可多季播种，长期观花，但以秋播春花和春播夏花为主。北方为早开花，可在温室或大棚内春播育苗，育苗天数 35～45 天。因牵牛种子具较硬的外壳，播前先割破种皮，或浸种 24 小时，然后播种；或浸种后置于 20 ℃～25 ℃环境中催芽，出芽后播种。牵牛种子粒大，但发芽率不高，普通露地采用点播法，每点 3～5 粒，出苗后再行间苗。催芽的出芽后可直接播在容器中，用直径 7～8 厘米的容器直接培育成苗，每个容器播 1 粒发芽种子。苗床撒播，每平方米播种量 200～250 克。覆土厚度约 2 厘米，不宜太薄，否则容易戴帽出土。种子不经处置直接播种的，在适合条件下 7～10 天出苗。

移栽：牵牛种子发芽温度为 20 ℃～30 ℃，湿度适中时大约 10 天萌发。20 天左右，子叶完全张开。待真叶刚刚萌发时，就应移栽，过早苗弱，过迟伤根，都不利于以后的发育。

定植：牵牛盆栽时，待小盆中的幼苗长出两三片真叶后，此时根系已发展好，即可定植在中盆中，并预先加好底肥。牵牛的根系发展需要温度，据日本研究者认为，用黑盆比用红盆吸热好。要经常转盆使阳光照射均匀,使根系发展完备。

光照:牵牛喜光,应放在庭院向阳处或南向阳台、窗台上,每天能够获得至少6小时直射阳光。

温度:牵牛适宜生长温度为18 ℃～23 ℃;耐热不耐寒,夏季可耐35 ℃高温,冬季气温过低时,需要注意保暖,避免冻伤。

浇水:浇水要勤,特别是夏季浇水要充足,但盆内不能积水。

施肥:每2～3周施一次稀薄饼肥水或复合肥。孕蕾期喷施1～2次0.2%磷酸二氢钾水溶液,则花大色艳。

摘心:牵牛的真叶长出3～4片后,中心开始生蔓,这时应该摘除。第一次摘心后,叶腋间又生枝蔓,待枝蔓生出3～4片叶后,再次摘心,同时结合整形。每次摘心后都应追肥,所用肥料和菊花用的追肥类似。注意不使肥水和泥浆沾污叶片(包括子叶),以免叶片脱落。枝蔓成长后即进入花期(一般在定植后1个月),理想的情况是枝蔓的第1叶又生腋芽,第2和第3叶的叶腋发出花苞。

造型:若要矮化栽培,当牵牛小苗子叶或第1～2片真叶展开后,及时摘掉顶芽,强令其植株矮化而直立,这样子叶和真叶的叶、腋便可孕蕾开花。

搭架:当植株长到一定高度时要用细竹竿做支架,使其攀缘生长,按照个人喜好制成各种形状的支架进行艺术造型。

植物
文化

花语:名誉和爱情永固。

48

金鱼草

金鱼草（*Antirrhinum majus*）是车前科金鱼草属多年生直立草本植物。高可达80厘米。为中国常见的庭园花卉，矮性种常用于花坛、花境或路边栽培观赏，盆栽观赏可置于阳台、窗台等处装饰；常用作切花，也可作背景材料。

分布范围

金鱼草原产于法国及西班牙，现世界各地广为栽培。

形态特征

常作一、二年生花卉栽培；茎直立，高30～80厘米；茎下部的叶对生，上部的互生；叶片披针形至长圆状披针形，长3～7厘米，先端渐尖，基部楔形，全缘；总状花序顶生，花冠二唇瓣，基部膨大，有火红、金黄、艳粉、纯白和复色等色；蒴果卵形。

生长习性

较耐寒，不耐热；喜阳光，也耐半阴；喜肥沃、疏松和排水良好的微酸性砂质土壤；对光照长短反应不敏感；生长适温16℃～26℃。

✐ 药用价值

金鱼草全草含龙头花甘、叶含亚麻酸、去氧核糖核酸、核糖核酸等成分,具有清热解毒、活血消肿之功效,主治疮疡肿毒、跌打扭伤。

🌱 栽培技术

土壤:喜疏松、肥沃、排水良好的土壤,稍耐石灰质土壤。

播种:为延长花期,可春、夏、秋三季分期播种。播种前,用0.5%高锰酸钾溶液浸泡种子1~2小时,以杀灭种子表面病原菌。播种基质用经消毒的腐殖质土或泥炭土。金鱼草种子细小,为确保撒播均匀,播种时可用细砂混匀种子后撒播。因金鱼草喜光,播种后不需覆土或只需覆过筛细土2~3毫米,浇水时注意防止冲散种子。15 ℃~20 ℃条件下,1周左右发芽。苗床上要遮阴防雨,1周后撤去遮阴物,4~6片真叶时摘心并移植分栽。

定植:苗高10~12厘米时为定植适期。定植前,土壤要施用基肥,栽植距离根据苗高而定,定植后要浇1次透水,适时均匀浇灌,保持水分充足,有利于植株旺盛生长。如果盆栽时,每盆栽苗3株,浇水需均匀,盆面不可过干或过湿,夜间要使之通风透气,白天需防止水分蒸发。

光照:金鱼草喜光,光照充足时,植株生长健壮,高度齐整,花色艳丽。半阴条件下,植株较高,花序伸长,花色较淡。延长光照时间可使部分金鱼草品种提早开花。

温度:金鱼草生长过程中,昼温控制在20 ℃左右,温度过高会使花序伸长、花朵弱小、茎秆脆弱、植株徒长,影响切花品质;夜温控制在10 ℃以上,温度过低会导致金鱼草花期推迟、品质下降。通风措施是否完备也会直接影响金鱼草的生长品质,当环境温度过高时,需及时通风,促进空气流动,降低温度。

浇水:金鱼草耐湿怕干,在栽培管理过程中,浇水应遵循"见干见湿"的原则。

施肥:金鱼草幼苗生长缓慢,栽植前应翻耕土地施基肥,在生长期半个月追施1次液肥,施肥应适量,过多会引起植株徒长,影响开花,施用浓度为750毫克/升的矮壮素、3 000毫克/升的B9或2毫克/升多效唑均能有效抑制金鱼草种苗的株高和节间增长。出现花蕾时,应保持土壤水分偏干而不旱,每周用0.1%~0.2%磷酸二氢钾溶液喷洒,开花期停止施肥。金鱼草具有根瘤菌,有固氮作用,可少施氮肥,适量增加磷、钾肥即可。

摘心:幼苗长至4~5节,苗高10~12厘米时,需进行摘心处理,以增加侧枝数量,增加花穗,矮化植株。摘心处理对中高型品种尤其重要。切花品种不可摘心,应及时剪除侧芽,使养分集中在主枝上,保持花枝健壮,枝长适宜。

修剪：及时修剪掉弱枝、老枝，不可使枝条过密。如不留种，花谢后应及时剪去开过花的枝条，留下若干骨干枝及叶片，减轻植株的负载量，促使新枝萌发，开花不断。

采种：金鱼草能自播繁衍，采种母株应分地栽培，避免杂交产生杂种。花谢后约 20 天种子可成熟，成熟后要及时采收，连同花梗剪取整个果枝晾干脱粒，种子贮存于干燥阴凉处，生活力可保持 3～4 年。

植物
文化

花语：金玉满堂。

49

飞燕草

· 物种简介 ·

飞燕草(*Consolida ajacis*)为毛茛科飞燕草属多年生草本植物。花形似一只只飞燕故得此名。花瓣蓝色或紫蓝色,长1.5～1.8厘米。飞燕草植株挺拔,叶片纤细,花型别致,花序长且色彩鲜艳,可与其他花卉混播,布置花园、花境。

📍 分布范围

飞燕草原产于欧洲南部和亚洲西南部,现世界各地广为栽培。

✳ 形态特征

茎高约达60厘米,与花序均被多少弯曲的短柔毛,中部以上分枝。茎下部叶有长柄,在开花时多枯萎,中部以上叶具短柄;叶片长达3厘米,掌状细裂,狭线形小裂片宽0.4～1毫米,有短柔毛。花序生茎或分枝顶端;下部苞片叶状,上部苞片小,不分裂,线形;花梗长0.7～2.8厘米;小苞片生花梗中部附近,小,条形;萼片紫色、粉红色或白色,宽卵形,长约1.2厘米,外面中央疏被短柔毛,距钻形,长约1.6厘米;花瓣的瓣片三裂,中裂片长约5毫米,先端二浅裂,侧裂片与中裂片成直角展出,卵形;花药长约1毫米。蓇葖长达1.8厘米,直,密被短柔毛,网脉稍隆起,不太明显。种子长约2毫米。

生长习性

飞燕草适应性较强,喜湿润凉爽气候环境。种子发芽适温为 15 ℃,生长适温白天为 20 ℃～25 ℃,夜间为 3 ℃～15 ℃。喜光、稍能耐阴,生长期可在半阴处,花期需充足阳光。喜肥沃、湿润、排水良好的酸性土,耐旱也能稍耐湿,pH 以 5.5～6.0 为佳。

药用价值

飞燕草味辛、苦,性温,有毒,全草、种子都可入药,具有祛寒止痛、消炎退肿、补脑强心、强筋健肌、防疫解毒、利尿排石之功效。

栽培技术

土壤:飞燕草喜阳光充足、凉爽的气候条件,耐寒、怕高温,适宜生长在土层深厚、土质疏松肥沃、排水良好的砂壤土,偏酸性土壤种植为宜。选好地后,根据土壤的肥力状况施入基肥,以有机肥和农家肥为主,搭配适量复合肥。翻耕多次,整形耙平,做畦或起垄,做好排水沟。

扦插:一般在春季进行,当新叶长出 15 厘米以上时切取插条,插入沙土中,保持土壤湿润,15～20 天就可以生根了。

播种:飞燕草为直根系植物,不耐移栽,所以一般生产上以直播为宜。发芽适温 15 ℃左右,土温在 2 0℃以下,两周左右萌发。秋播在 8 月下旬至 9 月上旬,先播入露地苗床,入冬前进入冷床或冷室越冬,春暖定植。南方早春露地直播,间苗保持 25～35 厘米株距。北方一般事先育苗,2～4 片真叶时移植。夏季炎热地区,8 月下旬播种,10 月中、下旬待种子发芽长出 2～4 枚真叶时,移入阳畦,翌年 3 月种苗长出 4～7 枚真叶时定植,这样可于 5—7 月开花。炎热地区若作温室栽培,可缩短生育期,并提早 2～3 个月开花。播种后保持土壤的湿润,最简便的方法是覆盖一些草,等出苗后逐渐揭去覆盖物。

移植:当飞燕草长出 2 片真叶时,带土移植在小盆内,等到苗长大后再换 1 次盆。

定植:4～7 片真叶时进行定植。

浇水:浇水要做到见干见湿,在花期内要适当多浇一点水,避免土壤过分干燥。雨天注意排水。

施肥:在换盆时施入干粪作基肥,以后根据生长情况,每月施 1～3 次腐熟的饼肥水。

矮化:换盆后,用多效唑来控制植株的高度,具体做法是隔 2 周施 1 次 0.5％多效唑。

采种：果熟期不一致，成熟后自然开裂，故应及时采收。一般在 6 月将已成熟种子先采收 1～2 次，7 月选优全部收割晒干脱粒。

植物
文化

花语：清静、轻盈、正义、自由。

50

花毛茛

· 物种简介 ·

　　花毛茛（*Ranunculus asiaticus*）为毛茛科花毛茛属多年生草本花卉。花毛茛多为重瓣或半重瓣，花大秀美，且花色丰富，具有牡丹的风韵，因此也称洋牡丹；叶似芹菜的叶，故也被称为芹叶牡丹。花毛茛是春季盆栽观赏、布置露地花坛及花境、点缀草坪和用于鲜切花生产的理想花卉。

分布范围

　　花毛茛原产于欧洲地中海及伊朗，现世界各地广为栽培。

形态特征

　　多年生球根草本，块根纺锤形，株高 20～50 厘米；茎单生，或少数分枝；基生叶轮廓为阔卵形，具长柄，为三出复叶；茎生叶小，近无柄，羽状细裂，花单生或数朵聚生于茎顶，花径 5～10 厘米，花有红、黄、白、橙及紫等多色，重瓣或半重瓣。

生长习性

　　性喜温和、空气清新湿润，不耐严寒，更怕酷暑烈日。最适生长温度为 15 ℃～20 ℃。在中国大部分地区夏季进入休眠状态。

⊘ 药用价值

野生花毛茛可治疟疾、黄疸、偏头痛、胃痛、风湿关节痛、鹤膝风、恶疮、牙痛、火眼等症。但是花毛茛有毒,不可食用,会导致腹泻,触碰会导致炎症还有水泡的发生。

🌱 栽培技术

土壤:盆栽要求富含腐殖质、疏松肥沃、通透性能强的砂质培养土。

播种:播种一般在 10 月中旬至 11 月中旬进行。将花毛茛种子放入水中 24 小时后捞出,放在纱布上包好,然后置于恒温箱中催芽,适温 15 ℃ 左右,每天早晚取出用清水各漂洗 1 次,使种子保持湿润状态。催芽 7 天左右,部分种子开始发芽,即可播种。发芽的种子适当干燥后,掺入适量黄砂拌匀,撒播均匀,每平方米播种量 2～3 克。覆土用泥炭和珍珠岩按 1:1 拌匀,厚度以 0.2～0.3 厘米为宜。苗床通常选择通风透光排水良好、空气相对湿度较高的保护地。苗床用草炭土与珍珠岩按 3:1 拌匀、铺平,然后浇足水,在上面铺一层基质。基质 pH 以 6.0～7.5 为宜。播种 5～7 天后出苗,注意保持基质湿度,及时补水,保证顺利出苗。

定植:待花毛茛幼苗长到 3～4 片真叶时进行定植。花毛茛苗不宜带土,起苗时去除生病和长势较弱的幼苗。株行距为 10 厘米左右,深度以不埋心为宜。

光照:花毛茛不耐强光,喜半阴环境,冬季光照要充分,春季随着气温的升高和光照的增强,应适度遮阴并加强通风。花毛茛是相对长日照植物,所以长日照条件能促进花芽分化,花期提前,营养生长提早终止,提前开始形成球根。短日照条件下,花期推迟,但能促进多发侧芽,增大冠幅,增多花量,进一步提高盆花品质。生产上要根据实际需求情况进行长、短日照调控以达到花期提前或推迟的目的。

温度:花毛茛喜冷凉环境,白天最适生长温度为 15 ℃～20 ℃,夜间为 7 ℃～8 ℃。一般冬季使用一层棚覆盖生长较好,定植后待心叶明显生长时可以进行正常温度管理。

水分:花毛茛喜湿怕涝,较耐旱,但不宜过度干旱,特别是生长后期,过度干旱会使花毛茛进入被迫休眠状态而导致球根质量变差。定植后第一次水要浇足,之后浇水要及时,并注意均衡,不可过干过湿。浇水程度应以土壤表面干燥,而叶片不出现萎蔫现象为宜。

肥料:花毛茛定植前应选用腐熟的饼肥或畜粪等有机肥作底肥,并撒施均匀。移植后待植株明显生长或长出新叶时开始追肥,施肥浓度初期为 0.1%,后期为 0.15%～0.2%。以 46% 尿素、45% 水溶性复合肥交替使用。前期以尿素为主,后期以复合肥为主,每 7 天施 1 次。冬季尽量使用含硝态氮的复合肥,花后追施 1～2 次以钾为主的液肥,以促进球根增大。

采收：当花毛茛茎叶完全枯黄，营养全部积聚到块根时，及时采收，切忌过早或过晚。采收过早，块根营养不足，发育不够充实，贮藏时，抗病能力弱，易被细菌感染而腐烂；采收过晚，正值高温多雨的夏季，空气湿度大，土壤含水量高，块根在土壤中易腐烂。

植物文化

花语：花毛茛的花语是独具魅力、高贵典雅、备受欢迎。

51

番红花

· 物种简介 ·

番红花（*Crocus sativus*）又称藏红花、西红花，为鸢尾科番红花属多年生草本植物。花有淡蓝、红紫或白色，气味芳香。花柱为橙红色，柱头稍扁；是一种名贵的中药材，具有强大的生理活性，其柱头在亚洲和欧洲作为药用，有镇静、祛痰、解痉作用，用于胃病、调经、麻疹、发热、黄疸、肝脾肿大等的治疗。

分布范围

番红花原产于欧洲南部希腊一带，我国各地有栽培。

形态特征

多年生草本。球茎扁圆球形，直径约 3 厘米。叶基生，9～15 枚，条形，灰绿色，长 15～20 厘米，宽 2～3 毫米，边缘反卷；叶丛基部包有 4～5 片膜质的鞘状叶。花茎甚短，不伸出地面；花 1～2 朵，淡蓝色、红紫色或白色，有香味，直径 2.5～3 厘米；花被裂片 6，2 轮排列，内、外轮花被裂片皆为倒卵形，长 4～5 厘米；雄蕊直立，长 2.5 厘米，花药黄色，顶端尖，略弯曲；花柱橙红色，长约 4 厘米，上部 3 分枝，分枝弯曲而下垂，柱头略扁，顶端楔形，有浅齿，较雄蕊长，子房狭纺锤形。蒴果椭圆形，长约 3 厘米。

生长习性

番红花原产于欧洲南部，喜冷凉湿润和半阴环境，较耐寒，宜排水良好、腐殖质丰富的砂壤土。pH5.5～6.5。球茎夏季休眠，秋季发根、萌叶。10月下旬开花，花朵日开夜闭。

药用价值

番红花味甘，性平，有活血化瘀、凉血解毒、解郁安神之功效，其含有的多种苷可增加大冠状动脉的血流量，能调节血液循环、抗疲劳、抗衰老。主要药用部分为小小的柱头，因此十分珍贵。

栽培技术

土壤：番红花喜欢疏松、透气且含有腐殖质的土壤，种植前土壤要深翻细整，施足基肥。

栽种：种球必须选择个头大而饱满、没有霉斑病斑的健壮球，栽种的株行距为10厘米×15厘米，栽种深度约为5厘米；秋季栽植球茎，覆土5～8厘米。

光照：番红花喜欢生长在半阴的环境中，夏季光照强烈，需要适量遮阴。

水分：番红花的生长离不开水分，浇水的时候需遵循不干不浇，浇则浇透的原则。番红花生长期正值少雨的冬春季，应特别注意灌水。种植后20天左右出苗，出苗前灌一次水，以利于出苗。4月中旬浇一次水，以减轻干热风的危害。雨季一定要及时排去积水，否则很容易积水，使球茎腐烂。遇秋旱，应松土浇水，保持土壤湿润为宜。入冬前灌一次防冻水，以增加地温。

肥料：栽种前应施入腐熟的有机肥，如饼肥、厩肥、火烧土、草木灰、鸡鸭粪等，还应施入一些过磷酸钙；从其生根抽叶后，可每隔10天追施一次氮、磷均衡的稀薄液态肥，如沤透的饼肥液中加入适量的磷酸二氢钾，直至花莛抽去、花苞现色为止。切忌氮肥过多、过浓，否则会造成叶片徒长，影响花芽的生长；齐苗及花开终期，每亩施粪尿1500千克或适量的化肥，以促进幼苗早发。春季视幼苗长势确定追肥数量。10月开花后，应再追施1～2次氮、磷、钾均衡的速效肥，以利于球茎的生长发育，使球茎能为来年多开花、开好花储存足够的养分。12月中下旬在畦面株间撒一层马粪，再覆压少量泥土，增加肥力，保温防冻。

除芽：当发现植株上侧芽太多时，可将部分小芽掰去，以保证主芽能多开花、开大花；在番红花的生长发育过程中，齐苗后用小竹刀插入土中，剔除植株外圈的小侧芽，每株保留中央2～4丛较大叶丛，以利于次年增收大球茎。

中耕：在 2—4 月份球茎膨大迅速，应及时松土、锄草。

采花：大田的花期在 10 月中旬至 11 月上旬，以每天 9～11 点开花最盛，花朵色泽鲜艳。室内不受天气影响，可全天采花；室外花朵在开的第 1 天 8～11 时采摘，晚采柱头易沾上雄蕊花粉影响质量。采后剥开花瓣，取出雌蕊花柱和柱头，以三根连着为佳，摊于白纸上置通风处阴干，量大可用烤箱烘干，避光密闭贮藏。一般 80 朵花可加工 1克干花丝，1 亩可收干花丝 1～2 千克。

收获：4 月下旬至 5 月上旬，番红花地上部分枝叶逐渐变黄，便可用铁耙从畦的一端小心起挖。挖出后，除去枝叶残根，在田间晾晒两天，再收贮于室内。收贮时要按照健病、完损、大小标准进行分株，分门别类贮存。

贮藏：贮藏室要少光、阴凉、通风，地面最好是泥土地，室内要保持干燥。一般球茎可增重 3～5 倍，引种 100 千克种球种植 1 亩番红花，亩收球茎 600～1 000 千克。

植物
文化

花语：番红花花语通常为快乐、祈祷、热情、忠诚。

52

雪莲花

· 物种简介 · 　　雪莲花(*Saussurea involucrata*)是菊科风毛菊属多年生草本植物。雪莲花大多长于雪域高原,亭亭玉立,状如莲花,雪白如玉,故名"雪莲花"。雪莲花能在零下几十摄氏度的严寒和空气稀薄的缺氧环境中傲霜斗雪、顽强生长。这种独有的生存习性使其天然而稀有,造就了它独特的药理作用和药用价值。

📍 分布范围

　　雪莲花原产于新疆,生长于海拔 2 400～3 470 米山坡、山谷、石缝、水边、草甸中;俄罗斯及哈萨克斯坦也有。

✳ 形态特征

　　多年生草本,高 15～35 厘米。茎粗壮,基部直径 2～3 厘米。叶密集,基生叶和茎生叶无柄,叶片椭圆形或卵状椭圆形,长达 14 厘米,宽 2～3.5 厘米,顶端钝或急尖;最上部叶苞叶状,膜质,淡黄色,宽卵形,长 5.5～7 厘米,宽 2～7 厘米,包围总花序,边缘有尖齿。头状花序 10～20 个,在茎顶密集成球形的总花序。总苞半球形,直径 1 厘米;总苞片 3～4 层,边缘或全部紫褐色,先端急尖,外层被稀疏的长柔毛,外层长圆形,长1.1 厘米,宽 5 毫米,中层及内层披针形,长 1.5～1.8 厘米,宽 2 毫米。瘦果长圆形,长3 毫米。冠毛污白色。花果期 7—9 月。

🔧 生长习性

雪莲花能在零下几十度的严寒和空气稀薄的缺氧环境中傲霜斗雪、顽强生长。雪莲种子在 0 ℃发芽，3 ℃～5 ℃生长，幼苗能够抵御零下 21 ℃的低温，实际的生长期不到两个月。就在这短短的生长期里，雪莲花凭借着旺盛的生命力，植株高度能超过其他植物的 5～7 倍。

✒️ 药用价值

雪莲花具除寒、壮阳、调经、止血之功，主治阳痿、腰膝软弱、妇女月经不调、崩漏带下、风湿性关节炎及外伤出血等症。

🌱 栽培技术（仅限试验栽培数据）

土壤：用花盆或纸筒育苗的营养土中有机肥、细煤灰和腐殖质土壤按 2：2：6 进行配制，用筛子去掉土中杂质和硬块，pH 为 5.5～6.5 为宜。土壤要选择潮湿、温暖、阳光充足、通风良好、排水方便、含腐殖质丰富的砂质土壤为好。平整土地前要施足底肥，以腐熟圈肥，每亩 1 500 千克，翻入土内。做成宽 1.5 米左右的苗床，长度随意平整后，待播。

种子：要选籽粒饱满，棕黑色的个大而有光泽的籽粒做种子。去掉干瘪无光，个小黄白色籽粒，以免影响种子发芽率。

催芽：对休眠期的雪莲花种，用 30℃温水加植物生根剂比例为 800：1 的溶液，浸泡种子 8 小时捞出，既能杀菌，也能促进种子迅速发芽生根。

播种：将营养土浇水混合，使之达到手捏成团，松手即散，装入纸筒礅实。播种时种子一定要平放穴中，再覆厚度相当于种子长度的营养土，轻轻压实，上面铺放一层薄草，往草上浇水，保持土壤湿润，地温 8 ℃～20 ℃，10 天左右可出苗。小苗出土后及时去掉薄草，使小苗得到光照。

移栽：幼苗长到 5～6 厘米高时，移栽到花盆或田间，按行株距 15～20 厘米进行定植，最好选择在阴天或雨后进行，成活率高。

浇水：土壤干旱要及时浇水，一次性浇透，但不能浇涝。盛夏热天以清早或傍晚浇水为好。温室培育雪莲花，最好用软水，雪水及冰水浇花，更有利于其苗壮成长。

施肥：对生长衰弱短小的雪莲花，可结合浇水，按浓度 1：600 加生长素，进行根外追肥。开花前追一次过磷酸钙，每亩 20 千克，花期每隔 8 天喷施 0.2%磷酸二氢钾溶液一次，可提高花朵质量。

中耕：雪莲花生长期间，会出现很多杂草与雪莲花争夺养分、水分和阳光。须根据情况进行中耕,除草松土。

植物
文化

花语:雪莲花代表纯洁的爱,坚韧、顽强,给人们带来希望。由于雪莲花花色如碧玉,具芳香,也被青年男女视作爱情的象征。

53
嚏根草

物种简介·
　　嚏根草(*Hellehorus thibetanus*)又名铁筷子,为毛茛科铁筷子属多年生常绿草本植物。铁筷子株型低矮、叶色墨绿,为草坪及美丽的地被材料,也可盆栽。用于植物配植,结合其他园林素材,按照园林植物的生长规律和立地条件,采用不同的构图方式,组成不同的园林空间,创造各式园林景观。在配植方式上有孤植、对植、丛植、群植等。花期由冬至翌春,有很高的园林观赏价值。也可作药用。

分布范围

　　嚏根草分布于四川、甘肃、陕西及湖北,生长于海拔 1 100～3 700 米山地林中或灌丛中。

形态特征

　　根状茎直径约 4 毫米,密生肉质长须根。茎高 30～50 厘米,上部分枝,基部有 2～3 个鞘状叶。基生叶 1～2 个;叶片肾形或五角形,长 7.5～16 厘米,宽 14～24 厘米,鸡足状三全裂,中全裂片倒披针形,宽 1.6～4.5 厘米,边缘在下部之上有密锯齿,侧全裂片具短柄,扇形,不等三全裂;茎生叶近无柄,叶片较基生叶为小,中央全裂片狭椭圆形,侧全裂片不等二或三深裂。花 1～2 朵生茎或枝端,在基生叶刚抽出时开放;萼片初粉红色,在果期变绿色,椭圆形或狭椭圆形,长 1.1～2.3 厘米,宽 0.5～1.6 厘米;花瓣 8～10,淡黄绿色,圆筒状漏斗形,具短柄,长 5～6 毫米;种子椭圆形,扁,长 4～5 毫米,宽约 3 毫米。

花期4月,果期5月。

生长习性

铁筷子耐寒,喜半阴潮湿环境,忌干冷。多生长于含砾石比较多的砂壤、棕壤土中,土壤肥力中等偏下,在肥沃深厚土壤中生长良好,在全光照下能提早开花。为地下芽植物,过夏后进入休眠期。

药用价值

全草入药,具有清热解毒、活血散瘀、消肿止痛之功效。主治膀胱炎、尿道炎、疮疖肿毒、跌打损伤、劳伤。

栽培技术

土壤:选择疏松肥沃、排水良好的砂质土壤地栽,盆栽用园土、腐叶土加少量基肥。

播种:一般采用条播法。条播时在床面开3～5厘米浅沟,行距15～20厘米,混砂播匀,覆腐质土1～2厘米,播后镇压床面。播后要进行床面覆盖或用50%的遮阴网进行遮阴处理,经常给床面喷水,保持床面湿润,有利于种子出苗。

分株:结合苗木移栽可进行分株繁殖。夏秋之际,起苗时根据芽在根状茎上的分布情况,剪带有1～2芽的根状茎进行栽植培养,翌年即可正常开花。

浇水:铁筷子喜湿润,叶片大,应多浇水,生长季节保持土壤湿润。春季随着气温回升,进入旺盛生长期,浇水量应逐渐增多,早春浇水宜在午前进行。夏季气温高,蒸腾作用强,浇水量要充足,宜在晨、夕进行。深秋至冬季保持土壤适当干燥,有利于地下芽休眠。雨季要注意排水。

追肥:充足的肥水供应是其良好生长的基础。一般每年追肥三次,第一次在春季发芽后,以促进花芽分化,使花多色艳;第二次在花后,以补充营养,促进茎叶生长和种子发育;第三次在10月份,以促进地下根状茎和地下芽生长充实,为来年生长开花打下基础。早春花期不宜追肥,否则会引起落花落蕾;夏季高温期应停止施肥。每次追肥均以磷、钾肥为主。可施用1500倍尿素或硫铵溶液,0.3%磷酸二氢钾溶液。如不留种,花后应剪去残花,避免结实,集中营养供地下部分生长。

遮阴:初春应保持充足光照,有利于花芽分化、开花、结实,夏季宜适当遮阴。4月底至8月底,阳光强烈,应遮阴75%,并经常叶面喷水,保持70%～80%的空气湿度。5月份后如不遮阴保湿,会引起茎叶灼伤、干枯。

中耕:生长期视杂草生长状况及土表状况及时中耕除草,一般在浇水或降雨后土表稍干适耕时进行。

54

绿绒蒿

· 物种简介 ·

　　绿绒蒿(*Meconopsis* spp.)为罂粟科绿绒蒿属多年生草本植物的统称。绿绒蒿属有54种,其中一种产欧洲,其他产喜马拉雅一带,我国产43种,集中产西南部。花大、色艳、姿态雅逸称,是高山植物中最引人注目的花卉之一,常与另一些高山植物共同组成绚丽多彩的高山植被。下面以全缘叶绿绒蒿(*Meconopis in tegrifolia*)为例。

分布范围

　　全缘叶绿绒蒿原产于甘肃、青海、四川、云南及西藏,生于海拔2 700～5 100米的草坡或林下。缅甸东北部有分布。

形态特征

　　一年生至多年生草本。茎粗壮,高达150厘米,粗达2厘米,不分枝,基部盖以宿存的叶基,叶基密被具多短分枝的长柔毛。基生叶莲座状,其间常混生鳞片状叶,叶片倒披针形、倒卵形或近匙形,连叶柄长8～32厘米,宽1～5厘米;茎生叶下部者同基生叶,上部者近无柄,狭椭圆形、披针形、倒披针形或条形,比下部叶小,最上部茎生叶常成假轮生状,狭披针形、倒狭披针形或条形,长5～11厘米,宽0.5～1厘米。花通常4～5朵,稀达18朵,生最上部茎生叶腋内,有时也生于下部茎生叶腋内。花芽宽卵形;萼片舟状,长约3厘米;花瓣6～8,近圆形至倒卵形,长3～7厘米,宽3～5厘米,黄色或稀白色。蒴果宽椭圆状长圆形至椭圆形,长 2～3 厘米,粗 1～1.2 厘米。种子近肾形,长 1～1.5 毫米,宽约 0.5 毫米。花果期 5—11 月。

⚙ 生长习性

生于山坡草地或多石砾处。

✐ 药用价值

全草入药,具有清热利湿、镇咳平喘的功效。主治肺炎咳嗽、肝炎、胆绞痛、胃肠炎、湿热水肿、白带、痛经,也用于治疗气虚、浮肿、哮喘等症。

🌱 栽培技术(仅限试验栽培数据)

土壤:选择通风良好、富含有机质、排水良好的半阴地,整平耙细。

分株:分株一般在春季或早秋结合换盆进行,一般每隔 2～3 年分株 1 次。

播种:每年春季 3—4 月直播,发芽适温为 13 ℃～15 ℃,播后 30～100 天发芽,发芽不整齐,幼苗不耐移植,播种苗第 2 年开花。

间苗:幼苗有 2～3 片真叶时应及时间苗,保持一定株距。

定植:一般幼苗长出 7 片叶时,带土定植。

光照:不适合在烈日下生长,夏季需要进行遮阴,尽可能在半阴地方栽植。

温度:耐寒能力较强,南方可露地栽植,东北地区需要适当防寒设施。

浇水:苗期和夏季需要保持较湿润的土壤,冬季要保持较干燥的土壤。

施肥:花前施 1～2 次追肥,可使花开艳丽。春季返青后每隔 15 天追肥 1 次,使植株健壮,花大色艳。

松土:春夏季及时松土,清除杂草和残叶,利于通风,防止病虫害。

修剪:花后及时剪除残枝败叶,可使余后的花开得更好,并可延长花期。

植物文化

花语:顽强生命力。蓝花绿绒蒿为不丹国花。

55
虞美人

· 物种简介 ·

虞美人（*Papaver rhoeas*）是罂粟科罂粟属一年生草本植物。虞美人轻盈飘逸，姿态秀美，花色艳丽，非常适用于花坛、花境栽植，也可盆栽或做切花用。因为一株虞美人上花蕾很多，此谢彼开，可保持很长观赏期，分期播种能从春季陆续开放到秋季，常用于公园、绿地、景观成片栽植。

分布范围

虞美人原产于欧洲，我国各地有栽培，为著名庭园观赏植物。

形态特征

一年生草本。茎直立，高25～90厘米，具分枝。叶互生，叶片轮廓披针形或狭卵形，长3～15厘米，宽1～6厘米，羽状分裂，下部全裂，全裂片披针形和二回羽状浅裂。花单生于茎和分枝顶端。花蕾长圆状倒卵形，下垂；萼片2，宽椭圆形，长1～1.8厘米，绿色；花瓣4，圆形、横向宽椭圆形或宽倒卵形，长2.5～4.5厘米，全缘，稀圆齿状或顶端缺刻状，紫红色，基部通常具深紫色斑点。蒴果宽倒卵形，长1～2.2厘米。种子多数，肾状长圆形，长约1毫米。花果期3—8月。

⚙ 生长习性

虞美人生长发育适温 5 ℃～25 ℃,春夏温度高地区花期缩短,昼夜温差大。夜间低温有利于生长开花,在高海拔山区生长良好,花色更为艳丽。寿命 3～5 年。耐寒,怕暑热,喜阳光充足的环境,喜排水良好、肥沃的沙壤土。不耐移栽,忌连作与积水。能自播。花期 5—8 月。

🚫 药用价值

全株入药,含多种生物碱,有镇咳、止泻、镇痛、镇静等功效。

🌱 栽培技术

选地:对土壤要求不严,但以疏松肥沃沙壤土最好。喜欢光照充足和通风良好的地方;耐寒,不耐湿、热,不宜在过肥的土壤上栽植,不宜重茬种植。不宜在低洼、潮湿、水肥大、光线差的地方育苗和栽植。

播种:宜在早春进行播种,行距 20 厘米,直接将虞美人的种子撒在土壤的最顶层,因为虞美人种子需要在充足的光照条件下发芽,所以尽量在播种前清除石子等杂物、让土壤表层相对平坦,尽量避免种子被土壤淹没或浇灌时深陷土壤里。

间苗:虞美人通常作为二年生栽培。当幼苗有 5～6 片叶子时,进行间苗,株行距一般为 30 厘米×30 厘米。虞美人不耐移植,因此最好园地直播。

温度:生长发育适温 5 ℃～25 ℃。

光照:每天至少要有 4 小时以上的光照。光照不足会导致植株生长不良,无法开花。夏季要注意适时遮阴,接受早上和傍晚的阳光即可。

浇水:幼苗生长期,浇水不能过多,但需保持湿润。地栽的一般情况下不必经常浇水,盆栽视天气和盆土情况 3～5 天浇水一次,以田间土壤最大持水量的 60% 左右对虞美人的发育较好。越冬时少浇,开春生长时应多浇。

施肥:花前追施 2～3 次稀薄液肥,但施肥不可过多,否则易发生病虫害。地栽在越冬前施两次薄肥,到开花前再施一次液肥。开花前最后施用一次追肥,以促使花大色艳。

修剪:及时剪去残花枯梗,可以延长花期,并使花大而美丽。

采收:种子成熟一致,可以一次采收。

花语:安慰、慰问。在古代寓意生离死别、悲歌。

植物文化

56

天竺葵

· 物种简介 ·

天竺葵（*Pelargonium hortorum*）是牻牛儿苗科天竺葵属草本植物。天竺葵茎叶含有挥发油，可以提取香味醇、香草醇、香叶酯等，是工业中不可缺少的香料；对人体疲劳、神经衰弱等症有较好治疗作用，具有一定的药用价值；可用于室内盆栽观赏，花坛布置等。

分布范围

天竺葵原产于非洲南部，我国各地有栽培，为著名庭园观赏植物。

形态特征

多年生草本，高 30～60 厘米。茎直立，基部木质化，上部肉质，具明显的节，密被短柔毛。叶互生；托叶宽三角形或卵形，长 7～15 毫米；叶片圆形或肾形，茎部心形，直径 3～7 厘米，边缘波状浅裂，具圆形齿。伞形花序腋生，具多花；总苞片数枚，宽卵形；萼片狭披针形，长 8～10 毫米，花瓣红色、橙红、粉红或白色，宽倒卵形，长 12～15 毫米，宽 6～8 毫米。蒴果长约 3 厘米。花期 5—7 月，果期 6—9 月。

生长习性

天竺葵喜欢冬暖夏凉、耐潮半阴的环境，对干旱盐碱地区有轻微抗性，怕积水和霜冻。

药用价值

天竺葵茎叶含有挥发油,可以提出香味醇、香草醇、香叶酯等,是工业中不可缺少的香料,对人体疲劳、神经衰弱等症有较好治疗作用;对止血、收缩血管、气喘、肝排毒、胆结石、肾排毒、肾结石、利尿、肌肉酸痛、油性皮肤、皮肤活化、疱疹、皮肤苍白、减肥、促进结疤、湿疹、灼伤晒伤、癣、月经不顺、乳房充血发炎、减轻忧郁不安、补身、除臭、抗菌杀菌等有一定功效。

栽培技术

土壤:天竺葵喜疏松、透气、排水性好的土壤,可使用腐叶土、园土、砂土混合搭配,具有良好的透气透水性,有利于根系的呼吸。

温度:天竺葵最适宜的温度是 10 ℃～20 ℃,也就是春秋季节,夏天太热需要通风降温遮阴,避免阳光曝晒。冬天太冷需要保温,室内温度不要低于 0 ℃,否则就会冻伤。

光照:天竺葵总体来说比较喜光,除了夏季高温天的时候要适当遮阴,其他季节都可以养护在光照充足的环境中充分地进行光合作用,有利于积累养分,花开不断。夏天高温期时要放在半阴通风的环境中养护,光照过强容易灼伤叶片。

水分:一般 2～3 天浇一次水,每次浇水要保证浇透,但不积水。

施肥:注意薄肥勤施。一次性施肥过多会造成天竺葵的脱水,如施氮肥过多会造成植株疯长、不开花,施肥过多以后勤浇水可以缓解症状。

植物
文化

花语:思念、陪伴、幸福就在你身边。

57
蟹爪兰

· 物种简介 ·　　蟹爪兰（*Schlumbergera truncata*）是仙人掌科仙人指属肉质草本植物。因节茎连接形状如螃蟹的爪,故名"蟹爪兰"。

分布范围

蟹爪兰原产于南美洲中部,现世界各地有栽培。

形态特征

附生肉质植物,常呈灌木状,无叶。茎无刺,多分枝,分枝下垂,茎节扁平,截形,两端及边缘有尖齿。花生于茎节顶端,花瓣张开反卷,花色较多,主要有红、粉红、橙黄等。花期冬、春两季。

生长习性

蟹爪兰喜欢温暖湿润的半阴环境,并不耐寒,冬季最好搬到室内,最低温度不能低于 10 ℃,而其生长期的最适宜温度是 20 ℃～25 ℃。喜欢疏松、富含有机质、排水透气良好的基质。蟹爪兰属短日照植物,在每天日照 8～10 小时的条件下,2～3 个月即可开花,可通过控制光照来调节花期。

药用价值

蟹爪兰全株可入药,具有解毒消肿之功效,民间常用于治疗疮疖肿毒。

栽培技术

土壤:蟹爪兰喜欢疏松、肥沃、透气性的土壤,可选择微酸性沙壤土进行栽植,并在土壤中加入适量的有机肥料,以提高土壤的肥力和保水能力。

扦插:扦插是蟹爪兰最便捷常用的繁殖方式。选择剪取健康饱满没有缺损的叶片,2～4片连叶为宜,剪下,放在散光通风的地方,晾晒1～2天,等到切口渐渐愈合之后,进行扦插。这样更容易长根成活。

光照:蟹爪兰喜光照充足的环境,但不耐直射阳光,应避免阳光曝晒。

温度:蟹爪兰生长适宜温度为20 ℃～25 ℃,超过30 ℃进入半休眠状态。冬季室温保持在15 ℃左右,低于10 ℃,温度突变及温差过大会导致落花落蕾;开花期温度以10 ℃～15 ℃为好,并移至散射光处养护,以延长观赏期。夏季高温空气干燥,加上通风不良,影响植株的生长,此期间选择通风透光的遮阴处放置,不可轻易挪动。

浇水:少浇水,忌淋雨,以免烂根。可向植株和植株附近的地面喷水,以增加空气湿度、降低温度。生长季节保持盆土湿润,避免过干或过湿。空气干燥时喷叶面水,特别是孕蕾期喷叶面水有利于多孕蕾。

施肥:蟹爪兰不宜使用化肥,一般是自己沤制腐透的稀薄液肥,入秋到开花可适量增多水肥。肥水不足只是生长不旺盛,而肥水过量可能会使植株死亡。

换盆:蟹爪兰一般于3—4月隔年换盆一次,盆土以疏松肥沃、通透性好的微酸性土为宜,盆底先铺一层精砂,以利渗水,结合换盆疏间生长衰弱过密的枝条,并适度短截,以利萌生嫩壮新枝,开花繁盛。

支架:应根据其植株的大小合理配制支撑架,尤其是5～6年生以后的植株,枝冠增大,压力加大,应及时更换支撑架,以防支撑架腐烂造成植株倒伏。若枝冠过厚,不利于通风透光,更不利于育蕾、开花,也影响美观,可随冠作形,将枝冠梳理成双层,用双层支架支撑,形成高低见层、花枝分散均匀的形态,不但改善通风透光条件,而且造型优美别致,开花也多。

修剪:花谢后,及时从残花下的3～4片茎节处短截,同时疏去部分老茎和过密的茎节,以利于通风和养护。有时从一个节片的顶端会长出4～5个新枝,应及时删去1～2个。茎节上着生过多的弱小花蕾,也要摘去一些,促成花朵大小一致、开花旺盛。培养3～5年的植株,可用3～4根粗铅丝作支柱,沿盆壁插入土中,上部扎成2～3层圆形支架,将节枝捆扎于圆环上,以避免茎节叠压和散乱,同时剪去参差不齐的茎节,使植株呈伞状,有益于透光和观赏。

植物
文化

花语:红运当头、运转乾坤、锦上添花。

58

昙 花

·物种简介·

昙花（*Epiphyllum oxypetalum*）又名金钩莲、叶下莲，是仙人掌科昙花属附生肉质灌木。每逢夏秋节令，繁星满天、夜深人静时，昙花开放，展现美姿秀色，当人们还沉睡于梦乡时，素净芬芳的昙花转瞬已凋萎，故有昙花一现之称。其奇妙的开花习性，博得花卉爱好者的浓厚兴趣。

分布范围

昙花原产于墨西哥、危地马拉、洪都拉斯、尼加拉瓜、苏里南和哥斯达黎加。我国各地广为栽培，热带地区可栽培于庭园，温带地区常栽培于温室。

形态特征

附生肉质灌木，高2～6米，老茎圆柱状，木质化。分枝多数，叶状侧扁，披针形至长圆状披针形，长15～100厘米，宽5～12厘米。花单生于枝侧的小窠，漏斗状，于夜间开放，芳香，长25～30厘米，直径10～12厘米；萼状花被片绿白色、淡琥珀色或带红晕，线形至倒披针形，长8～10厘米，宽3～4毫米，先端渐尖，边缘全缘，通常反曲；瓣状花被片白色，倒卵状披针形至倒卵形，长7～10厘米，宽3～4.5厘米，先端急尖至圆形，有时具芒尖，边缘全缘或啮蚀状。浆果长球形，具纵棱脊，紫红色。种子多数，卵状肾形，亮黑色。

⚙ 生长习性

喜温暖湿润的半阴、温暖和潮湿的环境,不耐霜冻,忌强光曝晒。特别是对温度的要求比原产地高,为 15 ℃～25 ℃,春夏季夜温需 16 ℃～18 ℃,白天 21 ℃～24 ℃。越冬温度在 10 ℃～12 ℃,土壤不宜过干。冬季可耐 5 ℃左右低温。土壤要求宜用富含腐殖质、排水性能好、疏松肥沃的微酸性砂质土,否则易沤根。

🖊 药用价值

昙花的叶、花可入药,具有清肺止咳、凉血止血、养心安神之功效。用于肺热咳嗽、肺痨、咯血、崩漏、心悸、失眠。

🌱 栽培技术

土壤:盆栽常用排水良好、肥沃的腐叶土,盆土不宜太湿,夏季保持较高的空气湿度。避免阵雨冲淋,以免浸泡烂根。

扦插:一般春季进行。选取健壮、肥厚叶状茎作插穗,长 20～30 厘米,按 2～3 节一段剪开,并将基部削平,待剪口稍干燥后插入干净的砂床,土中含水量保持 60% 左右,室温保持 18 ℃～24 ℃,插后约 3 周即生根,待根长 3～4 厘米时即可移栽上盆。如用主茎扦插,当年可以见花,用侧茎则需 2～3 年才开花。

光照:喜半阴环境,夏季要放在荫栅下养护,或放在无直射光的地方栽培。

温度:喜温暖,生长适宜温度为白天 21 ℃～24 ℃,夜间 16 ℃～18 ℃。冬季需要移入温室,放在向阳处,要求光照充足,越冬温度以保持 10 ℃～12 ℃为宜。

浇水:夏季要勤浇水,早晚喷水 1～2 次,以增加空气湿度,避开阵雨冲淋。保持盆土湿润,但不可积水,以免烂根。春、秋季浇水应减少,冬季要严格控制浇水,保持盆土不干燥即可。

施肥:秋季可追施腐熟液肥,没有足够的养分,不易开花或开花少。秋季去掉遮阴设备,增强光照。春秋季每月施氮肥一次,浓淡相宜。冬季入室勤水、停肥,放在有光照处,控制它的生长。冬季室温过高时,常常从基部萌发繁密的新芽,应及时摘除,以免消耗养分影响春后开花;春季随着气温的升高,不宜过多浇水和施肥,以免引起落蕾。

生长期每半月施一次腐熟饼肥水,也可加硫酸亚铁同时施用。现蕾开花期增施一次骨粉或过磷酸钙。肥水施用恰当,能延长开花时间。肥水过多,过于遮阳,会造成茎节徒长,影响开花。而曝晒或阳光太强烈,则使变态茎萎缩发黄。

支架:盆栽昙花由于变态茎柔弱,应及时绑扎或立支柱。

调控:为了改变昙花夜晚开花的习性,可采用"昼夜颠倒"的办法,使昙花白天开放。当昙花花蕾膨大时,白天把昙花移到黑暗的暗室或用黑色塑料薄膜做的遮光罩罩住,不要透光,而晚上从8时到次晨6时,则用灯光照射,这样处理7～8天,昙花就可按照人们的意愿在白天开放。

植物
文化

花语:刹那间的美丽,一瞬间的永恒。人们用"昙花一现"比喻美好事物不持久。类似的成语有弹指之间、电光石火、白驹过隙、稍纵即逝等。

59

令箭荷花

·物种简介·

令箭荷花（*Nopalxochia ackermannii*）为仙人掌科令箭荷花属多年生常青附生类植物。因其茎扁平呈披针形,形似令箭,花似睡莲,故名令箭荷花。

分布范围

令箭荷花原产于美洲中部,现世界各地广为栽培。

形态特征

多年生附生仙人掌类,高约1米,全株鲜绿色。茎扁平,多分枝,分枝叶状,披针形或线状披针形,基部细圆呈叶柄状,边缘有波状粗锯齿。花单生,钟状,花被张开并翻卷,花丝、花柱弯曲,玫瑰红色,也有粉红、黄色和白色的品种。子房狭长棍状、弯曲,被红色鳞片。花期6—8月,白天开花。

生长习性

令箭荷花喜温暖湿润、阳光充足、通风良好的环境,耐干燥,不耐寒,夏季怕强光曝晒。宜疏松、肥沃、排水良好的微酸性砂质土壤。

药用价值

其茎可入药,具有活血止痛的功效。

栽培技术

土壤:要求肥沃、疏松、富含有机质的石灰质砂土或壤土。培养土可用腐叶土 4 份、泥炭 2 份、谷壳炭 2 份,再加入适量的骨粉配成。使用前,最好先进行蒸汽消毒,以减少培养土中可能存在的害虫虫卵和各种致病细菌、真菌的孢子和菌种的危害。

扦插:一般 5—7 月份进行。选择生长健壮肥厚的 2 年生叶状枝,当年生的叶状枝组织柔嫩易腐烂。插穗从母株上剪下后,用利刀削成 8～10 厘米段,置阴凉通风处 1 天左右,待其伤口稍干成一层薄膜后再扦插。插后喷足水并遮阴,温度保持 15 ℃～20 ℃,苗床保持湿润,但不要过湿,发现插穗因气温高略萎时可用细喷雾器喷洒植株。一般 20～30 天可长出新根,生根后要及时移植。

栽植:宜在春季生长初期,温度 15 ℃以上时进行。夏季栽植应注意通风降温,温度不宜超过 35 ℃,否则容易干瘪和导致介壳虫危害。10 月中旬应移入温室,室温保持在 15 ℃左右。冬季保持室内温度 5 ℃以上即能安全越冬。

上盆:植株放进盆内后,根茎处略低于盆口为宜,能用浅盆尽量不用深盆。上盆前,无论是新盆或是旧盆,都要洗净消毒。

水分:浇花用的水应是中性或微酸性的,一般雨水和未经污染的河水、湖水都可以使用。自来水最好先放置 2 天让水中氯气跑掉后再用。3—4 月正是令箭荷花孕蕾的时期,应多浇水;5—7 月是令箭荷花开花季节,此时应减少浇水量,每星期浇一次透水即可;花后更应注意不可太干太湿,以稍干为好;至 10 月中旬霜降前后,应做到干透浇透,见干见湿。11 月份至翌年 3 月份为休眠季节,要节制浇水,保持土壤不过分干燥即可。

肥料:基肥一般用腐熟的禽肥及骨粉,放在花盆的底部或研细后混入培养土内施用。追肥用腐熟粪尿或饼肥水和腐熟鱼肥水交替使用,使用时必须加清水稀释。生长期间一般半个月施 1 次肥。春季施 4～5 次,秋季施 2～3 次,盛夏高温期应停止施肥。晚秋时节对施肥应加以节制,有利于植株安全越冬。施肥应在晴天的上午或傍晚进行;休眠期间,新上盆植株、根系损坏的植株、根茎处有伤口的植株均不可施肥。

修剪:扦插或嫁接成活的植株,幼苗留芽花,将其茎片顶端或叶痕处发生的侧芽一律抹去,迫使它从茎片的基部再发新芽。在基部发出的芽中,选择分布均匀的壮芽保留。壮芽呈紫红色,长势快,扁宽或三棱形。及早抹去又细又长形似鞭状的芽,使养分集中供给壮芽。当盆栽令箭荷花的茎片长到 30 厘米左右时。可将茎片先端边缘发红的一小圈即生长点切除掉,茎片即停止继续长高。盆中的每个茎片都如此处理,茎片就会保持高矮一致。因切去生长点后茎片不再长高,又不让其长出侧芽,营养都集中在保留的茎片上,茎片就会长得粗壮、充实,不须设立支柱,外形也十分挺拔美观,似一支支令箭插在盆中。花期过后,剪去老弱残枝,保持株型美观。

60
仙人掌

· 物种简介 ·

仙人掌（*Opuntia dillenii*）是仙人掌科仙人掌属草本植物。因其形似手掌，且有刺，故得名。仙人掌茎、花、刺、毛、棱、疣都有一定的观赏价值，可盆栽摆放于窗下、书房，园林中多用于岩石园、温室专类园。仙人掌的呼吸多在晚上凉爽、潮湿时进行，呼吸时吸入二氧化碳，释放出氧气，因此被称为"夜间氧吧"。

分布范围

仙人掌原产于墨西哥东海岸、美国南部及东南部沿海地区、西印度群岛、百慕大群岛和南美洲北部；在加那利群岛、印度和澳大利亚东部逸生；我国于明末引种，南方沿海地区常见栽培，在广东、广西南部和海南沿海地区逸为野生。

形态特征

丛生肉质灌木，高 1～3 米。上部分枝宽倒卵形、倒卵状椭圆形或近圆形，长 10～40 厘米，宽 7.5～25 厘米，厚 1.2～2 厘米，密生短绵毛和倒刺刚毛；刺黄色，有淡褐色横纹，粗钻形。叶钻形，长 4～6 毫米，绿色，早落。花辐状，直径 5～6.5 厘米；萼状花被片宽倒卵形至狭倒卵形，长 10～25 毫米，宽 6～12 毫米，先端急尖或圆形，具小尖头，黄色，具绿色中肋；瓣状花被片倒卵形或匙状倒卵形，长 25～30 毫米，宽 12～23 毫米；浆果倒卵球形，长 4～6 厘米，直径 2.5～4 厘米，紫红色。种子多数，扁圆形，长 4～6 毫米，宽 4～4.5 毫米，厚约 2 毫米，淡黄褐色。花期 6—12 月。

⚙ 生长习性

仙人掌喜温暖、阳光,耐干旱,不耐寒冷,宜在 pH7.0～7.5 的中性或微碱、排水良好的砂质土壤生长。

⓫ 食用价值

野生仙人掌一般不能食用。部分栽培品种如"米邦塔"可以食用。米邦塔,果实成熟后可直接食用,茎可炒食、清炖、煮汤、凉拌。具有行气活血、清热解毒、促进新陈代谢、降血糖、降血脂等功效。它不含草酸,利于人体对钙的吸收。

◑ 药用价值

仙人掌具有行气活血、清热解毒、消肿止痛、健脾止泻、安神利尿等功效,主治疔疮肿毒、胃痛、痞块腹痛、急性痢疾、肠痔泻血、哮喘等症。

🌱 栽培技术

土壤:仙人掌喜排水良好的中性或微碱性肥沃砂质土壤。家庭盆栽可用堆肥、园土、河砂 2∶4∶4 混合土。

扦插:家庭栽培大多采用扦插法繁殖,成活率高,春、夏、秋皆可。选不老不嫩的茎块,把茎块从母株上切下,长度 10 厘米左右,放在半阴通风处晾 5～7 天,等切口干燥,皮层略向内收缩,生成一层薄膜时,插入经消毒的砂土里,深度 3 厘米左右。隔几天浇水,浇水时稍湿润即可,防止插穗腐烂,一般扦插 20 天后生根。

光照:仙人掌在阳光下能促进植株生长,应多见阳光,但盛夏要遮阴,以防强光直射出现日灼伤害。

温度:仙人掌喜温暖,不耐寒,在温度低于 5 ℃时容易冻伤,所以冬天要防冻害。

水分:仙人掌耐旱,浇水宜少不宜多,切忌盆内积水,保持半湿即可,6—8 月是仙人掌生长旺盛季节,欲促使生长快,一般每天浇一次水。要保持土壤湿润,雨季要注意排水,休眠期不浇水。对茎体上有茸毛或带有白色粉末的及嫁接部位等,切勿向其茎部浇水。

肥料:生长旺季需要追肥,宜用完全腐熟的有机肥或有渣质的肥料。

换盆:仙人掌类花卉的根系发达,不断增大和老化,并且还排泄一种使土壤酸化的有机酸,必须每年换 1～2 次盆和新培养土。换盆时间应在休眠期,可在早春 3 月间或秋季 10 月间换盆。换盆时应将植株的老根剪除,过长根剪短,以促发新根。

植物文化

花语:仙人掌的花语是坚强。墨西哥的国旗、国徽和货币上都印有仙人掌,墨西哥的国花也是仙人掌,所以墨西哥被誉为"仙人掌之国"。

61

桔　梗

·物种简介· 　　桔梗（*Platycodon grandiflorus*）为桔梗科桔梗属多年生草本植物。叶片呈卵形、卵状椭圆形至披针形；花冠一般为合瓣花，蓝色或紫色；果实有球状和倒卵状等形状。

分布范围

桔梗原产于东北、华北、华东、华中各省以及广东、贵州、云南东南部、四川、陕西。朝鲜、日本、俄罗斯的远东和东西伯利亚地区的南部也有分布。

形态特征

茎高 20～120 厘米，不分枝，极少上部分枝。叶全部轮生，部分轮生至全部互生，叶片卵形，卵状椭圆形至披针形，长 2～7 厘米，宽 0.5～3.5 厘米。花单朵顶生，或数朵集成假总状花序，或有花序分枝而集成圆锥花序；花萼筒部半圆球状或圆球状倒锥形，被白粉，裂片三角形，或狭三角形，有时齿状；花冠大，长 1.5～4.0 厘米，蓝色或紫色。蒴果球状，或球状倒圆锥形，或倒卵状，长 1～2.5 厘米，直径约 1 厘米。花期 7—9 月。

生长习性

喜凉爽气候，耐寒、喜阳光。宜在富含磷钾肥的中性夹砂土中生长。

食用价值

鲜桔梗根可作蔬菜食用,桔梗咸菜是特色美味食品。

药用价值

桔梗的根含桔梗皂苷、菠菜甾醇及其甙、桔梗酸等,具有宣肺、利咽、祛痰、排脓之功效。用于咳嗽痰多、胸闷不畅、咽痛、音哑、肺痈吐脓等。

栽培技术

整地:桔梗适宜生长在较疏松的土壤中,尤喜坡地和山地,以半阴半阳的地势为最佳,平地栽培要有良好的排水条件。桔梗不宜连作。桔梗有较长的肉质根,因此最好是垄上栽培。早春撒上农家肥将地翻耕耙细整平。一般做垄宽 1.7 米,沟宽 30 厘米左右的垄床,如遇旱,可沿沟灌溉。

播种:桔梗种子较小,一般采用直接播种的方法。先将种子用温水浸泡大约 1 天,浸泡后,将种子撒在盆土表层上,用泥土盖住 2～3 倍的种子直径,然后喷水湿润即可。种子寿命为 1 年,在低温下贮藏,能延长种子寿命。0 ℃～4 ℃干贮种子 18 个月,其发芽率比常温贮藏提高 3.5～4 倍。种子发芽率 70%,在温度 18 ℃～25 ℃,有足够温度,播种后 15 天出苗。

间苗:苗高 2 厘米时适当间苗,苗高 3～4 厘米时定苗,以苗距 10 厘米左右留壮苗 1 株。缺苗的地方可以同时补苗,带土补苗易于成活。

光照:桔梗喜阳,较耐阴,生长期间对光照的需求比较大,需要接受充足的光照,但夏季需要遮阴避开阳光直射曝晒。

温度:梗生长的适宜温度是 18 ℃～25 ℃。夏季需要采取通风、遮阴进行降温,冬季需要设施保温,不能低于 5 ℃,否则易受冻害。

浇水:桔梗苗期需要保持土壤湿润,但不能过度浇水,以防止水浸根部导致烂根。每隔 2～3 天为宜,夏季高温时可以增加浇水次数。不要让土壤太干燥,也不要让盆土变得湿润。

施肥:桔梗在大田播种前可亩施农家肥 2 000～3 000 千克、粮食复合肥 40 千克、过磷酸钙 30 千克,为防治蛴螬可在翻倒农家肥时每吨施入 1 千克甲敌粉与农家肥混合均匀在翻地前施入,后期追肥主要用清粪水或尿素,可在当年 7 月和第二年 7—8 月份用尿素 25 千克或清粪水进行追肥提苗。清粪水每亩每次可施 2 吨左右,浓度可在 10% 左右,追肥后若浓度较大应及时用清水洗苗。

中耕:幼苗期宜勤除草松土,苗小时宜用手拔除杂草,以免伤害小苗,也可用小型机械除,保持土壤疏松无杂草。中耕宜在土壤干湿适宜时进行,封垄后不宜再进行中耕除草在雨季前结合松土进行清沟培土,防止倒伏。

打顶:苗高 10 厘米时,二年生留种植株进行打顶,促发侧枝,促进多花多果,后期花因气温下降不能成熟,可在 9 月上旬疏掉不能成熟的花,以提高种子质量,而非留种用植株一律除花,以减少养分消耗,促进地下根的生长。在盛花期喷施 1 毫升/升的乙烯利 1 次,可基本上达到除花目的,产量可增加 45%。

采收:播种 2 年或移栽当年的秋季,当叶片黄萎时即可采收桔梗,除去茎叶,洗净泥土后,浸在水中,趁鲜用竹片或玻璃刮去表面粗皮,洗净,晒干。

留种:桔梗花期较长,果实成熟期很不一致,留种时,应选择二年生的植株,于 9 月上、中旬剪去弱小的侧枝和顶端较嫩的花序,使营养集中在留种果实。10 月份当蒴果变黄,果顶初裂时,分期分批采收种子。采收种子时应连果梗、枝梗一起割下,先置室内通风处后熟 3～4 天,然后再晒干,脱粒,去除瘪籽和杂质后贮藏备用。成熟的果实易裂,造成种子散落,故应及时采收。

植物文化

花语:桔梗有双层含义,永恒的爱和无望的爱。桔梗花开代表幸福再度降临。

62

耧斗菜

物种简介

耧斗菜(*Aquilegia viridiflora*)为毛茛科耧斗菜属多年生草本。因花形很像中国农耕时代耧车的斗,故得此名。耧斗菜叶子自然质朴,花朵富有个性、色彩艳丽,适合在庭院中成片或成丛种植;在园林应用中,种植于路边道旁、林下、岩石园等处都能很好地生长;也可盆栽观赏或做切花使用。

分布范围

耧斗菜原产于青海、甘肃、宁夏、陕西、山西、山东、河北、内蒙古、辽宁、吉林、黑龙江,生于海拔 200～2 300 米山地路旁、河边和潮湿草地;俄罗斯远东地区也有。

形态特征

根肥大,圆柱形,粗达 1.5 厘米,简单或有少数分枝,外皮黑褐色。茎高 15～50 厘米,常在上部分枝。基生叶少数,二回三出复叶;叶片宽 4～10 厘米,中央小叶具 1～6 毫米的短柄,楔状倒卵形,长 1.5～3 厘米,上部三裂,裂片常有 2～3 个圆齿。茎生叶数枚,为一至二回三出复叶。花 3～7 朵,倾斜或微下垂;苞片三全裂;萼片黄绿色,长椭圆状卵形,长 1.2～1.5 厘米,宽 6～8 毫米;花瓣瓣片与萼片同色,直立,倒卵形;种子黑色,狭倒卵形,长约 2 毫米。花期 5—7 月,果期 7—8 月。

生长习性

喜凉爽气候,忌夏季高温曝晒,耐寒,喜富含腐殖质、湿润而排水良好的砂质土壤。

药用价值

耧斗菜全草入药,具有清热解毒、调经止血之功效;主治妇女月经不调、功能性子宫出血、呼吸道炎症、痢疾、腹痛。

栽培技术

土壤:喜透气性好、土质疏松、排水性好、肥沃的土壤。

分株:宜在 8—9 月进行,先将植株上部的枝叶剪去,保留生长点较低矮的萌芽,然后将植株挖起,抖落土壤,按主根自然分开种植即可。如主根衰老即应剔除,务使萌芽基部带有部分根颈,然后扦插在砂床上,待生根后另行种植,扦插苗第二年就能开花。

播种:先将种子浸泡在干净的水中进行催芽处理,能去除外面的蜡质层,利于种子萌发出芽。土壤中适当喷水,然后把种子均匀播撒在上面,覆盖上一层薄薄的土壤,见不到种子即可。播种后需要每天浇次水,保持土壤湿润,温度保持在适宜范围内,适当接触散光,不能被强光曝晒,促进种子尽快萌发。一般需要 140 天出苗。如用薄膜覆盖 60 天出苗。出苗后通风炼苗,苗高 6.6 厘米移栽大田,随挖随栽。

定植:幼苗约 10 厘米便可定植,株行距 30～40 厘米。

光照:耧斗菜喜欢阳光。除夏季需要遮阴外,其他季节需保持阳光充足。

温度:耧斗菜喜凉爽的气候,忌高温,较耐寒,保持生长温度在 15 ℃～35 ℃。

水分:耧斗菜生长旺盛期需要给予充足的水分,根据土壤干湿程度来决定浇水的量,忌积水。干旱的天气需要及时浇水,雨后则需要及时排涝,注意保持一定的空气湿度。

肥料:中等肥力即可,每半月施一次薄肥,浓度不要过高。开花前需要施一些磷肥和钾肥,使开花更加艳丽。入秋之后要停止施肥。

摘心:待苗长到约 40 厘米时,需及时摘心,以控制植株的高度。

越冬:入冬以后需施足基肥,北方地区还应浇足防冻水,在植株基部培上土,以提高越冬的防冻能力。

植物
文化

花语:耧斗菜的花语是胜利、坦率,寓意着志在必得,一定能成功。

63

大丽花

· 物种简介 ·　　大丽花(*Dahlia pinnata*)是菊科大丽花属多年生草本植物。大丽花以色彩瑰丽、花朵优美而闻名,花期长、花量多、花朵大、种植难度小、片植效果好,一般家庭都可以栽种,非常适宜花坛、花径或庭前丛植,矮生品种可作盆栽。

分布范围

大丽花原产于墨西哥,全世界栽培最广的观赏植物,世界名花之一,中国各地均有栽培。

形态特征

多年生草本,有巨大棒状块根。茎直立,多分枝,高 1.5～2 米,粗壮。叶 1～3 回羽状全裂,上部叶有时不分裂,裂片卵形或长圆状卵形,下面灰绿色,两面无毛。头状花序大,有长花序梗,常下垂,宽 6～12 厘米。总苞片外层约 5 个,卵状椭圆形。舌状花 1 层,白色,红色,或紫色,常卵形,顶端有不明显的 3 齿,或全缘;管状花黄色,有时栽培种全部为舌状花。瘦果长圆形,长 9～12 毫米,宽 3～4 毫米,黑色,扁平,有 2 个不明显的齿。花期 6—12 月,果期 9—10 月。

🔧 生长习性

喜疏松肥沃、排水好的土壤。喜半阴，阳光过强影响开花，光照时间一般 10～12 小时，培育幼苗时要避免阳光直射。喜凉爽的气候，9 月下旬开花最大、最艳、最盛，但不耐霜，霜后茎叶枯萎。生长期内对温度要求不严，8 ℃～35 ℃均能生长，15 ℃～25 ℃为宜。

✏️ 药用价值

大丽花根内含菊糖，有清热解毒、消肿之功效。主治活血散瘀、跌打损伤，也用于头风、脾虚食滞、疔腮、龋齿牙痛。

🌱 栽培技术

整地：选择土地耕作层深、疏松肥沃、地势平坦、排水良好的田块，深翻前每亩施过磷酸钙 125 千克作基肥，另加 50％地亚农 0.5 千克，进行土壤消毒，土壤深翻 15 厘米左右，耙平，做高畦或平畦宽 2 米，沟深 20 厘米，开好排水沟，以利排涝。

分株：分株一般在春季 3—4 月进行。取出贮藏的块根，将每一块根及附着生于根颈上的芽一齐切割下来，切口处涂草木灰防腐，进行栽植。分割的每个块根上必须有带芽的根颈，若根颈上发芽点不明显或不易辨认时，可于早春提前催芽，在温床内将根丛以较密的距离排好，然后壅土、浇水，给予一定的温度，待出芽后再分，每个分株至少具有一个芽。分株繁殖简便易行，成活率高，植株健壮，但繁殖系数低。

扦插：6—8 月份，侧芽长至 15～20 厘米，结合除侧芽随剪随插。插穗需 3 芽，留上部 2 芽，第 3 芽剪至叶基部去叶片，插入土中深及第 2 芽，浇透水，用 50％的遮阴网双层遮阴。晴天早、晚各浇水一次，连续浇水半个月，土壤湿度保持在 90％，3 周后生根，成活率高，当年秋天即可开花。扦插成活后，结合中耕除草、花前、花后各追施一次复合肥。生根后不宜深中耕，以免伤害块根。因植株多汁柔软，须立支架、以免茎叶折断，小花品种苗高 15 厘米时打顶，使植株矮壮多开花。

播种：一般在 3 月中、下旬进行。宜选用长 50 厘米、宽 20 厘米、高 5 厘米的育苗盘，先用清水冲洗，然后用 0.2％无氯硝基苯消毒，再把消毒好的育苗盘用清水洗净。播种基质选细匀、无石块、富含养分、不带病虫害、排水良好的土壤或园土和草炭，用 2％五氯硝基苯消毒或高温消毒。播花坛品种于 4 月下旬露地播种，种子均撒于土面上。用湿润细土覆盖，厚度均为种子直径的 3 倍。播后覆薄膜，留通风口，有利于提高土壤温度，保持土壤湿度，减少土壤板结，保持种子发芽所需的温、湿度。种子繁殖出的实生苗生命力旺盛，生长发育健康，适应性强，短时间内可获得大量植株，但开花结果慢。

花期较晚,不能保持母本的优良特性,有退化现象。

光照:大丽花种子发芽需要适当遮阴,出苗整齐后逐渐撤去薄膜,并把幼苗移到阳光充足处。

温度:大丽花喜凉爽气候,以 10 ℃～25 ℃为宜。高温季节应采取降温措施,根据天气状况每天向叶片和地面喷水 3～4 次,以达到降温控水的目的。9 月份以后,白天要有意识地提高周围小环境的温度,这样白天温度高、夜间温度低,较大的昼夜温差对大丽花的花色及块根的膨大有利。

浇水:浇水量适当减少,利于控制植株的生长,促使大丽花茎粗、株矮、花大。夏季高温时在基本满足其水分的情况下尽量多向叶面喷水,每天至少喷两次,以补足蒸发损失。

施肥:大丽花为喜肥植物,必须有充足的肥料供给,否则易引起花朵变小,色泽暗淡,观赏性降低。根据生长情况,追施饼肥 4～5 次,宜薄肥,夏季高温超过 30 ℃时禁止施肥。

整枝:留单芽成单株,使其早开花,花后留 1～2 节短截,长出的新芽可继续开花。对分枝性差的品种,在幼期进行摘心,促使其发枝,7 月中旬 8 月上旬对植株进行短截,可提高花的质量。

支架:一般在株高 20～25 厘米时支架网,以 15 厘米为好,固定在离地面 45 厘米高处。

调控:如需要在冬季和早春开放,必须控制日照和温度。短日照和低温,是阻止大丽菊花芽分化的主要因素。冬季日照控制在 14 小时左右,夜温控制在 10℃以上,即可产出花大色艳的切花。

切花:切花以 3～4 分绽开时,夏季 2 分绽开时为采花适期。大丽花切花吸水性差,宜在早晨或傍晚采收,收后立即插入水中。

贮藏:块根收后即放于干燥处贮藏,亦可用木屑装填贮藏于 4.5 ℃～7.4 ℃冷窖。

植物文化

花语:大吉大利、感激、新颖、大方、富丽,是墨西哥的国花、西雅图的市花、吉林省的省花、河北省张家口市的市花。

64

香雪兰

·物种简介·

香雪兰（*Freesia refracta*）是鸢尾科香雪兰属多年生草本植物。香雪兰花似百合，叶若兰蕙，花色素雅，玲珑清秀，香气浓郁，开花期长，是重要的盆花和切花材料，也是人们喜爱的冬春季室内观赏花卉。香雪兰球茎有清热、解毒、活血的功效，花可用来提取香精。

📍 分布范围

香雪兰原产于南非及热带非洲，中国南方露地有栽培，北方多盆栽。

✳ 形态特征

多年生草本。球茎狭卵形或卵圆形。叶剑形或条形，略弯曲，长 15～40 厘米，宽 0.5～1.4 厘米，黄绿色，中脉明显。花茎直立，上部有 2～3 个弯曲的分枝，下部有数枚叶；花无梗；每朵花基部有 2 枚膜质苞片，苞片宽卵形或卵圆形，长 0.6～1 厘米，宽约 8 毫米；花直立，淡黄色或黄绿色，有香味，直径 2～3 厘米；花被管喇叭形，长约 4 厘米，直径约 1 厘米，基部变细，花被裂片 6，2 轮排列，外轮花被裂片卵圆形或椭圆形，长 1.8～2 厘米，宽约 6 毫米，内轮较外轮花被裂片略短而狭。蒴果近卵圆形，室背开裂。花期 4—5 月，果期 6—9 月。

⚙️ 生长习性

香雪兰在短日照条件下有利于花芽分化。花芽分化后,长日照可以提早开花。通常 9 月播种球茎,在 11 月上旬花芽开始分化,11 月下旬分化完成。植株到翌年 5 月后,叶片逐渐枯萎,球茎进入自然休眠期。

🧭 药用价值

香雪兰的球茎具有清热、解毒、活血的功效,适用于疮痛。

🌱 栽培技术

土壤:香雪兰喜排水良好、疏松肥沃的砂质土壤或培养土加 20%～50%的腐殖土。种植前需要进行土壤消毒,可用溴甲烷 50～70 克/平方米处理。施药后,翻耙平整,隔 5～7 天即可播种。盆栽培养土可用腐叶土、田园土、细河砂、腐熟有机肥各 1 份混合配制而成。

栽植:一般栽植期为 9—10 月,主要花期在 3—4 月;促成栽培的在 9 月上中旬—11 月中下旬,抑制栽培的在 1—3 月。一般株行距为 8 厘米×12 厘米,每平方米种植密度为 80～110 株。种植深度以球根顶部距地表 1～2 厘米为宜,覆土 2～3 厘米,保持土壤湿润。

光照:栽培过程中幼苗期与开花期宜适当遮光。在第一叶生长期,适当遮阴,可降低地温,促进根系发育。在花芽分化前给予 10 小时左右的短日照处理,有利于促进花芽分化,增加花茎长度与花序上的花朵数与侧穗数。花芽分化完成后适当延长日照,有利促进花序的良好发育与提早开花。

温度:香雪兰根系形成和花芽分化都需要较冷凉的环境,根系在 15 ℃～18 ℃的条件下生长最好,花芽分化则在 12 ℃～15 ℃时最佳,花序的生长以 18 ℃～20 ℃最快。故栽种初期保持室温 15 ℃～18 ℃;5～7 片叶期,以 12 ℃～15 ℃进行花原基诱导,保持此温度 4～6 周,花序发育就不会逆转;然后升温至 16 ℃～17 ℃,使花序迅速伸长,进入花期。

浇水:上盆初期不需要很多水分,盆土应见干见湿,每周浇一次透水即可。现蕾抽葶时,植株生长迅速,消耗水分较多,要使盆内经常保持湿润。开花一个月后,应逐渐减少供水,可 2 天浇一次水以防烂球,至 2 月底叶片枯黄时即可不再浇水。

施肥:由于球根较小,贮藏营养有限,应在 2～4 片叶时追加磷、钾液肥。种植前要早施有机堆肥或粗颗粒有机肥,以提高土壤肥力和土壤疏松度及通气性能。基肥以有机肥为主,也可适当施一些化学肥料,但量不宜过多,防止引起土壤中盐类浓度的增加而造成生理障碍。追肥以液肥为主。

支架：要拉网或立支架，以防倒伏。

 植物文化

花语：香雪兰花语寓意吉祥、兴旺。

65

葱 莲

葱莲(*Zephyranthes candida*)又名玉帘、葱兰,是石蒜科葱莲属多年生草本植物。株丛低矮、终年常绿,繁茂的白色花朵高出叶间,绿叶丛中,异常美丽,给人以清凉舒适之感。适用于林下、路边园景半阴处作园林地被植物,也可作花坛、花径的镶边材料,在草坪中成丛散植,可组成缀花草坪,也可作盆栽室内观赏。

分布范围

葱莲原产于南美洲,中国各地都有种植。

形态特征

多年生草本。鳞茎卵形,直径约2.5厘米,具有明显的颈部,颈长2.5～5厘米。叶狭线形,肥厚,亮绿色,长20～30厘米,宽2～4毫米。花茎中空;花单生于花茎顶端,下有带褐红色的佛焰苞状总苞,总苞片顶端2裂;花梗长约1厘米;花白色,外面常带淡红色;几无花被管,花被片6,长3～5厘米,顶端钝或具短尖头,宽约1厘米。蒴果近球形,直径约1.2厘米,3瓣开裂;种子黑色,扁平。花期秋季。

生长习性

喜阳光充足,耐半阴,喜肥沃、疏松土壤。较耐寒,短时能耐−10℃左右低温,北方冬季适当防寒。易自然分球,分株繁殖。

药用价值

带鳞茎全草可入药,有平肝、宁心、熄风镇静之功效,主治小儿惊风、羊痫风。全草含石蒜碱、多花水仙碱、尼润碱等生物碱,花瓣中含云香甙,建议不要擅自食用。误食鳞茎会引起呕吐、腹泻、昏睡、无力,应在医生指导下使用。

栽培技术

土壤:葱莲要求富含腐殖质和排水良好的砂质土壤,地栽时要整细,施足基肥。

播种:把种子一粒粒播在基质表面,覆盖基质厚度为种粒直径的 2～3 倍,用喷雾器淋湿,注意浇水的力度不能太大,以免把种子冲出来。

分株:把母株从花盆内取出,抖掉多余的盆土,把盘结在一起的根系尽可能地分开,用锋利的小刀把它剖成两株或两株以上,分出来的每一株都要带有相当的根系,并对其叶片进行适当修剪,以利于成活。

上盆:把分割下来的小株在百菌清 1 500 倍液中浸泡 5 分钟后取出晾干,上盆,或在上盆后用百菌清灌根。

分株装盆后灌根或浇一次透水。由于它的根系受到很大的损伤,吸水能力极弱,需要 3～4 周才能恢复萌发新根,因此,在分株后的 3～4 周内要节制浇水,以免烂根,但它的叶片的蒸腾没有受到影响,为了维持叶片的水分平衡,每天需要给叶面喷雾 1～3 次(温度高多喷,温度低少喷或不喷)。这段时间也不要浇肥。分株后,还要注意太阳光过强,最好是放在遮阴棚内养护。

采种:葱莲花后 20 天左右种子成熟,因正值雨季,易发生在植株上发芽的情况,需要及时采收。由于在整个生长期比较怕热,并且播种适宜温度为 15 ℃～20 ℃,常在 9 月中下旬以后进行秋播。

温度:葱莲喜欢温暖气候,但夏季高温、闷热的环境不利于生长;对冬季温度要求很严,当环境温度在 10 ℃以下停止生长,在霜冻出现时不能安全越冬。

浇水:生长期间浇水要充足,宜经常保持盆土湿润,但不能积水。天气干旱还要经常向叶面上喷水,以增加空气湿度,否则叶尖易黄枯。

施肥:葱莲性喜阳富含腐殖质和排水良好的砂质土壤。地栽时要施足基肥,每年追施 2～3 次稀薄饼肥水,即可生长良好、开花繁茂。生长旺盛季节,每隔半个月需追施 1 次稀薄液肥。

植物
文化

花语:初恋,纯洁的爱。

66

福禄考

·物种简介·

福禄考（*Phlox drummondii*）又称小天蓝绣球、雁来红、金山海棠，是花葱科福禄考属植物。植株矮小，花色丰富，可作花坛、花境的植株材料，亦可作盆栽装饰居室，植株较高的品种可做切花。

分布范围

福禄考原产于墨西哥，中国各地庭园栽培广泛。

形态特征

一年生草本，茎直立，高15～45厘米。下部叶对生，上部叶互生，宽卵形、长圆形和披针形，长2～7.5厘米，全缘；无叶柄。圆锥状聚伞花序顶生；花萼筒状，萼裂片披针状钻形，长2～3毫米；花冠高脚碟状，直径1～2厘米，淡红、深红、紫、白、淡黄等色，裂片圆形，比花冠管稍短。蒴果椭圆形，长约5毫米。种子长圆形，长约2毫米，褐色。

生长习性

喜温暖，稍耐寒，忌酷暑。喜土质疏松、湿润的园土。生长适温16℃～26℃。

药用价值

叶子和根部含有丰富的生物碱、黄酮类化合物等，有清热解毒、消肿止痛等功效。

🌱 栽培技术

土壤：准备种植之前首先要对土壤进行消毒。有条件的可以用筛子将土壤筛一下，较大的土块、石块清理干净，然后重新配置土壤，在阳光下曝晒，或者用高锰酸钾、福尔马林、敌克松等，配成适当比例的水溶液喷洒，晾干之后使用。

播种：种子较小，每克550～600粒。种植前最好先处理一下种子，可以提高种子的发芽率。最简单的方法就是在温水中浸泡6～8小时。种子处理好之后，将种子均匀地撒播在土壤表面，不要过于密集，以免影响种子的出芽率。然后在土面盖上一层3毫米的砂质土壤，浇透水，盖上有透风口的塑料膜，7～10天即可发芽。北方地区可以在2月初播种，5月以后开花。

光照：生长期要保证阳光充足，在半阴的环境也能生长。

温度：福禄考不耐高温，夏季温度在35 ℃以上，会出现明显的黄叶现象，要适当遮阴，避免阳光直射，洒水降温。福禄考耐寒，冬季可以在室外过冬，但部分地区冬季温度过低，需要一定防寒措施越冬。

浇水：福禄考一般生长在湿润的环境下，养殖期间一定要为其提供充足的水分，春秋两季每隔2～3天浇一次水，夏季则每天早晚各浇水一次，冬季为了避免发生冻害，最好每隔4～6天浇一次水。

施肥：福禄考在春季开花前需要每隔10天施一次磷肥，以加快花芽的萌发速度，等植株花谢之后，再追施稀薄的氮肥，帮助植株恢复长势。

修剪：春季及时修剪枝芽，植株长至15厘米高时，及时摘心，剪除顶端的花芽，以控制株型。花后及时剪除残花枯枝，减少养分消耗。

植物文化

花语：福代表幸福、禄代表富贵、考代表长久，因此福禄考花语为福多、禄多、寿多。

67

长春花

· 物种简介 ·

长春花(*Catharanthus roseus*)又名四季梅,是夹竹桃科长春花属的一种亚灌木植物。因其花期很长,从春至深秋开花不断,故得名长春花。花有红、紫、粉、白、黄等多种颜色,聚伞花序腋生或顶生,近乎全年花期,因此备受园林绿地青睐。

分布范围

长春花原产于非洲东部,现栽培于各热带和亚热带地区,中国西南、中南及华东等地栽培普遍。

形态特征

半灌木,略有分枝,高达 60 厘米;茎近方形,有条纹,灰绿色;节间长 1～3.5 厘米。叶膜质,倒卵状长圆形,长 3～4 厘米,宽 1.5～2.5 厘米。聚伞花序腋生或顶生,有花 2～3 朵;花萼 5 深裂,萼片披针形或钻状渐尖,长约 3 毫米;花冠红色,高脚碟状,花冠筒圆筒状,长约 2.6 厘米;花冠裂片宽倒卵形,长和宽都约 1.5 厘米;外果皮厚纸质,有条纹;种子黑色,长圆状圆筒形。花期、果期几乎全年。

生长习性

性喜高温、高湿、耐半阴,不耐严寒,适宜温度为 20 ℃～33 ℃,喜阳光,忌湿涝,一般土壤均可栽培,但盐碱土壤不宜,以排水良好、通风透气的砂质或富含腐殖质的土壤为好。

药用价值

全草入药,有凉血降压、镇静安神功效。用于高血压、火烫伤、恶性淋巴瘤、绒毛膜上皮癌、单核细胞性白血病。从长春花植物中分离出的生物碱,多具抗肿瘤作用,其中以长春碱、长春新碱最有价值,已应用于临床。

栽培技术

土壤:长春花喜肥沃、排水良好的土壤,耐瘠薄土壤,但忌碱性,在板结、通气性差的黏质土壤中,叶子会发黄,甚至不开花。需要将土壤进行翻耕,去除杂草和残留物,然后添加适量的有机肥料和腐熟腐叶土,使土壤质地松软肥沃。

播种:长春花的播种时间一般在春季。将种子均匀地撒在准备好的土壤上,然后用耙子轻轻地将种子覆盖上一层薄土,厚度约为种子直径的2倍。轻轻喷水,保持土壤湿润。

移栽:苗高达到10厘米时,移植到大盆或花坛中。

光照:在生长季节,植株要获得足够的阳光照射,这样能令叶片碧绿且具光亮,花朵颜色鲜艳。夏天阳光比较强烈的时候可以为植株适度遮蔽阳光,不可长时间放置在荫蔽的地方。

温度:长春花喜温暖、稍干燥、阳光充足环境,生长适温 3—7 月为 18 ℃～24 ℃,9 月至翌年 3 月为 13 ℃～18 ℃,冬季温度不低于 10 ℃。

浇水:长春花雨淋后植株易腐烂,降雨多的地方需大棚种植,介质需排水良好。

施肥:植株的生长季节可以每半个月施用一次肥料,要多施用氮肥。在孕蕾期内则要加施磷肥和钾肥,可以促使植株开花繁多,令花朵颜色纯正而艳丽。

摘心:为了获得良好的株型,需要摘心 1～2 次。第一次在 3～4 对真叶时;第二次,新枝留 1～2 对真叶。

修剪:长春花是多年生草本植物,所以如果成品销售不出去,可以重新修剪,等有客户需要时,再培育出理想的高度和株型。栽培过程中,一般可以用调节剂。

采收:长春花果实因开花时间不同而成熟期也不一致,因此种子要随熟随采。果实成熟、颜色转黑后皮易裂开使种子散失,故需及时采种。当看到果皮发黄、能隐约映出里面黑色的种子时即可采收。

植物
文化

花语:长春花的花语是愉快的回忆。

68

毛地黄

· 物种简介 ·

毛地黄(*Digitalis purpurea*)是玄参科毛地黄属一年生或多年生草本植物。因为有着布满茸毛的茎叶及酷似地黄的叶片,而得名"毛地黄"。毛地黄花形奇特、高大,可丛植、片植于公园、庭园的绿地,也可应用于花坛、花境,还可盆栽观赏。在温室中促成栽培,可在早春开花,是优良的观花植物,也是一种被广泛应用于中药制剂中的珍贵药材,被誉为"草中之王"。

分布范围

毛地黄原产欧洲,我国引种栽培。

形态特征

一年生或多年生草本,高60～120厘米。茎单生或数条成丛。基生叶多数成莲座状,叶柄具狭翅,长可达15厘米;叶片卵形或长椭圆形,长5～15厘米;茎生叶下部的与基生叶同形,向上渐小,叶柄短直至无柄而成为苞片。萼钟状,长约1厘米,5裂几达基部;花冠紫红色,内面具斑点,长3～4.5厘米。蒴果卵形,长约1.5厘米。种子短棒状。花期5—6月。

生长习性

喜光照、凉爽环境,耐半阴,耐寒耐旱,忌碱性土质。喜肥沃疏松、湿润且排水良好的土壤。

药用价值

毛地黄以叶入药,具有强心、利尿、抗肿瘤、保护肝脏、抗病毒等功效。叶子中含有几种有毒物质,大量服用会导致心律失常,甚至造成死亡。

栽培技术

土壤:毛地黄喜肥沃、疏松、排水良好、最好含有草本植物腐殖质的土壤。每亩施用腐熟厩肥 2 500～5 000 千克,和过磷酸钙 25～50 千克,深耕细耙,整平作畦,开好排水沟。

播种:以 9 月秋播为主。将种子用 20 ℃温水浸 12 小时,取出后放在温暖的室内催芽,每天用清水冲洗一次,到个别种子萌芽时,即可播种,催芽的种子比干种子可提早出苗 4～5 天。不覆土,轻压即可,播后浇水,经常保持土壤湿润,苗出齐后可以减少浇水。发芽适温为 15 ℃～18 ℃。约 10 天发芽。

间苗:当苗高 5 厘米左右时按株距 5～8 厘米间苗。

定植:在 5 月中旬,苗高 8 厘米左右,或 3～5 片叶时,按照行株距 30 厘米×20 厘米的距离定植到大田。定植后要立即浇水,促使缓苗。

光照:毛地黄喜光亦耐半阴,植于向阳地或散射光充足的半阴处都可以。在开花时节,考虑到花的质量和数量,可适当地增加光照。日照长度不会影响开花。

温度:适宜生长温度 12 ℃～19 ℃。夏季温度较高的时候要采取降温措施,夜间温度也要控制在 12 ℃～16 ℃。

浇水:毛地黄喜欢半湿的生长环境,但不耐水湿,在春季生长期浇水,可保持见干见湿,浇水过多会造成毛地黄闷根枯萎。冬季可减少浇水,坚持干透浇透。在连续的阴雨天气,要注意观察盆土干湿情况,避免积水和过度干旱。

追肥:毛地黄需肥量大,生长期隔 20 天左右施一次全效有机液肥、氮磷钾复合肥或0.2%的磷酸二氢钾溶液。

修剪:在生长季节中,毛地黄的茎叶会过于生长而过于密集,需要及时修剪,以刺激其分枝,调整形态。

采收:毛地黄的采收时间一般在花期即将结束时采收成熟的果实,并在晴朗的天气下进行晾晒和加工。需要避免在湿度过高或雨雪天气下进行采收和加工,以免影响毛地黄的品质和保质期。地下块茎的采收应在秋季叶子枯黄后,药效最佳。块茎采收后应及时清洗、切割、加工成中药材。储存时应注意保持干燥通风的环境,避免阳光直射和潮湿。在储存过程中,要定期检查毛地黄是否有虫蛀或霉变现象,以确保产品质量。

植物
文化

花语:暗恋、热爱。

69

地 黄

·物种简介· 　　地黄（*Rehmannia glutinosa*）是玄参科地黄属多年生草本植物。是"四大怀药"之一，在东南亚各国，被当作稀贵礼品相互赠送。地黄适于盆栽，若在温室中促成栽培，可在早春开花。因其高大、花序花形优美，可在花境、花坛、岩石园中用作自然式花卉布置。

分布范围

　　地黄产辽宁、河北、河南、山东、山西、陕西、甘肃、内蒙古、江苏、湖北等省区，生于海拔 50～1 100 米之砂质土壤、荒山坡、山脚、墙边、路旁等处。

✳ 形态特征

　　体高 10～30 厘米。根茎肉质，鲜时黄色，在栽培条件下，直径可达 5.5 厘米，茎紫红色。叶通常在茎基部集成莲座状，向上则强烈缩小成苞片，或逐渐缩小而在茎上互生；叶片卵形至长椭圆形，上面绿色，下面略带紫色或成紫红色，长 2～13 厘米，宽 1～6 厘米。花具长 0.5～3 厘米梗，在茎顶部排列成总状花序，或几全部单生叶腋而分散在茎上；萼长 1～1.5 厘米；萼齿 5 枚，矩圆状披针形或卵状披针形，长 0.5～0.6 厘米，宽 0.2～0.3 厘米；花冠长 3～4.5 厘米；花冠裂片，5 枚，长 5～7 毫米，宽 4～10 毫米。蒴果卵形至长卵形，长 1～1.5 厘米。花果期 4—7 月。

⚙ 生长习性

地黄喜光,喜疏松肥沃的砂质土壤。常生于海拔 50～1 100 米的砂质土壤、荒山坡、山脚、墙边、路旁等处。

⬤ 药用价值

地黄已成为中国重要的创汇产品之一,产品远销港澳、东南亚及日本等国。秋季采挖,除去芦头、须根及泥砂,鲜用,习称鲜地黄;或将地黄缓缓烘焙至约八成干,习称生地黄。地黄性凉,味甘苦,具有滋阴补肾、养血补血、凉血的功效。凡阴虚血虚肾虚者食之,颇有益处。此外,地黄有强心利尿、解热消炎、促进血液凝固和降低血糖的作用。鲜地黄清热生津、凉血、止血,用于热病伤阴、舌绛烦渴、发斑发疹、吐血、衄血、咽喉肿痛。生地黄清热凉血、养阴、生津,用于热病舌绛烦渴、阴虚内热、骨蒸劳热、内热消渴、吐血、衄血、发斑发疹。熟地黄滋阴补血、益精填髓,用于肝肾阴虚、腰膝酸软、骨蒸潮热、盗汗遗精、内热消渴、血虚萎黄、心悸怔忡、月经不调、崩漏下血、眩晕、耳鸣、须发早白。

🌱 栽培技术

土壤:种植地黄宜选择土层深厚、肥沃疏松、排水良好的砂质土壤,冬前深翻 25～30 厘米,每亩施入充分腐熟的优质圈肥 3 500～4 500 千克,过磷酸钙 25 千克,翻入土中作基肥。施肥后,整平耙细,做成 1.3 米宽的高畦栽种,畦沟宽 40 厘米,四周开好排水沟,以利排水。

栽种:栽前将种栽去头斩尾取中段,然后截成 4～6 厘米长的小段,每段要有 2～3 个芽眼,切口蘸草木灰,稍晾干后栽种。行距 30～40 厘米、株距 27～33 厘米。在整好的畦面上挖深 3～5 厘米的浅穴,每穴横放种栽 1～2 段,盖一把土灰,再盖细土与畦面平齐。每亩需种栽 30～40 千克。

光照:地黄是喜欢光照的植物,生长期要有良好的日照环境。不宜种植在靠近高秆作物的地方,会遮挡地黄的光照。

温度:北方冬季需要一定的保温措施,避免地黄冻伤。

浇水:地黄的吸水性差,根系少,水分过多会造成其根茎的腐烂,只要保持土壤的湿润就可以,不要有积水的出现。遇旱或每次追肥后,及时浇水;遇到下雨的季节,要及时排水防涝。

施肥:地黄喜肥,除施足基肥外,每年还要施肥 3 次。第 1 次在齐苗后,每亩施入腐熟人畜粪水 2 500 千克、腐熟饼肥 50 千克,以促壮苗。苗高 10 厘米时追第 2 次肥,结合间苗,每亩施入充分腐熟的人畜粪水 2 500～3 000 千克、腐熟饼肥 30 千克,过磷酸钙 100 千克,促使根茎膨大。第 3 次肥在封行时追施,于行间撒施 1 次火土灰,促进植株生长健壮。

除草:随着地黄的增长,土壤中会生长出来一些杂草,需要及时中耕除草,避免争夺土壤中的养分。地黄根茎入土较浅,中耕要浅以免伤根,幼苗周围的杂草要用手拔除,封垄后停止中耕。

修剪:及时修剪地黄的枯枝烂叶,可以减少养分流失。

采收:地上茎叶枯黄时,及时采收。先割去茎叶,开深 35 厘米的沟,顺次小心挖取根茎。

植物文化

地黄是"四大怀药"(地黄、山药、牛膝、菊花的总称)之一,不仅在国内颇有名气,而且也深受海外人士的盛赞。在东南亚各国,人们把"四大怀药"当作稀贵礼品相互赠送。日本、英国等国家把"四大怀药"称为"华药"。

70

紫花地丁

物种简介

紫花地丁（*Viola philippica*）是堇菜科堇菜属多年生宿根植物。因其形状像一根铁钉，顶头开几朵紫花，故得名"紫花地丁"。紫花地丁喜阳光，喜湿润的环境，一般生于田间、荒地、山坡草丛、林缘或灌木丛中，在庭院较湿润处常形成小群落。紫花地丁花期早，观赏性高，适应性强，适合作为花境或与其他早春花卉构成花丛，也可盆栽观赏。

📍 分布范围

紫花地丁原产于我国大部分省区，生于田间、荒地、山坡草丛、林缘或灌丛中。朝鲜、日本、俄罗斯等地区也有分布。

✳ 形态特征

多年生草本，无地上茎，高4～14厘米。根状茎短，垂直，淡褐色，长4～13毫米，粗2～7毫米。叶多数，基生，莲座状；花中等大，紫堇色或淡紫色，稀呈白色，喉部色较淡并带有紫色条纹；萼片卵状披针形或披针形，长5～7毫米；花瓣倒卵形或长圆状倒卵形，侧方花瓣长；1～1.2厘米，下方花瓣连距长1.3～2厘米，里面有紫色脉纹；距细管状，长4～8毫米，末端圆。蒴果长圆形，长5～12毫米，无毛；种子卵球形，长1.8毫米，淡黄色。花果期4月中下旬至9月。

生长习性

喜光,喜湿润的环境,生长适温 15 ℃～25 ℃。耐阴,耐寒,适应性强,易繁殖,花期 3 月中旬～5 月中旬,盛花期 25 天左右。4—5 月中旬有大量的闭锁花可形成大量的种子,9 月下旬又有少量的花出现。

食用价值

紫花地丁含有蛋白质、氨基酸及多种维生素。紫花地丁的幼苗或嫩茎,用沸水焯一下,换清水浸泡 3～5 分钟,炒食、做汤、蒸食或煮菜粥均可。

药用价值

紫花地丁有清热解毒、凉血消肿的功效,对黄疸、痢疾、乳腺炎、目赤肿痛、咽炎等有一定作用;外敷可治跌打损伤、痈肿、毒蛇咬伤等。

栽培技术

土壤:选择排水良好的土壤,在土壤中加入适量的腐叶土、腐熟的鸡粪等有机肥,以提高土壤的肥力。

分株:分株繁殖可以在春、秋两季进行,将植株分成若干个小株,重新种植到新的土壤中。

播种:将紫花地丁的种子均匀地撒在土壤表面,覆盖一层薄土,厚度约为种子直径的 2 倍,轻轻地浇上适量的水,保持土壤的湿润,以利于种子顺利发芽。

光照:紫花地丁喜欢充足的阳光,夏季需要遮阴,避免过度曝晒。

温度:紫花地丁适宜生长的温度为 15 ℃～25 ℃,需要避免过度寒冷或过度高温的环境。

水分:紫花地丁需要保持适度湿润,不要过度浇水,以免导致根部腐烂。根据土壤湿度来决定浇水的频率和量。

施肥:紫花地丁需要适量的营养,生长期间每隔 2～3 周施一次薄肥,有机肥或复合肥皆可,需要注意不要过度施肥,以免伤害植物。

修剪:生长期间适时修剪枝叶和花朵,以促进植株生长和开花,保持植株形态和健康。

采收:紫花地丁全株可作药用,有很高的药用价值,全株可以集中在 3—4 月份进行采收,此时植株鲜嫩,可以熬汤饮用;也可在 5 月份对果实进行收集之后再进行采收,放置在太阳下晒晾,有清热解毒的效果。

花语：紫花地丁的花语是诚实，适合将其送给守信用的朋友，以夸赞他诚实守信的美好品质。希腊神话中，紫花地丁是宙斯思念故人而变出的美丽花朵。在法国图卢兹，每年的"紫地丁节"是为了纪念拿破仑，紫花地丁正是他最爱的花。

71

旱金莲

· 物种简介 ·

　　旱金莲(*Tropaeolum majus*)是旱金莲科旱金莲属蔓生一年生草本植物。因其花朵呈金黄色,叶子的形态好似莲叶,但却是长在泥土中的,故名旱金莲。旱金莲叶片别致,极具观赏价值;春、夏季可作露地草花配植花坛,可植于假山旁,任其自由蔓延生长,亦可盆栽室内厅堂观赏。旱金莲的嫩茎叶可调制凉菜,开胃健食;嫩果以醋酱腌渍成风味独特的酱菜;花可入药,有清热解毒、止血、消炎等功效。

分布范围

　　旱金莲原产于南美秘鲁、巴西等地,中国多地均有栽培。

形态特征

　　一年生肉质草本,蔓生。叶互生;叶片圆形,直径3～10厘米。单花腋生,花柄长6～13厘米;花黄色、紫色、桔红色或杂色,直径2.5～6厘米;萼片5,长椭圆状披针形,长1.5～2厘米,宽5～7毫米,基部合生,边缘膜质,其中一片延长成一长距,距长2.5～3.5厘米,渐尖;花瓣5,通常圆形,边缘有缺刻。果扁球形。花期6—10月,果期7—11月。

⚙ 生长习性

喜温和气候,不耐严寒酷暑。生长适温为 18 ℃～24 ℃。越冬温度 10 ℃以上。能耐短期 0 ℃。夏季高温时不易开花,35 ℃以上生长受抑制。冬、春、秋需充足光照,夏季盆栽忌烈日曝晒。

🔘 药用价值

旱金莲以花入药,有很好的药用价值,具有清热解毒、止血、消炎之功效,用于目赤红肿、痈疖肿痛、跌打损伤等。

🌱 栽培技术

土壤:旱金莲栽培宜用富含有机质的沙壤土,pH 为 5～6。

光照:旱金莲喜阳光充足,不耐阴,春秋季节应放在阳光充足处培养,夏季适当遮阴,盛夏放在阴凉通风处。旱金莲的花、叶趋光性强,栽培或观赏时要经常更换位置朝向,使其均匀生长。

温度:北方 10 月中旬入室,放在向阳处养护,室温保持 10 ℃～20 ℃。

浇水:旱金莲喜湿怕涝,土壤水分保持 50％左右,生长期间浇水要采取小水勤浇的办法,春秋季节 2～3 天浇水一次,夏天每天浇水,并在傍晚往叶面上喷水,以保持较高的湿度。开花后要减少浇水,防止枝条旺长,如果浇水过量、排水不好,根部容易受湿腐烂,轻者叶黄脱落重者全株蔫萎死亡。

施肥:一般在生长期每隔 3～4 周施肥一次,每次施肥后要及时松土,改善通气性,以利根系发展。入冬后需要控制水肥。

打顶:由于旱金莲是缠绕半蔓性花卉,具较强的顶端生长优势,若要使其花繁叶茂,在小苗时,就要打顶,促发侧枝。

支架:植株长到高出盆面 15～20 厘米时,需要设立支架,把蔓茎均匀地绑扎在支架上,并使叶片面向一个方向。支架的大小以生长后期蔓叶能长满支架为宜,一般高出盆面 20 厘米左右,随茎的生长及时绑扎,并注意蔓茎均匀分布在于支架上。在绑扎时,需进行顶梢的摘心,促使其多分枝,以达到花繁叶茂的优美造型。

矮化:为了控制其茎蔓无限生长,当旱金莲进入初花期,其茎蔓生长已达 30～40 厘米时,用 100PPM 多效唑溶液进行叶面喷施,促其矮化。喷后 3 天即可见效,主蔓增粗,顶蔓延长迟缓,侧蔓上的花朵相继开放。

72

球 兰

·物种简介·

球兰（*Hoya carnosa*）为夹竹桃科球兰属多年生草本植物。花白色，心部淡红色，星形小花簇生成球状的聚伞花序，清雅芳香，看似美丽的花球，故名"球兰"。球兰花形奇特，可作垂直绿化，植于公园、庭院，也可盆栽垂吊观赏。

分布范围

球兰原产于云南、广西、广东、福建和台湾等省区，生于平原或山地附生于树上或石上。世界各地均有栽培。

形态特征

攀援灌木，附生于树上或石上；茎节上生气根。叶对生，肉质，卵圆形至卵圆状长圆形，长3.5～12厘米，宽3～4.5厘米。聚伞花序伞形状，腋生，着花约30朵；花白色，直径2厘米；花冠辐状，花冠筒短；副花冠星状，外角急尖，中脊隆起，边缘反折而成1孔隙，内角急尖，直立；种子顶端具白色绢质种毛。花期4—6月，果期7—8月。

生长习性

球兰喜温暖及潮湿的环境，不耐寒。栽培土质以富含腐殖质、排水良好的壤土为佳。

⊘ 药用价值

茎叶入药,具有清热解毒、散结止痛之功效,用于治疗支气管肺炎、支气管炎、肺热咳嗽、流行性乙型脑炎和风湿病关节疼痛等。

🌱 栽培技术

土壤:球兰喜肥沃、透气、排水良好的土壤,盆栽基质以疏松肥沃的微酸性腐殖土较佳,可用泥炭土、砂和蛭石,加入适量过磷酸钙做基肥。也可用 7 份腐叶土掺粗砂 3 份做基质。

扦插:一般春秋两季进行。选一二年生的老茎及当年生的嫩茎作插穗,剪成 5～8 厘米的段,留 2 节,把插入基质中的叶子剪去,上面只留 1～2 片叶,待伤口充分晾干后,将插条插入砂床或土质疏松的花盆基质中 1/3 或 1/2 部位。室温保持 20 ℃～25 ℃,插后 20～30 天生根。

压条:春末夏初将充实茎蔓在茎节间处稍加刻伤,用水苔在刻伤处包上,外用薄膜包上,扎紧,待生根后剪下盆栽,也可将盆栽球兰放在畦面,把节间刻伤后埋入土下,生根后剪下上盆。

光照:光照会影响球兰开花,春、秋季节宜放在室外朝南窗台上或室内南窗附近培养,可保持叶色翠绿光亮,开花良好。夏季需要移至遮阴处,防止强光直射,否则叶色易变黄。若长期将其放在光线不足处,则叶色变淡,花少而不艳。

温度:球兰耐热不耐寒,生长适温为 15 ℃～28 ℃,在高温条件下生长良好,冬季应在冷凉和稍干燥的环境中休眠,越冬温度保持在 10 ℃以上。若低于 5 ℃,则易受寒害,引起落叶,甚至整株死亡。

浇水:生长季节浇水要见干见湿,盆内不可积水,以免引起根系腐烂。经常向叶面喷水,增加空气湿度,以利健壮生长。过分干燥时会造成叶片失去光泽,影响叶片美感,进而会影响花芽的形成,即便是长出花蕾,也常常不能开放或开放时间缩短。冬季浇水次数可以减少至每 2 周 1 次。

施肥:主要以有机肥或复合肥料为主,生长期间,每月施肥 1 次,休眠期要停止施肥,以免浪费肥料或造成肥害。

支架:需及时设立支架,支撑造型,使其向上攀附生长。花谢之后要任其自然凋落,不能将花茎剪掉,因为第 2 年的花芽大都还会在同一处萌发,将其剪掉,会影响来年开花数量。

修剪:球兰常规修剪,有助于保持株型美观和健康。一般在春、夏两季进行修剪,将球兰的干枝和枯叶剪掉,促进新枝生长。如果球兰长得太高或太宽,需要进行深度修

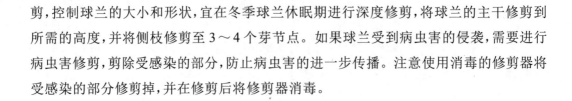

剪,控制球兰的大小和形状,宜在冬季球兰休眠期进行深度修剪,将球兰的主干修剪到所需的高度,并将侧枝修剪至3～4个芽节点。如果球兰受到病虫害的侵袭,需要进行病虫害修剪,剪除受感染的部分,防止病虫害的进一步传播。注意使用消毒的修剪器将受感染的部分修剪掉,并在修剪后将修剪器消毒。

73

铃 兰

· 物种简介 ·

铃兰（*Convallaria keiskei*）是天门冬科铃兰属多年生草本植物。原产北半球温带，花形似铃，香气如兰，故名铃兰。铃兰具有很高的观赏价值，可将其栽种在阳台、窗台处装饰或案头处点缀；适合花坛、花境或林缘栽培观赏；花可用来提取芳香油，是名贵的香料植物，有谷中百合之称，是多个国家的国花。

分布范围

铃兰原产于黑龙江、吉林、辽宁、内蒙古、河北、山西、山东、河南、陕西、甘肃、宁夏、浙江和湖南，生于海拔 850～2 500 米阴坡林下潮湿处或沟边。朝鲜、日本至欧洲、北美洲也有分布。

形态特征

植株全部无毛，高 18～30 厘米。叶椭圆形或卵状披针形，长 7～20 厘米，宽 3～8.5 厘米，先端近急尖，基部楔形；叶柄长 8～20 厘米。花葶高 15～30 厘米，稍外弯；苞片披针形，短于花梗；花梗长 6～15 毫米，近顶端有关节；花白色，长宽各 5～7 毫米；裂片卵状三角形，先端锐尖，有 1 脉；花丝稍短于花药，向基部扩大，花药近矩圆形；花柱柱状，长 2.5～3 毫米。浆果直径 6～12 毫米，熟后红色，稍下垂。种子扁圆形，直径 3 毫米。花期 5—6 月，果期 7—9 月。

生长习性

铃兰性喜半阴、湿润及散射光充足的环境，好凉爽，忌炎热干燥，耐严寒，要求富含腐殖质、排水良好的偏酸性壤土及砂质土壤,但在中性和微碱性的土壤中也能正常生长。

药用价值

铃兰叶、茎或全草浸液,全草的醇提取液皆有洋地黄样作用,对冷血及温血动物均能加强心肌收缩力,对心脏衰竭作用较显著。

栽培技术

选地:宜选择中上等肥力、排水良好、pH6.5～7.5的土壤。平整土地、深翻30厘米,土壤瘠薄可每平方米施农家肥4～5千克。

种植:铃兰适合在春季或秋季种植。通常穴植,深度10～15厘米深,直径20～25厘米。株行距20～25厘米;将铃兰花鳞茎放入穴中,鳞茎的顶部应与土壤表面齐平。用土壤轻轻填埋鳞茎,确保鳞茎周围的土壤紧密接触。适量浇水使土壤湿润,在土壤表面覆盖一层覆盖物,如干草或木屑,以保持土壤湿润和温暖。

光照:铃兰需要充足的阳光照射才能正常生长和开花,种植时应选择阳光充足的地块,夏季需要遮阴,避免阳光直射。

温度:铃兰最适宜的生长温度在20 ℃～25 ℃,不耐寒,低温可能导致植株冻伤甚至死亡。在寒冷的冬季需要采取覆盖保护、移入室内等措施保温。

浇水:铃兰不耐水涝,过度浇水会导致鳞茎腐烂和根部窒息,浇水要掌握适量和频率,避免积水。

施肥:铃兰需要适量的肥料,保持生长和开花的活力。一般在春季和夏季每隔10～15天施一次薄肥,秋季和冬季每隔1～2个月施一次薄肥。宜用稀释的有机肥或复合肥,不要用过量的氮肥或碱性肥料。施肥前要先浇透水,施肥后再浇透水,以防止肥料烧伤根系。

中耕:及时浅中耕,以松土、保墒、除草、通风,保证铃兰苗健康生长。

修剪:铃兰需要定期修剪,以保持植株形态优美和健康。修剪一般在春、秋两季进行,将过长的枝条、枯黄的叶片、凋谢的花朵等剪除。修剪后要用消毒过的剪刀或刀片,以防止感染病菌或虫害。修剪后要及时清理掉剪下的残枝残叶,以免滋生病虫。

植物文化

花语:铃兰花语为幸福归来、天真纯洁、美好祝愿、吉祥如意。铃兰有谷中百合之称,是多个国家的国花。

74

木棉

·物种简介·

木棉(*Bombax ceiba*)是锦葵科木棉属落叶大乔木,植株高25米;树皮为灰白色,幼树的树干通常有圆锥状的粗刺,分枝平展;复叶为掌状;花单生枝顶叶腋,通常红色,也有橙红色,花瓣肉质;在干热地区,花比叶先开放;但在季雨林或雨林气候条件下,则有花叶同时存在的。木棉花盛开时如同尽情燃烧、欢快跳跃的火苗,历来被人们视为英雄的象征。

分布范围

木棉原产于云南、四川、贵州、广西、江西、广东、福建、台湾等省区,生于海拔1 700米以下的干热河谷及稀树草原,也可生长在沟谷季雨林内;印度,斯里兰卡、中南半岛、马来西亚、印度尼西亚至菲律宾及澳大利亚也有分布。

形态特征

乔木可达25米高;树干具板根,通常很具刺的幼枝;树皮灰白色;分枝平展。托叶小叶柄10～20厘米;小叶5～7,小叶柄1.5～4厘米;叶片长圆形到长圆状披针形,长10～16厘米,宽3.5～5.5厘米。花单生,顶生,花萼杯状的约直径10厘米,通常红色花瓣,有时橙红色,倒卵状长圆形,长8～10厘米,宽3～4厘米。蒴果椭圆形,长10～15厘米,宽4.5～5厘米。种子多数,倒卵形。花期3—4月,果期夏天。

生长习性

木棉生于海拔 1 400 米以下的干热河谷及稀树草原,也可生长在沟谷季雨林内木棉种植地,宜选择阳光充足、排水良好、土层深厚肥沃的中性或稍偏碱性冲积土为佳,在干旱瘠薄、土壤黏重的地方易致生长不良。木棉在干热地区,花先叶开放;但在季雨林或雨林气候条件下,也有花叶同时存在的。

药用价值

花可供蔬食,入药清热除湿,能治菌痢、肠炎、胃痛;根皮祛风湿、理跌打;树皮为滋补药,亦用于治痢疾和月经过多。果内绵毛可作枕、褥、救生圈等填充材料。种子油可作润滑油、制肥皂。木材轻软,可用作蒸笼、箱板、火柴梗、造纸等用。

栽培技术

播种:用 50 ℃温水浸种 24 小时,条撒播或点播。在苗床上每隔 35 厘米开一条播种沟,深 3～4 厘米,把种子撒或点(粒距 10 厘米)在沟内,覆土 1 厘米,播后保持苗床土壤湿润,5～6 天可发芽,半个月发芽基本结束,发芽率在 70% 左右。

扦插:早春未开花抽芽之前,采集健壮 1～2 年生冬芽饱满、直径 2 厘米以上的枝条,剪成 20 厘米长的插条,去除全部枝叶,密插于砂床上,淋水保温,待长叶发根后移入苗床培育大苗。

移栽:培植大床苗,可在播种苗或扦插苗的苗高达 1.5～1.8 米时进行第 2 次移栽,之后每年视培育目的于冬末春初落叶休眠期逐年加大株行距,并视苗木大小以 7 米宽苗床的 5～7 排／行(从 1.0 米×1.0 米至 1.4 米×1.4 米)为佳。移植时对主侧根适当进行修剪,苗床做成"高床深沟"式或移至直径 40 厘米的大营养袋。

光照:耐烈日高温,宜种植于阳光充足处,不耐阴。

温度:木棉属热带树种,喜高温高湿的气候环境,不耐寒,遇长期 5 ℃～8 ℃的低温,枝条受冷害,忌霜冻。华南北部以至华北的广大地区,只能盆栽,冬季移入温棚或室内,室温不宜低于 10 ℃,喜光。

水分:移栽后当天全面浇灌 1 次定根水。之后旱季每月浇水 2～3 次,雨季则需注意排水。

施肥:木棉大床苗一般每年施肥 3 次为佳,多采用沟施法,在苗根 30 厘米处开条沟,深度达苗木营养根系集中分布层。清明前后苗木抽梢之前,施 225 千克／公顷平方米氮肥促萌;7 月上中旬,施 300 千克／公顷平方米复合肥;9 月上中旬,施 300 千克／公顷钾肥,以提高苗木越冬抗冻抗寒能力。

修剪：入秋前要把 1～1.2 米以下的侧枝、枯枝全部修剪掉,以促使木棉苗长得粗壮且主干明显。

植物
文化

　　花语:珍惜身边的人,珍惜幸福,红红火火。木棉花是阿根廷的国花。

75

银莲花

· 物种简介 ·

银莲花（*Anemone* spp.）是毛茛科银莲花属多年生草本植物的统称。本属约有 150 种，我国有 53 种，各大洲均有分布，多数分布于亚洲和欧洲，我国除海南外均有分布。下面以大花银莲花（*Anemone sylvestris*）为例。

📍 分布范围

大花银莲花原产新疆、内蒙古、河北、辽宁、吉林、黑龙江，生山谷草坡或桦树林边、草原或多砂山坡；欧洲、亚洲也有。

✳ 形态特征

根状茎分枝；叶片 3 全裂，心形五边形，长 3～8 厘米，宽 2～5 厘米，基部心形；裂片无梗。花葶 10～20 厘米；聚伞花序。总苞片 2 或 3；叶柄 3～25 毫米；苞片类似叶但更小，2～3 厘米，3 全裂，基部心形，先端截形或圆形；裂片无梗，狭倒卵形。萼片 5 或 6，白色，长 15～20 毫米，宽 10～15 毫米。瘦果具短柄；花期 5—6 月。

⚙ 生长习性

喜凉爽、潮润、阳光充足的环境，较耐寒，忌高温多湿。喜湿润、排水良好的肥沃壤土。生于海拔 1 000～2 600 米的山坡草地、山谷沟边或多石砾坡地。

药用价值

全草可入药,有破痞、消食、排脓、祛腐、杀虫等功效。

栽培技术

土壤:大花银莲花要求土壤富含腐殖质且稍带黏性,以中性偏碱的沙壤土为好,过于黏重,易烂根。

播种:播种宜在 9—10 月气温低于 20 ℃时进行。由于它的种子细小并有长绒毛,播种时要特别小心。不论地播还是盆播,土壤都应疏松平整,并在土表铺上一层锯末或草木灰等,以方便分苗。种子要事先用砂子搓开,将其均匀播种在浇透水的床面上,稍加覆盖。盆播可在播后用漫水法供水,以后浇水要用细孔喷壶,避免冲击床面,使种子浮动后聚集在一起,播种后约15天可发芽。当长出2~3片真叶时,应移栽1次;成活后,每月施 2 次淡肥水,冬季最好放入塑料盆内保温,播种苗第二年即可开花。通过低温打破休眠的种子一般在 4 月中旬播种,4 月底开始出苗,出苗期间需经常浇水保持畦面湿润以利出苗,5 月上旬幼苗基本出齐,当苗出现 1~2 片真叶时逐渐揭去覆盖的稻草练苗,常浇水保湿。

种球处理:种球栽种前用清水浸泡 24~36 小时,使种球充分膨胀,浸泡后适当清洗,去除种球表面的泥浆和附着物。浸泡后种球饱满肥实坚硬、锥体状或带有部分突起、灰黑色,淘汰带病、虫斑和有机械伤口的种球。切花种球规格围径一般在 5 厘米以上,通常采用围径 6~9 厘米的种球进行切花生产。筛选出的优质种球在百菌清或多菌灵药液中浸泡 20~30 分钟,消毒后适当晾干水分。为促进银莲花种球生根萌芽,需进行低温处理,温度为 1 ℃~3℃,时间 3~5 周。种球从冷库中取出后,摆放在 15 ℃~18 ℃温度下进行催芽,8~10 天后可萌芽整齐。种球萌芽后芽点粗壮,根系丰富,无病斑,根芽无腐烂,芽体无病变。

定植:种球生根、萌芽 1~2 厘米时开始定植,定植时必须保证土壤湿润,种植深度以发芽部位能适当盖土为宜,株行距为 30 厘米×30 厘米,浇透水。定植后忌移栽,否则生长不良或死亡。

光照:要求日光充足,每天接受至少 4 个小时的光照,尤其是冬天日照时间比较短,需要补充光照,促进植物光合作用。

温度:大花银莲花喜温暖,也耐寒,但在温度低于 0 ℃时停止生长;怕炎热和干燥,每年夏季和冬季处于休眠和强迫休眠阶段。中耕:松土除草植株生长前期应除草松土,保持畦内清洁无杂草。7 月植株基本封垄,操作不便,避免伤及花茎,可不再松土。

浇水:大花银莲花苗期不耐旱,应常浇水以保持土壤湿润,但不宜太湿以防烂根死亡。7—8 月雨季时要注意排涝。

追肥：每半月施 1 次 10％的饼肥水。露地栽培，气温不低于 −10 ℃即可安全越冬，来年 2 月中旬前后开始生长，如能淡肥勤施，3 月就可开花。开花期间，每周施 1 次 10％的饼肥水，可促进花芽不断形成，直至 5 月气温升高才逐步停止。

遮阴：在低海拔地区引种特别要注意遮阴，遮阴度控制在 60％～80％，棚高 1 米左右，搭棚材料可就地取材。也可采用与高秆作物或果树间套作，达到遮阴目的。

植物
文化

花语：失去希望、淡薄的爱、端庄高雅。

76

龙吐珠

· 物种简介 ·

龙吐珠（*Clorodendrum thomsoniae*）是唇形科大青属灌木，具有很高的观赏植物。开花时，深红色的花冠由白色的萼内伸出，状如吐珠，花形奇特、开花繁茂，如同把蕴藏生命之火的红珠，吐完一颗又一颗。主要用于温室栽培观赏，可做花架、盆栽点缀窗台和庭院，也用于公园或旅游基地栽植成花篮、拱门、凉亭等景观造型，十分美观。

分布范围

龙吐珠原产于西非，我国南方可露地栽培，北方可植于温室观赏。

形态特征

攀援状灌木；高 2～5 米；幼枝四棱形；叶片纸质，狭卵形或卵状长圆形，长 4～10 厘米，宽 1.5～4 厘米，顶端渐尖，基部近圆形，全缘；聚伞花序腋生或假顶生，二歧分枝，长 7～15 厘米，宽 10～17 厘米；苞片狭披针形，长 0.5～1 厘米；花萼白色，基部合生，中部膨大，有 5 棱脊，顶端 5 深裂，外被细毛，裂片三角状卵形，长 1.5～2 厘米，宽 1～1.2 厘米，顶端渐尖；花冠深红色，外被细腺毛，裂片椭圆形，长约 9 毫米，花冠管与花萼近等长；雄蕊 4，与花柱同伸出花冠外；柱头 2 浅裂；核果近球形，径约 1.4 厘米外果皮光亮，棕黑色。

生长习性

喜温暖、湿润和阳光充足的半阴环境,不耐寒。

药用价值

全株入药,具清热解毒、活血、利尿等功效,主治跌打损伤、慢性中耳炎、疔疮疖肿、蛇虫咬伤等。

栽培技术

土壤:龙吐珠对土壤要求不严,但在肥沃、排水性良好的砂质土壤中生长更佳。盆栽一般选用腐叶土、松针土、园土、河砂和骨粉或腐熟的有机肥等配制土壤,使用前要经过消毒处理。

扦插:可在春、夏间进行。剪取长约 15 厘米的老熟枝条,每条枝条应有两对芽眼,修剪后插于砂土中,放在阴凉处并保持环境湿润,一般 4 周即可生根。

换盆:盆栽龙吐珠常用 12～15 厘米盆,每盆可栽 3 株。一般每 1～2 年换盆一次,换盆时间在早春或花谢后均可。换盆时先用碎瓦片垫好排水孔,再放入少量骨粉作基肥,然后装入新的培养土(腐土 4 份、园土 4 份、砂土 2 份),栽好植株,上留 2～3 厘米沿口,以便施肥浇水。换盆后浇透水,放背阴处缓苗,缓苗后移至阳光充足处养护。

光照:龙吐珠冬季需光照充足,夏季天气太热时宜遮阴,否则叶子发黄。光线不足时,会引起蔓性生长,不开花。花芽分化不受光周期影响,但较强的光照对花芽分化和发育有促进作用。在黑暗中不宜置放时间过长。

温度:龙吐珠喜欢温暖向阳的生长环境,不耐寒,生长温度在 10 ℃～25 ℃之间,最适合生长的温度是在 21 ℃左右。北方种植时冬天要放回室内,以免冻伤,南方种植时夏天要放到阴凉处,为植株提供一个适宜的环境温度。

浇水:龙吐珠对水分的反应比较敏感,生长期需要充足水分。茎叶生长期要保持盐土湿润,但浇水不可超量,水量过大,造成只长蔓而不开花,甚至叶子发黄、凋落,根部腐烂死亡,若枝条枯萎,则停止浇水,让其恢复,萌生新叶。夏季高温季节应充分浇水,适当遮阴。冬季要减少浇水,使其休眠,以求安全越冬。

施肥:每半月施肥 1 次,开花季节增施 1～2 次磷钾肥。生长季用高硝酸钾肥,或每隔 7～10 天施 1 次腐熟的稀薄饼肥水,连施 3～4 次肥即可。龙吐珠在栽培过程中若发现有黄化现象,可结合施追肥施用 0.2% 硫酸亚铁水,即可使叶片逐渐由黄转绿。

修剪:要塑造龙吐珠的优美株型,在扦插苗或播种苗盆栽后长至 15 厘米时,离盆口

10 厘米处剪枝,促进萌发粗壮新枝。生长期要严格控制分枝的高度,注意打顶摘心,以求分枝整齐,开花茂密。每年春季换盆时,对地上部枝条进行修剪短截,使植株圆整,枝多、花多。

矮化:在摘心后半个月,施用比久或矮壮素,来控制植株高度,达到株矮、叶茂、花多效果。

花语:内心热诚,珍贵纯洁。

77

棣棠花

· 物种简介 ·　棣棠花（*Kerria japonica*）是蔷薇科棣棠花属落叶灌木。棣棠枝密丛生，花繁叶绿，艳丽夺目，是园林绿化的好材料，适于栽植绿篱、花篱、林下，或丛植于草坪、路边、墙角、林缘、假山旁，点缀美化环境，也可做切花插瓶观赏。棣棠叶片表面具有稀疏短柔毛，叶片有明显的凹凸面，易附着大气颗粒物，因此具备一定程度的滞尘效应，被广泛应用在城市园林及路途绿化中。

分布范围

棣棠花原产于甘肃、陕西、山东、河南、湖北、江苏、安徽、浙江、福建、江西、湖南、四川、贵州、云南。生于海拔 200～3 000 米山坡灌丛中；日本也有分布。

形态特征

落叶灌木，高 1～2 米，稀达 3 米；小枝绿色，圆柱形，无毛，常拱垂，嫩枝有棱角。叶互生，三角状卵形或卵圆形，顶端长渐尖，基部圆形、截形或微心形，边缘有尖锐重锯齿，两面绿色，上面无毛或有稀疏柔毛，下面沿脉或脉腋有柔毛；叶柄长 5～10 毫米，无毛；托叶膜质，带状披针形，有缘毛，早落。单花，着生在当年生侧枝顶端，花梗无毛；花直径 2.5～6 厘米；萼片卵状椭圆形，顶端急尖，有小尖头，全缘，无毛，果时宿存；花瓣黄色，宽椭圆形，顶端下凹，比萼片长 1～4 倍。瘦果倒卵形至半球形，褐色或黑褐色，表面无毛,有皱褶。花期4—6月,果期6—8月。

生长习性

喜光,较耐阴,喜温暖湿润气候,不耐寒,萌蘖力强。喜肥沃且通透性好的砂质土壤,在轻黏壤土中也能正常生长,在黏壤土中生长不良。

药用价值

棣棠花具有化痰止咳、利湿消肿、解毒之功效,用于治疗咳嗽、风湿痹痛、水肿、消化不良、湿疹、荨麻疹等。

栽培技术

土壤:应选择温暖湿润、排水良好的非碱性土壤,施入基肥、堆肥、厩肥、腐熟人粪尿等,混拌均匀,整平。

分株:在早春和晚秋进行,用刀或铲直接在土中从母株上分割各带1～2枝干的新株取出移栽,留在土中的母株,第二年再分株。

扦插:棣棠花3月份硬材扦插用未发芽的一年生枝,6月份左右用嫩枝扦插在褐色土、熟土或砂土,如果插在露地要遮阴,防止干燥。

播种:播种繁殖方法只在大量繁殖单瓣原种时采用,种子采收后需经过5℃低温砂藏1～2个月,翌春播种,播后盖细土,覆草,出苗后搭棚遮阴。

移栽:春季发芽前或10月间移栽露地或上盆。

光照:棣棠花喜充足光照的环境,宜栽在光照充足的南边窗台或向阳的院子。如果生长环境过于荫蔽,很容易导致棣棠花生长不良,枝条和花朵都会变得细小。

温度:棣棠花喜温暖的环境,但夏天光照非常强烈,温度很高的时候,需要遮阴,否则易导致叶子被灼伤,生长适温18℃～25℃。

水分:棣棠花一般不需要经常浇水,盆栽要在午后浇饼肥水,不易多浇。但夏季气温较高,蒸发量大,可适当增加浇水量,以防止过于干燥。

施肥:一般需施肥3次。第一次,萌芽肥,春季植株萌芽前,施用氮磷钾复合肥,使植株花大且花期长;第二次,花后肥,可施用烘干鸡粪,使植株枝叶繁茂;第三次,越冬肥,在秋末落叶前施用1次腐熟发酵的牛马粪,这次肥宜多不宜少,可盖满树穴,厚3～4厘米,有一定的保温作用,利于植株安全越冬。初秋一般不施肥,主要原因是怕植株贪青影响安全越冬。

修剪:棣棠花发现有退枝时立即剪掉枯死枝,否则蔓延到根部,导致全株死亡。在开花后留50厘米高,剪去上部的枝,促使地下芽萌生。修剪应掌握以下几个原则:一是棣棠花大多开在新枝顶部,所以宜疏剪,不宜短剪,以免减少着花数量;新枝出生后也不要进行短截和摘心,否则会将花芽剪掉。二是每4～5年对植株更新1次,将地上部分全部剪除,使萌发出来的新枝颜色鲜亮,着花数量也多。三是及时疏除干枯枝、病虫枝,提升观赏效果。四是注意植株通风透光,疏除过密枝。

植物
文化

花语:因其花朵为黄色,因此代表尊贵。

78
锦带花

锦带花（*Weigela florida*）是忍冬科锦带花属落叶灌木。当春夏之交，长长的枝条上，一串串粉红色钟形花朵密列满枝，如花团锦簇的绶带，故得名锦带花。锦带花枝叶茂密，花色艳丽，花期可长达两个多月，是华北地区园林应用的重要早春花灌木。宜庭院墙隅、湖畔群植；也可在树丛林缘作篱笆、丛植配植，点缀于假山、坡地。锦带花对氯化氢抗性强，是良好的抗污染树种，花枝可供瓶插观赏。

分布范围

锦带花原产于黑龙江、吉林、辽宁、内蒙古、山西、陕西、河南、山东、江苏等地，生于海拔 100～1 450 米的杂木林下或山顶灌木丛中；俄罗斯、朝鲜和日本也有分布。

形态特征

落叶灌木，高 1～3 米；幼枝稍四方形，有 2 列短柔毛；树皮灰色。芽顶端尖，具 3～4 对鳞片，常光滑。叶矩圆形、椭圆形至倒卵状椭圆形，长 5～10 厘米，顶端渐尖，基部阔楔形至圆形，边缘有锯齿，上面疏生短柔毛，脉上毛较密，下面密生短柔毛或绒毛，具短柄或无柄。花单生或成聚伞花序生于侧生短枝的叶腋或枝顶；萼筒长圆柱形，疏被柔毛，萼齿长约 1 厘米，不等，深达萼檐中部；花冠紫红色或玫瑰红色，长 3～4 厘米，直径 2 厘米，外面疏生短柔毛，裂片不整齐，开展，内面浅红色；花丝短于花冠，花药黄色;子房上部的腺体黄绿色,花柱细长,柱头 2 裂。果实长 1.5～2.5 厘米,顶有短柄状喙,疏生柔毛;种子无翅。花期 4—6 月。

🔆 生长习性

锦带花喜光、耐阴、耐寒、耐瘠薄、怕水涝;在深厚、湿润而腐殖质丰富的土壤生长最好;生于海拔 800～1 200 米湿润沟谷、阴或半阴处,喜光,耐阴,耐寒;对土壤要求不严,能耐瘠薄土壤,但以深厚、湿润而腐殖质丰富的土壤生长最好,怕水涝。萌芽力强,生长迅速。

🖊 药用价值

以根入药,具有清热解毒、活血化瘀、消肿止痛、降低血压和保护肝脏等多种功效,用于治疗风湿骨痛、跌打损伤、皮肤瘙痒、急性结膜炎、口腔溃疡等症状。嫩茎叶可食用。

🌱 栽培技术

土壤:锦带花盆栽时建议选择疏松透气且肥沃的土壤。盆栽可以用通用营养土加 1/5 的发酵有机肥,混合后种植。也可以用腐叶土 2 份、泥炭土 2 份、珍珠岩 1 份,混合均匀后种植。

扦插:早春,剪取 1～2 年生未萌动的枝条,剪成长 10～12 厘米的插穗,用 α-萘乙酸 2 000 毫克/千克的溶液蘸插穗后插入露地覆膜遮阳砂质插床中。地温要求在 25 ℃～28 ℃,气温要求在 20 ℃～25 ℃,棚内空气湿度要求在 80%～90%,透光度要求在 30% 左右。50～60 天即可生根,成活率在 80% 左右。

播种:种子播前 1 周,用冷水浸种 2～3 小时,捞出放室内,用湿布包好进行催芽。播种选于无风无雨天气进行,播种方式可采用床面撒播或条播,播种量 2 克/平方米,播后覆土厚度不能超过 0.3 厘米,播后 30 天内保持床面湿润,20 天左右出苗。

光照:锦带花喜光线充足的环境,但夏季避免曝晒,需要遮阴,放在室外半阴处或室内明亮处。

温度:锦带花对温度的要求比较高,宜在 15 ℃～25 ℃温度下生长,不宜超过 30 ℃。

浇水:生长季节注意浇水,春季萌动后,要逐步增加浇水量,经常保持土壤湿润。夏季高温干旱易使叶片发黄干缩和枝枯,要保持充足水分并喷水降温或移至半阴湿润处养护。每月要浇 1～2 次透水,以满足生长需求。

施肥:盆栽时可用园土 3 份和砻糠灰 1 份混合,另加少量厩肥等做基肥。栽种时施以腐熟的堆肥作基肥,以后每隔 2～3 年于冬季或早春的休眠期在根部开沟施一次肥。在生长季每月要施肥 1～2 次。

修剪:由于锦带花的生长期较长,入冬前顶端的小枝往往生长不充实,越冬时很容易干枯。因此,每年的春季萌动前应将植株顶部的干枯枝以及其他的老弱枝、病虫枝剪掉,并剪短长枝。若不留种,花后应及时剪去残花枝,以免消耗过多的养分,影响生长。对于生长 3 年的枝条要从基部剪除,以促进新枝的健壮生长。由于它的着生花序的新枝多在 1～2 年生枝上萌发,所以开春不宜对上一年生的枝作较大的修剪,一般只疏去枯枝。

植物
文化

花语:前程似锦。

79

夹竹桃

· 物种简介 ·　　　夹竹桃（*Nerium oleander*）是夹竹桃科夹竹桃属常绿直立大灌木。因为花似桃、茎似竹，故名夹竹桃。夹竹桃红花灼灼，胜似桃花，花冠粉红至深红或白色，有特殊香气，花期为6—10月，是有名的观赏花卉。其叶片如柳似竹，具有抗烟雾、抗灰尘、抗毒物的能力，因此被誉为"环保卫士"，是优良的园林植物。

分布范围

夹竹桃原产于地中海地区及伊朗、印度、尼泊尔，现广植于世界热带地区。

形态特征

常绿直立大灌木，高达5米，枝条灰绿色；嫩枝条具稜。叶3～4枚轮生，下枝为对生，窄披针形，顶端急尖，基部楔形，叶缘反卷，长11～15厘米，宽2～2.5厘米。聚伞花序顶生，着花数朵；总花梗长约3厘米，被微毛；花梗长7～10毫米，苞片披针形，长7毫米，宽1.5毫米；花芳香；花萼5深裂，红色，披针形，长3～4毫米，宽1.5～2毫米，外面无毛，内面基部具腺体；花冠深红色或粉红色，栽培演变有白色或黄色，花冠为单瓣呈5裂时，其花冠为漏斗状，长和直径约3厘米，其花冠筒圆筒形，上部扩大呈钟形，长1.6～2厘米。种子长圆形。花期几乎全年，夏秋为最盛；果期一般在冬春季。

⚙ 生长习性

夹竹桃喜温暖湿润的气候,耐寒力不强,不耐水湿,要求选择高燥和排水良好的地方栽植,喜光好肥,也能适应较阴的环境,但庇荫处栽植花少色淡。

◉ 药用价值

夹竹桃根、叶入药,具有强心、利尿、发汗、祛痰、散瘀、止痛、解毒、透疹等功效,用于治疗心力衰竭、癫痫、止痛、消毒、心力衰竭、癫痫等;外用于甲沟炎、斑秃、杀蝇。但夹竹桃全株有毒,人、畜误食能致死。

🌱 栽培技术

土壤:选择背风向阳、不积水、土壤病、虫、杂草少、肥力充足、便于管理的地块。土壤黏重时,可适当掺砂,并注意土壤消毒。

播种:果熟后可随采随播,播后在温室内 3 个月后才能出苗,露地秋播的翌年清明可陆续出苗。

压条:于雨季进行,把近地表的枝条割伤压入土中,约经 2 个月生根,即可与母体分离。

水插:生长季节都可进行,剪取 30～40 厘米长枝条,在下端用小刀劈开 4～6 厘米插入盛水玻璃容器中,春、秋季温度适宜 2～3 周就能长根,夏季要勤换水,防水变质造成烂根。

扦插:选择当年生中上部向阳的枝条,且节间较短,枝叶粗壮,芽子饱满。剪取枝条时,选直径 1～1.5 厘米的粗壮枝条,插穗长度 15 至 20 厘米,插穗必须带有二三个芽,上剪口离芽 1.5 厘米左右,去除下部叶片。用 ABT 生根粉 1 号 100 ppm 浸穗 2～8 小时,扦插前应进行土壤消毒,苗床灌足水。将处理过的插穗按 5 厘米×5 厘米株行距扦插。要注意插穗的上下端,不能倒插。扦插深度一般以地上部露 1～2 个芽为宜,扦插后做好标记和记录。

光照:为防止中午气温过高,最好遮阴。

温度:最适温度为 20 ℃～25 ℃,相对湿度 80％～85％,一般插后 15～20 天即可生根。北方在室外地栽的夹竹桃,冬季需要用草苫包扎,防冻防寒,在清明前后去掉防寒物。越冬温度需维持在 8 ℃～10 ℃,低于 0 ℃气温时,夹竹桃会落叶。

水分:扦插后一定要喷足水,使土壤与插条密切接触。根据土壤湿度状况每天早晚喷水一次,但喷水量不可过多,否则影响插条愈合生根。为防止病菌发生,每隔 10 天左右喷洒一次杀菌药液。第二年春季移栽后,春天每天浇一次,夏天每天早晚各浇一次。

叶面要经常喷水。过分干燥,容易落叶、枯萎。冬季可以少浇水。叶面要常用清水冲刷灰尘。

肥料:夹竹桃喜肥,盆栽应保持占盆土 20% 左右的有机土杂肥。施肥时间:清明前一次,秋分后一次。方法:在盆边挖环状沟,施入肥料然后覆土。清明施肥后,每隔 10 天左右追施一次加水沤制的豆饼水;秋分施肥后,每 10 天左右追施一次豆饼水或花生饼水。含氮素高的肥料,要稀、淡、少、勤,严防烧烂根部。

修剪:夹竹桃顶部分枝有一分三的特性,可根据需要修剪定形。如需要三叉九顶形,可于三叉顶部剪去一部分,便能分出九顶。如需九顶十八枝,可留六个枝,从顶部叶腋处剪去,便可生出十八枝。修剪时间应在每次开花后。开谢的花要及时摘去,以保证养分集中。通过修剪,使枝条分布均匀,花大花艳,树形美。

植物
文化

花语:夹竹桃花语为坚贞不渝的爱情,表示真爱永在,不会受其他因素影响。

80

蒜香藤

·物种简介

蒜香藤（*Mansoa alliacea*）又名紫铃藤，为紫葳科蒜香藤属常绿藤状灌木。其花、叶在搓揉之后，有大蒜的气味，因此得名蒜香藤。蒜香藤生命力旺盛，生长速度快，枝藤很容易爬满院墙，在炎热的夏季，也很少发生病害。蒜香藤花期超长，春夏秋三季都开花，枝叶疏密有致，花多色艳，美丽壮观。宜地栽、盆栽，也可作为篱笆、围墙美化或凉亭、棚架装饰之用，也可做阳台的攀援花卉或垂吊花卉。

分布范围

蒜香藤原产于南美洲的圭亚那和巴西，我国南方引种栽培。

形态特征

常绿藤本，长3～4米，枝条披垂，具肿大的节部；揉搓有蒜香味；复叶对生，具2枚小叶，矩圆状卵形，长8～12厘米，宽4～6厘米，革质而有光泽，基部歪斜；顶生小叶变成卷须；聚伞花序腋生和顶生，花密集，花冠漏斗状，鲜紫色或带紫红，凋落时变白色。

生长习性

喜温暖湿润气候和阳光充足的环境，生长适温18℃～28℃，对土质要求不高。冬季温度短时间低于5℃时，亚热带地区除部分落叶外可安全越冬；长时间在5℃以下可引起地上部分冻害。需全日照栽培。

药用价值

蒜香藤的根、茎、叶均可入药,可治疗伤风、发热、咽喉肿痛等呼吸道疾病。蒜香藤叶和花含有二烯丙基二硫醚和二烯丙基三硫醚等有机硫化物,因而具有大蒜香味。而这两种有机硫化物具有多种生物活性,都是大蒜油的有效成分,具有较强的抗氧化活性,对延缓衰老有一定作用。

栽培技术

土壤:露地栽培择排水好的地点,土壤以疏松、肥沃的微酸性的砂质土壤为佳。盆栽宜用田园土、泥炭土进行均匀混合配制栽培土,施加一点基肥增加土壤基础肥力。

光照:蒜香藤喜光,所以在养殖过程中要常年保持充足的光照条件,春秋季节光照比较温和,可进行8~10小时的阳光照射。夏季以散射光为主,冬季可采取全日照养护。

温度:蒜香藤对温度的要求比较高,植株不耐寒,生长的适宜温度在21 ℃~28 ℃。春夏秋季节生长比较旺盛,冬季温度低生长缓慢或者停止生长,若温度低于5℃还会发生冻害,所以冬季寒冷时一定要做好保温措施。

水分:浇水需要根据环境和季节变化进行,在春秋季可以每2~3天浇水一次。夏季需要每天浇一次水。冬季植株生长缓慢,5~6天浇一次水。

肥料:施肥以天然的有机肥为主,定植的时候给予一些基肥,之后每月适当施加氮磷钾复合肥即可。

修剪:蒜香藤植株蔓藤向各个方向生长,枝条看起来杂乱,可以在早春进行修剪,使株型姿态更加优美,花繁叶茂。

植物文化

花语:互相思念,思念远方的恋人。

81

石 蒜

· 物种简介　　　　石蒜(*Lycoris radiata*)又名彼岸花、曼珠沙华,是石蒜科石蒜属的多年生宿根草本植物。因其鳞茎形如蒜头,喜生长在溪边水润的潮润石缝,故名为石蒜。石蒜花色艳丽,形态雅致,适宜做庭院地被布置,也可成丛栽植,配饰于花境、草坪周围,是优良宿根草本花卉,园林中常用作背阴处绿化或林下地被花卉,花境丛植或山石间自然式栽植。常用作花坛或花径材料,亦可做切花插瓶观赏。

分布范围

石蒜原产于山东、河南、安徽、江苏、浙江、江西、福建、湖北、湖南、广东、广西、陕西、四川、贵州、云南,生于阴湿山坡和溪沟边;日本也有。

形态特征

鳞茎近球形,直径1～3厘米。秋季出叶,叶狭带状,长约15厘米,宽约0.5厘米,顶端钝,深绿色,中间有粉绿色带。花茎高约30厘米;总苞片2枚,披针形,长约35厘米,宽约0.5厘米;伞形花序有花4～7朵,花鲜红色;花被裂片狭倒披针形,长约3厘米,宽约0.5厘米,强度皱缩和反卷,花被筒绿色,长约0.5厘米;雄蕊显著伸出于花被外,比花被长1倍左右。花期8—9月,果期10月。

⚙ 生长习性

喜半阴,耐曝晒,耐寒,耐干旱,忌积水。喜好湿润环境和疏松、肥沃、排水良好的砂质土壤。

🌑 药用价值

石蒜鳞茎含多种生物碱,有毒,可入药。有解毒、祛痰、利尿、催吐、杀虫等功效,主治咽喉肿痛、痈肿疮毒、瘰疬、肾炎、水肿、小便不利、咳嗽痰喘、食物中毒、毒蛇咬伤等。

🌱 栽培技术

土壤:石蒜适应性很强,耐贫瘠,耐干旱,不耐积水。选择疏松透气、排水良好的土壤,翻耕整细,施足底肥,整平。

播种:北方地区以春播为主,南方秋季种植较多。一般直接撒播,将种子均匀地撒播在整好的土地上,覆一层薄土,播种后浇水,保持土壤湿润。

分球:把主球四周的小鳞茎剥下进行繁殖,将主球的残根修掉,晒两天,待伤口干燥后即可栽种。株行距15厘米×20厘米,覆土时,球的顶部要露出土面。

光照:石蒜喜爱在阳光充足的环境下,光照不足会造成开花不良,春秋季置半阴处养护,夏季需要遮阴,避免阳光直射,室内栽植需要把盆放在向阳通风地方。

温度:石蒜喜温暖的气候,一般温度不超过30 ℃,平均气温24 ℃,适宜石蒜花的生长,冬季日平均气温8 ℃以上,地温在1 ℃以上,一般不会影响石蒜花的生长。北方越冬需要一定保温措施。

浇水:石蒜生长期要经常灌水,开花前20天至开花期必须适量供给水分,使开花整齐一致。要保持土壤湿润,但不能积水,以防鳞茎腐烂。当表土干燥呈灰白色时,就要补充水分,进入休眠期就不能再浇水。

施肥:一般每年施肥2次即可,第1次在落叶后至开花前,施用腐熟饼肥水或复合肥,使花大色艳。第2次在10月下旬至11月初开花后至生长期前,以磷钾肥为主,使鳞茎健壮充实。秋季后要停止施肥和浇水,使其逐步休眠。

采收:采收石蒜种球要选晴天,土干时挖起,除去泥土,略加干燥后贮藏。也可剪去叶片后,带土放温室内休眠,室温保持5 ℃～10 ℃,室内保持干燥、空气流通,以防球根腐烂。

植物
文化

花语:石蒜也叫彼岸花、曼珠沙华,寓意无望的爱、永不相见、悲伤的回忆。

82

萱 草

·物种简介　　　萱草(*Hemerocallis fulva*)是百合科萱草属多年生草本植物。具短根状茎和粗壮的纺锤形肉质根;花桔红色至桔黄色,具芳香;园林中常在花坛、花境丛植,亦可作切花。

📍 分布范围

萱草原产于安徽、福建、广东、广西、贵州、河北、河南、湖北、湖南、江苏、江西、陕西、山东、山西、四川、台湾、西藏、云南、浙江,生于海拔 300～2 500 米的林下、灌丛或溪边;印度、日本、韩国、俄罗斯也有分布。

✳ 形态特征

根近肉质,中下部有纺锤状膨大;叶一般较宽;花早上开晚上凋谢,无香味,桔红色至橘黄色,内花被裂片下部一般有"∧"形斑。花果期 5—7 月。

⚙ 生长习性

萱草,耐寒性强,喜光线充足,又耐半阴,耐干旱。对土壤要求不严,华北地区可露地越冬。

食用价值

萱草属有些种类的花蕾可以食用,如黄花菜,花蕾采收后可以焯熟鲜食,也可以简单加工成干菜用,营养价值丰富,富含蛋白质、脂肪、糖类等,味道鲜美,但黄花菜鲜花含有多种生物碱,不宜多食,否则会引起腹泻等中毒现象。

药用价值

萱草根、叶可入药,药用价值较高,具有健脑和明目等功效,能显著降低血清胆固醇含量。黄花菜含铁量很高,对补血止血有奇效,可作为妇女补血佳品,有清热利湿、凉血解毒的功效。主治水肿、小便不利、淋浊、胆腺炎、黄疸、便血、崩漏、带下、乳汁不足、月经不调等症。外用治疗乳腺炎、蛇咬伤等症。

栽培技术

土壤:萱草对土壤要求不严,以灌溉方便、排水良好、土质疏松、土层深厚为佳。均匀撒施腐熟的有机肥30～40吨/公顷,深耕土地,耙平,整细,南北向做畦,一般畦宽1米,开好排水沟,沟宽15厘米,沟深15厘米。

扦插:萱草有些品种在花茎抽出后,自花茎中下部的节位上发生茎生芽,茎生芽可在花茎干枯前剪下扦插成苗。

分株:分株通常每年春天进行。将老萱草连根拔起,老根和须根进行分割,要注意每株丛都要带芽。

播种:通常秋季播种,播前进行种子处理,进行消毒,提高种子发芽率。

定植:分株按照25～30厘米株行距进行定植,每丛保留2～3株苗。注意种植深度不可过深,过深分蘖慢。浇透定根水,进行遮阴,保持土壤湿润。

光照:萱草喜充足的阳光照射,也耐半阴,对光照的要求并不很高,盆栽萱草须放在室内光照较好的地方,光照充足才能更好。

温度:萱草所适宜的生长温度为15 ℃～25 ℃,太高或太低的温度会影响其正常生长。

浇水:新苗移栽后,需维持土壤持水量70%～80%,干旱时浇水。8—9月,如遇到台风天气,降水量大,要注意排水防涝。萱草抗旱能力较强,营养生长期需水量不大。中国南方气候温和湿润、雨量充沛,全年几乎不需浇水,遇到夏季极端干旱天气,为保证开花良好可进行灌溉。

施肥:萱草花期较长,对氮、磷、钾的需求量较大,施足基肥外,应根据不同生长阶段的不同需求,进行追肥。一般每年追肥3次。3月发芽前追施1次,以氮肥为主,有利于萱草营养生长;5—7月开花前期追施1次,以磷钾肥为主,有利于生殖生长,增强分蘖能力、萌蕾能力和抗病能力,保证开花质量;9月初,秋叶萌发前追肥1次,利于花后恢复,秋季生长。以氮磷钾均衡复合肥为佳。

越冬:入冬后须要做好清园、覆土和培肥。枯枝残叶必须全部清除焚烧,以减少越冬菌虫源;覆土高度要求6～7厘米,确保根系不露土、不受冻;培肥以有机肥为主,根据土壤肥力状况合理确定基肥用量,保证养分平衡供给。同时注意根据田里土壤的干湿情况适时适量进行灌溉。

采收:萱草的根部经过干燥处理后,可以入药,药用价值非常高。一般在秋天进行采收,当根部变得肥大时,即可收获。采收时要小心避免伤到植株。采收后先将泥土清理干净,晒干。一般在通风良好的室外或者是室内进行晾晒,不要曝晒,以免失去药用价值。干燥后的萱草根放到合适容器内保存。

植物
文化

花语:萱草又称忘忧草、母亲花;花语为放下忧愁、伟大的母爱。

83

茑 萝

·物种简介·

茑萝(*Ipomoea quamoclit*)是旋花科番薯属一年生柔弱缠绕草本植物。因叶似鸟羽,又为爬蔓性草木,故名。茑萝叶子美丽如鸟的羽毛,细长光滑的蔓生茎,长可达4~5米,柔软、茂密,极富攀援性,红色小花随藤蔓攀缘上升,是理想的绿篱植,常作小型棚架绿化材料,也可作花篱或房前屋后、庭院、阳台的盆栽观赏。

分布范围

茑萝原产于热带美洲,现广泛种植于全球温带及热带。

形态特征

一年生柔弱缠绕草本。叶卵形或长圆形,长2~10厘米,宽1~6厘米,羽状深裂至中脉。花序腋生,由少数花组成聚伞花序;总花梗大多超过叶,长1.5~10厘米,花直立,花柄较花萼长,长9~20毫米,在果时增厚成棒状;萼片绿色,稍不等长,椭圆形至长圆状匙形,外面1个稍短,长约5毫米,先端钝而具小凸尖;花冠高脚碟状,长2.5厘米以上,深红色,无毛,管柔弱,上部稍膨大,冠檐开展,直径1.7~2厘米,5浅裂;雄蕊及花柱伸出;花丝基部具毛;子房无毛。蒴果卵形,长7~8毫米,4室,4瓣裂,隔膜宿存,透明。种子4,卵状长圆形,长5~6毫米,黑褐色。

⚙ 生长习性

莺萝喜温暖、向阳的环境,生长适温 20 ℃～30 ℃。耐霜冻、抗性强、耐干旱,适于湿润、肥沃的砂质土壤生长,也耐瘠薄土壤。

✐ 药用价值

莺萝全株可入药,具有清热消肿、祛风除湿、通筋活络、凉血止痢之功效,主治耳疗、痔瘘、肺热咳血、肺结核咯血、尿血、小儿惊风、破伤风、肾炎水肿、风湿痹痛、跌打损伤等。

🌱 栽培技术

土壤:莺萝对土壤要求不严,以疏松肥沃偏酸性为好,正常园土也能让其生长,只是在栽种的时候需要在土壤底部放一层腐熟的饼肥做基肥,保证其有充足的养分供给。盆栽可使用腐叶土混合园土。

播种:莺萝多采用播种繁殖,适宜在春季进行,先把种子放在 35 ℃左右温水里面浸泡几个小时,让种子充分的吸收水分,浸泡时间不要超过 8 个小时。播种后需要覆盖一层薄土。保持土壤湿润,温度 20 ℃～25 ℃,一般 4 天左右就会发芽。

间苗:半月后进行间苗,去弱留强。

定植:莺萝的苗长到 10 厘米左右时,即可定植。为了多开花,宜定植于向阳处肥沃的土壤中。

光照:莺萝喜光,一定要选择阳光充足的向阳面种植,在室内最好放置在朝阳的阳台,这样就能让其有充足的光合作用,每天光照时长 6 小时最佳。

温度:最佳生长温度 20～30 ℃。

浇水:莺萝喜水,播种时要保证湿润,长出小苗的时候要每天喷水,保证空气的湿润,等长出 10～15 厘米定植后每周要浇一次透水。盆栽随着植株的长大和气温的增高,可每天浇一次水,让盆土经常保持湿润而不积水。

施肥:莺萝喜肥,每月追施一次氮磷钾复合肥,注意要少施氮肥,以免植株徒长。

支架:莺萝藤蔓较长,需要立支架,或者搭栅栏,篱笆,方便盘绕造型,美化空间,开花时万绿丛中点点红,极其美丽动人。

摘心:莺萝苗 18～10 厘米时进行摘心,促其多发分枝多开花。

修剪:由于莺萝是缠绕性植株,所以在生长的过程中对其修剪非常必要。修剪是为了能够长出更多的分枝,开出更多的花朵。一般在莺萝分出 3～5 条枝条后进行,剪掉向上生长的头部,促使其分枝,反复进行 3 次左右,一棵莺萝就能长出很多的枝条,爬满整个栅栏或者篱笆墙，需要对其进行梳理捆绑让其有序进行向上生长。

花语：相互帮助、相互关怀。

84

曼陀罗

·物种简介

曼陀罗(*Datura stramonium*)是茄科曼陀罗属一年生热带草本植物。曼陀罗花朵大而美丽,具有观赏价值,可种植于花园、庭院中,美化环境。

分布范围

曼陀罗原产于美洲,现世界各地广泛栽培或逸生,常生于住宅旁、路边或草地上,也有作药用或观赏而栽培。

形态特征

草本或半灌木状,高0.5～1.5米。茎粗壮,圆柱状,淡绿色或带紫色,下部木质化。叶广卵形,顶端渐尖,基部不对称楔形,边缘有不规则波状浅裂,裂片顶端急尖;花单生于枝叉间或叶腋,直立,有短梗;花萼筒状,长4～5厘米,筒部有5棱角,两棱间稍向内陷,基部稍膨大,顶端紧围花冠筒,5浅裂,裂片三角形;花冠漏斗状,下半部带绿色,上部白色或淡紫色。蒴果直立生,卵状,长3～4.5厘米,直径2～4厘米,表面生有坚硬针刺或有时无刺而近平滑,成熟后淡黄色,规则4瓣裂。种子卵圆形,稍扁,长约4毫米,黑色。花期6—10月,果期7—11月。

⚙ 生长习性

曼陀罗适应性较强,喜温暖、湿润、向阳环境,怕涝,对土壤要求不甚严格,一般土壤均可种植,但以富含腐殖质和石灰质土壤为好。

✎ 药用价值

曼陀罗全株有毒,叶、花、籽均可入药,有镇痉、镇静、镇痛、麻醉之功效。曼陀罗提取物对用于治疗心衰、室性心律失常、心绞痛、高血压等有较好的疗效。

🌱 栽培技术

土壤:曼陀罗不择土壤,以富含有机质和石灰质的土壤为好,整地时每亩施入腐熟的农家肥 2 500 千克,起垄待播。

播种:曼陀罗花适宜在春季播种,发芽适宜温度在 15 ℃,它的种子非常容易发芽,一般从发芽长到开花只需要 60 天。按株行距 66 厘米×66 厘米开穴,穴深 12 厘米,每穴 4～5 粒种子,每亩用种 150 克,播后轻覆薄土,在气温达到 15 ℃时,经 2～3 周,即可发芽。

移栽:幼苗可直接从直播田里获得,也可苗床育苗。即在 4 月中下旬选择温暖、向阳的地块,施入腐熟肥料,耕翻平整土地后做床,撒播、条播均可,条播的行距在 12 厘米左右,播后撒入细土,以盖严种子为宜,再盖一薄层稻草保湿,用喷壶浇透水,可在半月内出苗,出苗后除去稻草。在幼苗长至 4～6 片真叶时利用早、晚进行带土移栽。

光照:盛夏阳光炽烈天气宜遮阴,盆栽须将花盆放置半阴处,其他季节都应给予充足的光照。

温度:曼陀罗生长温度宜控制在 20 ℃左右,夏季气温高,增加浇水次数进行降温。冬季气温低,采取覆草等保温措施,不可低于 5 摄氏度,避免发生冻害问题。盆栽冬季来临之前,移入室内向阳处,室温保持在 5 ℃以上,低于 4 ℃,会引起黄叶或落叶。

浇水:随着气温升高,要逐渐增加浇水量,保持土壤湿润,不过干或过湿,否则会造成叶片泛黄脱落。冬季要减少浇水次数,不过干就行。

施肥:并每隔 7～10 天施 1 次粪肥液。

中耕:在幼苗出土后,要中耕松土、锄杂草 3～4 次,并及时培土,以防倒伏。

修剪:曼陀罗生长期枝叶生长速度快,根据造型需要对枝叶进行修剪,使植株健壮,增强观赏性。

植物文化

花语:黑色曼陀罗是爱和复仇,紫色曼陀罗是恐怖,绿色曼陀罗是生生不息的希望,金色曼陀罗则是幸福。

85
炮仗藤

·物种简介·

炮仗藤（*Pyrostegia venusta*）是紫葳科炮仗藤属藤本植物。初夏，红橙色的花朵累累成串、状如鞭炮，故有炮仗藤之称。

🔘 分布范围

炮仗藤原产于南美洲巴西，在热带亚洲已广泛作为庭园观赏藤架植物栽培，我国南方引种栽培。

✳ 形态特征

藤本，具有 3 叉丝状卷须。叶对生；小叶 2～3 枚，卵形，长 4～10 厘米，宽 3～5 厘米，全缘；叶轴长约 2 厘米；小叶柄长 5～20 毫米。圆锥花序着生于侧枝的顶端，长约 10～12 厘米。花萼钟状，有 5 小齿。花冠筒状，内面中部有一毛环，基部收缩，橙红色，裂片 5，长椭圆形，花蕾时镊合状排列，花开放后反折，边缘被白色短柔毛。果瓣革质，舟状，内有种子多列，种子具翅，薄膜质。花期可长达半年，通常在 1—6 月。

⚙ 生长习性

喜温暖湿润、光线充足、空气流通的环境，对土质要求不严，但以排水良好，有机质含量丰富的壤土和沙壤土为宜。

药用价值

炮仗藤以花和叶入药,具有润肺止咳、清热利咽的功效,主治肺痨、咳嗽、咽喉肿痛。

栽培技术

土壤: 炮仗藤对土壤要求不严,但栽培在富含有机质、排水良好、土层深厚的肥沃土壤中,则生长更茁壮。培养土要选用腐叶土、园土、山泥等为主,并施入适量经腐熟的堆肥、豆饼、骨粉等有机肥作基肥。

压条: 压条主要是利用落地的藤蔓,在叶腋处伤皮压土,春夏秋均可进行,以夏季为宜。20～30天后即可生根,一个半月后剪下栽植成新株,当年即可开花,多作盆栽种植。

扦插: 扦插一般于3月中下旬进行。选择1年生的粗壮枝条作插穗,插入湿砂床内喷雾保湿,当气温稳定在20℃左右时插后约25天发根,成活率可达70%左右。一个半月左右可移入圃地培育,1年生苗可出圃定植,翌年可开花,第三年可绿化成景。

温度: 炮仗藤不耐寒,在北方地区冬季需移入室内越冬。越冬期间放室内阳光充足处,并应控制浇水,停止施肥,室温保持在10℃以上。

浇水: 浇水要见干见湿,切忌盆内积水。夏季气温高,浇水要充足,同时要向花盆附近地面上洒水,以提高空气湿度。秋季开始进入花芽分化期,浇水需适当减少,以便控制营养生长,促使花芽分化。

施肥: 炮仗藤生产快、开花多、花期又长,因此肥水要足,生长期间每月需施1次追肥,追肥宜用腐熟稀薄的豆饼水或复合化肥,促使其枝繁叶茂,开花满枝头。炮仗藤施肥应以磷肥为主,开花季节每半月左右施1次氮磷结合的稀薄液肥,以利开花和植株生长。

支架: 炮仗藤苗长高70厘米左右时,需要设棚架,将其枝条牵引上架,随势造型。

摘心: 当炮仗藤苗高约70厘米时,须进行摘心,促进侧枝萌发,利于多花。

修剪: 待枝条在支架攀援伸展到一定高度时,随时修剪掉已经开过花的枝条,来年不再开花,而新生长的枝条要孕蕾,因此对一些老枝、弱枝等要及时剪除,以免消耗养分,影响第二年开花。

植物文化

花语:好日子,红红火火。

86

麦 冬

· 物种简介

　　麦冬（*Ophiopogon japonicus*）是百合科沿阶草属草本植物。麦冬块根是名贵的中草药，是农民种植的一种高效经济作物，也是中国常用中药材，广泛用于中医临床，为多种中成药及保健食品原料。麦冬有常绿、耐阴、耐寒、耐旱、抗病虫害等多种优良性状，园林绿化方面应用前景广阔。银边麦冬、金边阔叶麦冬、黑麦冬等具极佳的观赏价值，既可以用来进行室外绿化，又是不可多得的室内盆栽观赏佳品，其开发利用的潜力巨大。国外已培育开发了很多观赏麦冬品种。

分布范围

　　麦冬产于广东、广西、福建、台湾、浙江、江苏、江西、湖南、湖北、四川、云南、贵州、安徽、河南、陕西和河北，生于海拔 2 000 米以下的山坡阴湿处、林下或溪旁；日本、越南、印度也有分布。

形态特征

　　根较粗，中间或近末端常膨大成椭圆形或纺锤形的小块根；小块根长 1～1.5 厘米，宽 5～10 毫米，淡褐黄色；地下走茎细长，直径 1～2 毫米，节上具膜质的鞘。茎很短，叶基生成丛，禾叶状，长 10～50 厘米，宽 1.5～3.5 毫米，边缘具细锯齿。花葶长6～27 厘米，总状花序长 2～5 厘米，具几朵至十几朵花；花单生或成对着生于苞片腋内；苞片披针形，先端渐尖，最下面的长可达 7～8 毫米；花被片常稍下垂而不展开，披针形，长约 5 毫米，白色或淡紫色；花药三角状披针形，长 2.5～3 毫米；花柱长约 4 毫米，较粗，宽约 1 毫米，基部宽阔，向上渐狭。种子球形，直径 7～8 毫米。花期 5—8 月，果期 8—9 月。

生长习性

喜温暖湿润、降雨充沛的气候条件，耐寒，耐阴，忌强光和高温。

药用价值

麦冬含沿阶草苷、甾体皂苷、生物碱、谷甾醇、葡萄糖、氨基酸、维生素等，具有抗疲劳、清除自由基、提高细胞免疫功能以及降血糖的作用，有镇静、催眠、抗心肌缺血、抗心律失常、抗肿瘤等功效，尤其对增进老年人健康具有多方面功效。麦冬还有促进胰岛细胞功能恢复、增加肝糖原、降低血糖的作用。麦冬可代茶饮，取适量麦冬，开水浸泡，每天多服几次，能有效缓解口干渴症状，搭配一点党参，更能起到补气的作用。研究表明，麦冬还能改善心肌收缩力，对心肌细胞具有保护作用，由它作为主要成分的生脉散药剂，在一定程度上能达到"生脉"或"复脉"的效果。

栽培技术

土壤：麦冬喜肥沃的砂质土壤。种植前，需要深耕细耙，清除土中的石子、杂草等。然后将犁耙过的田地放置几天，使其充分晒干（如果潮湿，容易导致根部受损），然后施加基肥，每 667 平方米施用 2 500～3 000 千克的干粪，或者 1 500～2 000 千克的腐熟堆肥（包括草皮、草木灰和渣滓粪）。此时再进行一次犁地，平耙后即可准备下种。

分株：麦冬通常采用分株法繁殖。在清明后，将麦冬挖出，摘掉块根，选择颜色深绿、健壮的苗子，切去须根，直至露出根蔸的白心，作为种子。

种植：栽种时必须选择晴天，每亩地约种植 600 千克苗子。开沟深度为 3.5 厘米，过深会压倒幼苗，过浅苗易倒伏。行距为 7～12 厘米，株距为 7～9 厘米，每个穴内栽种 3～5 株。

浇水：麦冬需要充足的水分。一定要浇透定植水，确保土壤与苗蔸充分结合，迅速生长幼根。足够的水分能够让它更加旺盛，颜色也会更加浓绿。特别在春季更要勤浇水，因为这个时候正是新芽生长的时候，如果水分跟不上，影响植株生长。

施肥：正常的生长离不开施肥，一般一年施 3 次氮磷钾肥，每隔一个月施一次有机肥，可以用腐熟的豆饼或是牲畜的粪肥。

修剪：修剪不宜过重，一般在春季进行。剪掉老枝老叶，有利于新枝的萌发，生长会更加旺盛。

采收：麦冬于栽后第 2 年或第 3 年的 4 月上中旬收获。选晴天先用犁翻耕土壤 25 厘米，使麦冬翻出，抖去泥土，切下块根和须根，分别放于箩筐内，置流水中用脚踩搓淘净泥砂。

晾晒：将洗净的麦冬摊放在晒席或晒场上曝晒，干后再用手轻轻揉搓，再出晒，如此反复几次，直至搓掉须根，用筛子筛去杂质。

烘干：若遇阴雨天，可用 40 ℃～50 ℃文火烘 10～20 小时，取出放几天，再烘至全干，筛去杂质即成商品。一般亩产干麦冬 150 千克左右，高产时可达 250 千克。麦冬以粒大而长、形似棱状、肉实色黄白者为佳。

植物文化

花语：麦冬花语为勇敢、公平、无畏、不求回报、一心向善。

87

红 蓼

· 物种简介 ·

红蓼（*Persicaria orientalis*）是蓼科蓼属的一年生草本植物。株高达 2 米；穗状花序，微下垂，数个花序组成圆锥状；粉红色花序娇艳动人，可用于美化庭院。

分布范围

除西藏外，红蓼广布于全国各地，野生或栽培，生于海拔 30～2 700 米沟边湿地、村边路旁；朝鲜、日本、俄罗斯、菲律宾、印度、欧洲和大洋洲也有分布。

形态特征

一年生草本。茎直立，粗壮，高 1～2 米，上部多分枝。叶宽卵形、宽椭圆形或卵状披针形，长 10～20 厘米，宽 5～12 厘米。总状花序呈穗状，顶生或腋生，长 3～7 厘米，花紧密，微下垂，通常数个再组成圆锥状；苞片宽漏斗状，长 3～5 毫米，草质，绿色，每苞内具 3～5 花；花被 5 深裂，淡红色或白色；花被片椭圆形，长 3～4 毫米；雄蕊 7，比花被长；花盘明显；花柱 2，中下部合生，比花被长，柱头头状。瘦果近圆形，双凹，直径长 3～3.5 毫米，黑褐色，有光泽，包于宿存花被内。花期 6—9 月，果期 8—10 月。

生长习性

喜温暖湿润、光照充足的环境，生长适温 16 ℃～26 ℃。适应性很强，对土壤要求不严，喜肥沃、湿润、疏松的土壤，但也能耐瘠薄。红蓼喜水又耐干旱，常成片生长于山

谷、路旁、田埂、草地及河滩湿地。

药用价值

全株可入药，具有祛风除湿、清热解毒、活血、截疟等功效。主治风湿痹痛、痢疾、腹泻、吐泻转筋、水肿、脚气、痈疮疔疖、蛇虫咬伤、小儿疳积疝气、跌打损伤、疟疾等症。果实入药，有活血、止痛、消积、利尿功效。

栽培技术

土壤：红蓼喜肥，要求土壤肥沃、排水良好。最好选用富含有机质的种植基质，或施入适量有机肥，以确保种植后有较高产量。

播种：将种子去皮、阴干，然后贮存于密闭干燥处。育苗春季3月开始播种育苗。播种前，先深翻地，然后将地平整好。按行、株距为30～35厘米开穴，深约7厘米，每穴播种10粒左右，覆盖2～3厘米厚的细土。播后施人畜粪水，盖上草木灰或细土约1厘米。以后每周喷洒透水1～2次。

间苗：出苗后及时间苗，保持株距30厘米左右。当红蓼幼苗长出2～3片真叶时，应及时匀苗、补苗，每穴有苗2～3株。

光照：喜光，充足的阳光能使红蓼生长得更健壮，植株的颜色也会更鲜艳，观赏价值会达到最高。如果光照不足，除颜色不够艳丽之外，株型也不好，长势矮小。

温度：红蓼适应能力强，在南方冬季完全可以在室外过冬。适生长温度是18 ℃～28 ℃，温暖的环境能够使它生长更旺盛。

浇水：红蓼喜水，是半水生植物，水分是其生长过程中非常必要的。

追肥：红蓼喜肥，2～3周内，每天喷施两次有机肥料，如鱼肥、牛肥等，可以促进它的生长发育。每个月还应该进行1次有机肥料的施用。

中耕：生长期要中耕除草，至6月再进行1次中耕除草。

采种：每年于秋季9—10月，当红蓼的种子成熟时，割取果穗，晒干，打下果实，除去杂质，置干燥处贮存。

采秧：当红蓼于晚秋经霜后，采割茎叶，洗净。茎切成小段，晒干；叶置通风处阴干。

植物
文化

花语：红蓼的花语是立志、思念、离别。

88

黄 芩

·物种简介·　　　黄芩(*Scutellaria baicalensis*)为唇形科黄芩属多年生草本植物。《本草纲目》记载黄芩味苦、性平、无毒，主治诸热、黄疸、去水肿、恶疮、火疡等疾病。随着中药现代化的发展，黄芩中药用活性成分日渐受到重视，临床上对黄芩药材的需求量逐年上升，导致其野生资源遭到严重破坏。

分布范围

黄芩产于黑龙江、辽宁、内蒙古、河北、河南、甘肃、陕西、山西、山东、四川等地，生于海拔 60～2 000 米向阳草坡地、休荒地上；俄罗斯西伯利亚、蒙古国、朝鲜、日本均有分布。

形态特征

多年生草本；根茎肥厚，肉质，径达 2 厘米，伸长而分枝。高 15～120 厘米，茎基部伏地，基部径 2.5～3 毫米，钝四棱形，具细条纹，绿色或带紫色，自基部多分枝。叶坚纸质，披针形至线状披针形，长 1.5～4.5 厘米，宽 0.3～1.2 厘米，顶端钝，基部圆形，全缘。花序在茎及枝上顶生，总状，长 7～15 厘米，常于茎顶聚成圆锥花序。花盘环状，子房褐色。小坚果卵球形黑褐色。花期 7—8 月，果期 8—9 月。

⚙ 生长习性

黄芩喜阳、喜温,耐旱、抗严寒能力较强;对土壤要求不严,中性或微酸性均可,在含有一定腐殖质层的砂质土中生长良好。

✐ 药用价值

黄芩具有泻实火,除湿热、止血、安胎等功效。主治壮热烦渴、肺热咳嗽、湿热泻痢、黄疸、热淋、吐、衄、崩、漏、目赤肿痛、胎动不安、痈肿疔疮等。

🌱 栽培技术

土壤:选择排水良好、阳光充足、土层深厚、肥沃的砂质土壤为宜。种植之前,每亩施用腐熟厩肥 2 000～2 500 千克作基肥,深耕细耙,平整做畦。

播种:一般采用直播,因种子细小,出苗较困难。春播宜在 3—4 月,无灌溉条件的地方,应于雨季播种。一般采用条播,按行距 25～30 厘米,开 2～3 厘米深的浅沟,将种子均匀播入沟内,覆土约 1 厘米厚,播后轻轻镇压,每亩播种量 0.50～1 千克。因种子小,为避免播种不均匀,播种时可掺 5～10 倍细砂拌习后播种。播后及时浇水,经常保持表土湿润,大约 15 天即可出苗。

间苗:采取种子直播时,当幼苗长到 4 厘米高时要间去过密和瘦弱的小苗,间苗宜早不宜晚,过晚会影响幼苗生长发育。

定苗:当苗高达 8～10 厘米时,应按株距 15～20 厘米定苗。定苗时,如有缺苗处应及时补苗。

中耕:幼苗出土后,应及时中耕松土除草,并结合松土向幼苗四周适当培土,保持疏松、无杂草,一年需要除草 3～4 次。

浇水:黄芩耐旱怕涝,雨季需注意排水,田间不可积水,否则易烂根。遇严重干旱时或追肥后,可适当浇水。

施肥:苗高 10～15 厘米时,追肥 1 次,施用量为每亩用人畜粪水 1 500～2 000 千克。6 月底—7 月初,每亩追施过磷酸钙 20 千克、尿素 5 千克,行间开沟施肥,覆土后浇水。翌年收获的黄芩,待植株枯萎后,于行间开沟每亩追施腐熟厩肥 2 000 千克、过磷酸钙 20 千克、尿素 5 千克、草木灰 150 千克,然后覆土盖平。

摘蕾:不收种子的田间,在植株现蕾时应将花蕾摘掉,使养分集中供应根部,促使根部生长发育,提高产量。

收获:栽培 1 年的黄芩虽可收获,但产品质量差,不符合用药要求。一般栽培 2 年后收获为好,这样的黄芩产量、质量均高。于秋末茎叶枯萎后或春解冻后、萌芽前采挖,因根长得深，要深挖，防止断根。

加工：黄芩根挖出后，抖去泥土，剪去茎叶，晒至半干，撞去外皮，再迅速晒干或烘干。晒干时要避免阳光太强，日晒过度根部发红，影响质量。注意防止雨淋，受雨淋后黄芩的根先变绿后变黑，会影响质量。也可切片后再晒干，但不可用水洗，也不可趁鲜切片，否则在破皮处会变绿色。成品以坚实无孔洞、内部呈鲜黄色为佳品。一般 3～4千克鲜根可加工成 1 千克干货。亩产干货 200～300 千克，高者可达 380 千克以上。

89

玉 竹

·物种简介·

玉竹（*Polygonatum odoratum*）是百合科黄精属多年生草本植物。玉竹在中国有着长达 2 000 年的药用历史。用于治疗热病口咽干燥、干咳少痰、心烦心悸、糖尿病等。玉竹是贸易量较大的重要药材之一。玉竹不仅药食兼用，还是很好的园林地被植物。其叶色浓绿，花朵淡雅别致，常成片生长，对地面覆盖效果极佳，目前在城市园林绿化中有零星的利用。玉竹对铅、镉等重金属元素有一定的耐受性，其根部对铅元素的吸收能力大于其叶片和茎，因此也可将玉竹当作生态修复植物来应用。

📍 分布范围

玉竹产于黑龙江、吉林、辽宁、河北、山西、内蒙古、甘肃、青海、山东、河南、湖北、湖南、安徽、江西、江苏、台湾，生于海拔 500～3 000 米林下或山野阴坡；欧亚大陆温带广布。

✳ 形态特征

根状茎圆柱形，直径 5～14 毫米。茎高 20～50 厘米。叶互生，椭圆形至卵状矩圆形，长 5～12 厘米，宽 3～16 厘米。花序具 1～4 花，总花梗（单花时为花梗）长 1～1.5 厘米，无苞片或有条状披针形苞片；花被黄绿色至白色，全长 13～20 毫米，花被筒较直，裂片长约3～4毫米。浆果蓝黑色,直径7～10毫米,具7～9颗种子。花期5—6月,果期7—9月。

生长习性

玉竹喜凉爽、潮湿和隐蔽的环境,不耐高温、强光和干旱,多生于林下、灌木丛或阴坡草地。

药用价值

玉竹中含有大量活性物质,如玉竹多糖、铃兰苷、糖蛋白、皂苷、黄酮类、生物碱类等成分。其中玉竹多糖是最重要的活性物质之一,也是目前玉竹活性物质研究最多的一种,具有扩张冠脉、降血脂、抗氧化、降血糖、增强免疫力等功效。根茎部分入药,药材以表面黄白色至淡黄色、断面黄白色、半透明、质地柔软、味微甜者为佳。用于治疗燥热咳嗽、津伤口渴、阴虚外感、头痛身热、口咽干燥、干咳少痰、心烦心悸、糖尿病等。

栽培技术

整地:玉竹抗逆性强、适应性广,对栽植地的要求并不苛刻,山地、疏林地、果园、农田地皆可栽植。土质宜选黄沙腐殖土、黑砂腐殖土或砂质土壤,土层厚度宜大于25厘米。农田地有机质含量宜大于1.2%,山地、疏林地、果园有机质含量宜大于3.5%,土壤pH5.5～7.0。地势要求坡度小于20°,坡向以半阴半阳为佳,地形地势宜选排灌方便为准。疏林地以阔叶或混交林为主,果园以大棵木本为宜。山地、疏林地、果园采取免耕法整地,首先清除石块及小灌木。农田地每亩撒施优质腐熟有机肥3 000千克,翻耕作床,床宽1.2～1.3米,高15～20厘米,步道沟宽30厘米左右。

栽植:玉竹春、夏、秋均可栽植,但以秋季至上冻前为最佳宜栽期。栽植方式分为条栽和穴栽,开沟或穴深8～10厘米,覆土4厘米左右厚,条栽株距15厘米、行距30厘米;穴栽按穴行距30厘米×30厘米至40厘米×40厘米,穴与穴应犬牙交错,每穴放置3～4个种栽。农田地采用条栽,山地、疏林地、果园条栽或穴栽。

浇水:春季如遇持续干旱,须进行浇水。夏季连雨天防止雨水冲刷使地下根茎露出地面,及时清理疏通排水沟,防止积水沤根死苗。

追肥:一般每年追2次肥,农田地春季出苗前亩泼浇腐熟粪尿液1 000千克左右,秋季亩覆盖1 000千克左右有机肥。其他类型的栽植地视生产者条件选择是否追肥。

除草:农田地栽植出苗后中耕浅除,此后宜采用化学除草,可亩用96%异丙甲草胺90毫升+15%噻吩磺隆10克兑水20千克,在春季苗未出土前进行床面封闭处理。

采收：在立秋季节用机械和人工挖掘采收，首先割除茎秆，然后开始挖根，要注意挖取深度，太浅易伤及根茎，出现断根破损现象，影响玉竹品质，挖取深度要控制在25厘米左右。采用机械挖取要注意翻土朝一个方向倒茬，有利于玉竹肉质根不被挖土掩埋，并有利于把玉竹肉质根茎暴露在外以方便捡取。

加工：将收获的根茎去叶、去土，去掉须根，洗净晾晒，每晒半天搓揉1次，反复几次至茎内无硬心为止，或蒸透后，揉至半透明，最后晒干包装。

90

人 参

·物种简介·　　人参(*Panax ginseng*)是五加科人参属多年生草本植物。人参是珍贵的药用植物,现代医学认为,人参对神经系统、心血管系统、内分泌系统、消化系统、生殖系统、呼吸系统及外科使用等都有明显的作用,被中国历代医书誉为"百草之王"。

📍 分布范围

人参产于辽宁、吉林和黑龙江,生于海拔数百米的落叶阔叶林或针叶阔叶混交林下;俄罗斯、朝鲜也有分布。

✳ 形态特征

多年生草本;根状茎(芦头)短,直立或斜上。主根肥大,纺锤形或圆柱形。地上茎单生,高30～60厘米,有纵纹,无毛,基部有宿存鳞片。叶为掌状复叶,3～6枚轮生茎顶,幼株的叶数较少;叶柄长3～8厘米,有纵纹,无毛,基部无托叶;小叶片3～5,幼株常为3,薄膜质,中央小叶片椭圆形至长圆状椭圆形,长8～12厘米,宽3～5厘米,最外一对侧生小叶片卵形或菱状卵形,长2～4厘米,宽1.5～3厘米,先端长渐尖,基部阔楔形,下延,边缘有锯齿,齿有刺尖,上面散生少数刚毛,刚毛长约1毫米,下面无毛,侧脉5～6对,两面明显,网脉不明显;小叶柄长0.5～2.5厘米,侧生者较短。伞形花序单个顶生,直径约1.5厘米,有花30～50朵,稀5～6朵;总花梗通常较叶长,长

15～30厘米,有纵纹;花梗丝状,长0.8～1.5厘米;花淡黄绿色;萼无毛,边缘有5个三角形小齿;花瓣5,卵状三角形;雄蕊5,花丝短;子房2室;花柱2,离生。果实扁球形,鲜红色,长4～5毫米,宽6～7毫米。种子肾形,乳白色。

生长习性

喜疏松、透气、排水性好、肥沃的砂质土壤;喜阴凉、湿润的气候;耐低温,忌强光直射,喜散射弱光。

药用价值

现代医学认为,人参对神经系统、心血管系统、内分泌系统、消化系统、生殖系统、呼吸系统及外科使用等都有明显的作用。人参的肉质根为强壮滋补药,适用于调整血压、恢复心脏功能、神经衰弱及身体虚弱等症,也有祛痰、健胃、利尿、兴奋等功效。人参能调节中枢神经系统,治疗神经衰弱;可以提高人体对癌细胞的抵抗力,改善患者的身体状况,阻止癌细胞转移,延缓肿瘤生长和癌病灶扩大;还能预防抗癌药物引起的白细胞减少症;增强骨体的造血机能。人参的汁、叶、粉末可促使伤口及溃疡迅速愈合。人参膏有消炎、消肿作用。人参还能提高人的视力及对暗环境的适应能力,可以作为暗处作业者提高视力的药物。人参对小儿脊髓灰质炎引起的骨骼肌兴奋性异常也有治疗作用。

栽培技术

土壤:人参对土壤的要求是腐殖丰富、土层深厚、质地疏松、渗水性强、排水良好的沙壤,森林腐殖土最好,中性或微酸性土壤较好,但碱性土壤不宜种植。另外,种植时使用的土壤以黑土为主,使土壤的含水量在75%左右为宜。林下种植人参最好选阔叶林或者天然的次生林,地形最好有坡度,这样可以有效地避免积水。北坡、东南坡以及西北坡比较利于人参的生长,坡度在10°～25°都可以。如果是移栽的人参最好选择腐殖质土层10～15厘米的土壤,下层为黄黏土,中层是活黄土,pH需要控制在4.6～5.8。要在封冻之前至少翻耕一次,在春季解冻之后再次翻耕并施肥。以后保证每两个月翻耕一次,翻耕时要打碎大的土块并且清除杂物,为人参的种植提供一个疏松干净的土壤环境。

选种:选种时,一般选择植株较为粗壮、结籽较多、抗逆性强、无病虫害、长势良好的五年生人参植株的种子。小于5年生人参种子不够饱满;大于5年生人参一般采收加工后出售,不留种子。5年生人参的花序有40～50朵花,种子因花从边缘外侧向内侧依次开放而先后成熟。采种后可挑选成熟、饱满的种子直接播种,但为使人参种子能又快又好、整齐地出苗,一般在人参花期时,人工去除花序内侧和外侧的花,只留中间生长较为整齐的25～30朵花做种,于7月中下旬至8月中上旬参果变为深红色时采收。采收后搓去果皮、果肉,即得人参籽,然后去除杂质,一般以粒大饱满、色白、无病斑的做种。

催芽:人参种子为深度休眠的种子,需对人参种子进行催芽处理。室外催芽人参种子时,以室温水浸泡36～48小时,捞取出人参种子与3倍左右的河砂细土混匀,浇适量水,保持10%～15%的水分,装入催芽的木槽中。将木槽置于背风向阳地挖好的土坑中,木槽四周培土充分,保证木槽内温度和湿度可以保持在所需范围。木槽盖好土后,在上面盖湿草帘或架设阴棚,严防日光曝晒及强雨浇淋。保持温度在20 ℃～25 ℃。如果温度过低,可适时铺上塑料膜;温度过高,可适当增加通风,防止烂种。催芽初期,每4～6天翻动一次,中后期可每10～15天翻动一次,具体翻动时间依据温湿度适时调整,期间喷适量的水。约3个月,种子逐渐裂口,裂口率达到90%以上时,即完成催芽,可进行播种。

消毒:播种之前,人参种子需要进行消毒处理。可用1%的福尔马林液浸泡10分钟,或用波尔多液浸泡15分钟,或用多菌灵500倍液浸泡2小时,或用10%的蒜汁浸泡12小时。消毒后,用清水多次清洗干净即可。

播种:春播在4月中旬—6月上旬播种经催芽的种子。夏播在7—8月播种当年采收或贮藏的种子。干种子播前用清水浸泡24小时。秋播在9月至上冻前播种催芽的种子。可撒播,开沟4厘米深左右,将种子均匀撒入,上覆细土填平,每平方米用种20～25克;可条播,在畦面横向开沟,播幅6厘米,播距10～14厘米,覆土3～4厘米,每平方米用种20～25克;也可点播,按株行距3厘米×3厘米或5厘米×5厘米挖穴,每穴下1～2粒种子,覆土4厘米,每平方米用种15～20克。播后用木板轻轻镇压。夏秋点播应覆盖玉米秸或稻草,再压10～15厘米的细土。

移栽:一般采用两种方法,一是3年生移栽,4年生收获;二是2年生移栽,6年生收获。一般秋天至上冻前移栽。避过高温,又躲过寒流。移栽前半月浇灌参床,移栽时,小心起苗,防止风吹日晒。选无病虫害的健壮参苗,将根形修剪一下,栽前,苗根用1:1:120波尔多液浸泡10分钟,或用50%的多菌灵500倍液浸泡15分钟。勿浸泡到芽。取出稍干,分为大、中、小3种移栽,以方便日后的田间管理。如不同规格参苗混栽,大苗会妨碍小苗生长,造成减产,故不宜混栽。山坡地用拨土板横畦开沟,深6～7厘米,沟底要平,参苗平放沟内,使头朝向下坡方向,根不要弯曲。平地种参与山坡地栽种相似,多采用斜栽,即将参苗倾斜30°～45°栽于土中。株行距及覆土深度,根据移栽年限、参苗大小及土壤肥力而定。

光照：人参喜阴，忌强光直射。栽培时应进行遮阴，调节透光度，利用散射光和折射光，通常情况下在6%～19%透光率环境下生长较好。1～2年生的苗子，参棚透光率在10%～15%为宜；3～4年生的参棚遮光度在15%～20%为宜。

温度：人参怕高温，耐严寒。在人参生长发育期间，以平均气温在15 ℃～20 ℃为宜，温度高于30 ℃或低于10 ℃时，人参处于休眠状态，冬季在-40 ℃的严寒也可安全越冬。人参更新芽在春季地温于10 ℃以上即可萌芽生长，但最怕早春的气温忽高忽低，地表一冻一化现象，易引起冻害和根皮破坏。播种后出苗期要求温度在10 ℃以上，1～2年生的要求稳定在12 ℃以上，生长期最适宜的温度20 ℃～25 ℃，在36 ℃以上的烈日下，叶子焦枯；低于-6 ℃，茎秆会失去生长机能。

水分：人参对水分要求比较严格，既喜水又怕涝。每年的降水量需要达到900～1 300毫米，含水量需要在80%的条件下，适宜的空气湿度要在80%左右。如果说土壤的水分没有达到60%，参根会烧须，如果说土壤的水分达到100%就容易发生烂根。水分管理应控制好两方面，一是地上部参叶层，即参棚的管理，首先避免参棚漏雨，也要防止潲风雨，浇水时尽量避免浇到参叶上。二是参根生长环境的上壤水分管理，床面应始终保持湿润状态，若缺水应及时浇透水，保持床面覆盖。另外，雨季还要注意排水畅通，以免雨水漫灌到畦床或冲打畦床。

施肥：人参喜肥，又怕不腐熟肥。应该多用那些元素均衡的有机肥和无机肥，避免施未腐熟的粪肥。人参施肥主要采取根侧追肥和根外追肥，对于育苗床人参及2年生以下的参不用采取根侧追肥。3年以上生参进行根侧追肥时，可于5月末前开沟施入约0.05千克/平方米的人参复混肥。根外追肥可结合打药喷施0.2%的磷酸二氢钾。

除草：人参地要及时拔除床面和作业道的所有杂草，尤其是1年生参苗小草多，应及时进行人工除草，大草拔出后土松要用手压实。

越冬：农田参地一般地势比较平缓，降水不易排出，水分渗透到参床易造成冻害和病害。因此，必须做好人参越冬防寒工作，在10月中下旬，气温达到0 ℃时，铺上一层5～8厘米的稻草、玉米秸秆、落叶等，在上冻前上面用旧膜覆盖，膜上再用遮阳网或参帘压上。第二年可根据天气撤掉防寒物，一般在4月上中旬撤掉。

采收：人参一般4～6年收获，在9月中旬收获最好，产量高，折干率高，且质量好。

加工：收获的参根要及时加工，堆放时间过长影响商品质量，加工的品种常见有红参、糖参和生晒参。

91

西洋参

· 物种简介 ·

　　西洋参（*Panax quinquefolius*）是五加科人参属的多年生草本植物。西洋参首次发现于蒙特利尔地区大西洋沿岸丛林，因产地而得名，与人参同属而不同种。西洋参中含有一种叫人参皂苷的成分，具有提高人体抵抗力的作用。体质较弱的老年人、有慢性疾病的人以及身患重病的人，时常服用西洋参能够起到一定的增强体质作用，有利于病情的控制和好转。

📍 分布范围

　　西洋参原产加拿大及美国，我国贵州、东北、江苏、山东等地有栽培。

✳ 形态特征

　　多年生草本，高20～50厘米。根由主根、支根、须根、不定根和根茎组成。茎为直立圆柱形，绿色或暗紫绿色。一年生西洋参无茎。两年生西洋参植株，具有2片复叶的，才有明显的茎。一般四至五年生的西洋参，茎高11～25厘米。叶一般为由5片小叶组成的掌状复叶。小叶片为倒卵形或卵形。在掌状复叶中，中间叶片最大，两边叶片次之，最外边的两片叶最小。复叶的多少和大小，随着株龄的增加而逐年增加。一般一年生西洋参植株只有1枚3片小叶的复叶，两年生的有1～2枚对生的5片小叶的复叶，三至五年生的有3～5枚轮生5片小叶的复叶。花从茎顶中心抽出花薹，由许多小花组成伞形花序。小花花萼绿色,为钟状,上有雄蕊 5 枚,雌蕊 1 枚。果实为肾形浆果状小核果,结果初期为绿色,果实成熟时逐渐转为鲜红色或暗红色,有光泽,内含种子1～3 粒,多为 2 粒。种子白色,扁肾脏形,种皮粗糙坚硬,有吸水孔。

⚙ 生长习性

西洋参喜阴湿环境,耐寒,忌强光和高温,宜选土层较厚、排水良好、土质疏松肥沃的微酸性至中性砂质土壤栽种。

⊘ 药用价值

西洋参具有滋阴补气、生津止渴、除烦躁、清虚火、扶正气、抗疲劳的功效。西洋参中含有一种叫人参皂苷的成分,具有提高人体抵抗力的作用。主要功效有强中枢神经系统功能、保护心血管系统、提高免疫力、促进血液活力;长期服用西洋参可以降低血液凝固性、抑制血小板凝聚、抗动脉粥样硬化并促进红细胞生长、增加血色素。西洋参还可以强化心肌及增强心脏之活动能力、强壮中枢神经、安定身心并消除疲劳,有镇静及解酒作用,可增强记忆能力,对阿尔茨海默病症有显著功效。对血压有调整作用,使暂时性或持久性血压下降,抑制动脉硬化并促进红细胞生长,增加血色素的分量。能调节胰岛素分泌,因此对糖尿病有功效。对肝脏有调节副肾上腺素之分泌、促进新陈代谢的作用。还能助消化,对慢性胃病和肠胃衰弱有效。

🌱 栽培技术

土壤:选择土层深厚、排水性好的土壤,在土壤中施入适量的底肥并消毒。

选种:选好种子是关键。可以自己采集,也可以直接购买。采集要等到果实由绿色变成紫色再变成鲜红色时,采集成熟饱满的种子。

播种:西洋参的种子属胚后熟,播种前需要进行处理,可以混合清洁的细砂子,储藏到地下室内,发芽率达 85% 左右即可播种。将种子和砂子混合,然后撒播在土壤中,浇水保持湿润。

育苗:为适应市场需要和节约土地、降低成本及保证生长整齐一致而采用种苗移栽,移栽一般用 1 年生或 2 年生种苗。育苗密度分为 5 厘米×5 厘米和 4 厘米×4 厘米两种,每亩用种量为 14～16 千克和 18～20 千克。采用边起苗边移栽的方式,起参以10 月中下旬至 11 月上旬西洋参地上部分枯萎后为宜,起参时尽可能刨深些,以免损伤参根。并尽力做到边起、边选、边消毒、边移栽,堆放时间长易失水、伤热而影响成活。

移栽:选根系健壮、芽孢饱满、无病虫害的参苗,并根据参苗大小分三个等级移栽。

移栽前需进行消毒处理,一般用50%多菌灵500倍液或65%代森锰锌600倍液浸苗(芦头以下部位)10～20分钟,水沥干后待栽,有很好的病害防效。栽植密度一般一级种苗20厘米×10厘米,二级苗20厘米×8厘米,三级苗20厘米×6厘米。有斜栽和平栽两种方式,平栽将参苗芦头朝一个方向平放在穴内(每穴一根参苗),覆土,芽孢距土表2～3厘米;斜栽将参苗与畦面呈30°～45°角为宜,覆土,使芽孢距土表2～3厘米。

水分:西洋参种植区一般是春旱夏涝秋干,所以在少雨雪而干旱的年份要喷水,以防芽孢干枯和确保来年春季正常出苗;秋季要适时喷水保根膨大增重;夏季雨水要注意排水防涝保参正常生长,遇旱和高温也要喷水。

肥料:西洋参属多年生宿根植物,必须每年追肥补充。以有机肥为主,采取"控制氮量,增施磷、钾"的施肥技术,叶面喷施和根部追施相结合。出苗前追施复合肥50～100克/平方米;充分腐熟的饼肥50克/平方米。在6—9月份结合打药适当加入氮、磷、钾、硼、锌等,氮、磷、钾,浓度为0.1%。开花前以氮、磷为主,开花后以磷、钾为主。追肥开沟要浅,切忌肥料接触参须,以防肥害。追肥后如畦面干旱应及时浇水。

遮阴:西洋参属典型的喜阴植物,怕强光,忌直射光,因此栽种期间应遮光。4月初开始架棚,棚架的形式主要是拱形棚,在畦面上用螺纹钢筋弯成拱形,拱高1.5米左右,上面覆盖西洋参专用膜和遮阳网。当西洋参出齐苗后,及时揭掉地膜。

中耕:出苗后及时进行中耕除草,保持土壤疏松,以利于通风透光和保持水分。1～3年生参田杂草要人工拔除。

消毒:3月底至4月初撤去畦面防风物后,除去杂叶,全田喷1%硫酸铜消毒杀菌,但药液不得渗沾到芽孢和参根上,以免造成伤害和影响出苗。

摘蕾:适时摘除花蕾可促进参根生长,提高西洋参产量。对于不需要留种的西洋参,可在开花前摘除花蕾,促进参根生长。一般栽培1～3年的西洋参都应该摘除花蕾。如果要留种,对生长3年以上的西洋参,在开花结果时要及时进行打蕾,打去中央部分的花,以增加种子的饱满度。

防寒:西洋参在11月下旬土壤上冻前要覆盖3～5厘米厚的麦草或稻草以保墒防冻。地边、畦边要加厚些,为防风刮草可以在草上压盖尼龙网、遮阴网或少量土。

收获:西洋参没有明显的成熟期,一般生长4～5年即可收获。收获一般在深秋进行。采收时去掉地上茎,切勿伤及参根。刨下的参根要及时去除泥土、杂质、须根,然后洗净,利用热风炉进行干燥或者直接出售鲜参。

92
丹 参

·物种简介·

丹参(*Salvia miltiorrhiza*)是唇形科鼠尾草属多年生直立草本植物。因其根皮赤红,形状似参,故名"丹参"。

📍 分布范围

丹参产于河北、山西、陕西、山东、河南、江苏、浙江、安徽、江西及湖南,生于海拔120～1 300米山坡、林下草丛或溪谷旁;日本也有分布。

✳ 形态特征

多年生直立草本;根肥厚,肉质,外面朱红色,内面白色,长5～15厘米,直径4～14毫米,疏生支根。茎直立,高40～80厘米,四棱形,多分枝。叶常为奇数羽状复叶,叶柄长1.3～7.5厘米,小叶3～7,长1.5～8厘米,宽1～4厘米,卵圆形或椭圆状卵圆形或宽披针形。轮伞花序6花或多花,组成长4.5～17厘米具长梗的顶生或腋生总状花序;苞片披针形,先端渐尖,基部楔形,全缘。花萼钟形,带紫色,长约1.1厘米。花冠紫蓝色,长2～2.7厘米;花盘前方稍膨大。小坚果黑色,椭圆形,长约3.2厘米,直径1.5毫米。花期4——8月,花后见果。

⚙ 生长习性

丹参喜温和湿润、光照充足、土壤肥沃的环境。生育期若光照不足、气温较低,则幼苗生长慢,植株发育不良。在年平均气温为 17.1 ℃,平均相对湿度为 77% 的条件下,生长发育良好。适宜在肥沃的砂质土壤上生长,对土壤酸碱度要求不高,中性、微酸及微碱性土壤均可种植。

⊙ 药用价值

根入药,含丹参酮,具有活血散瘀、消肿止血、消炎止痛、调经止痛、扩张冠状动脉、改善心肌缺血状况、降低血压、安神静心、降血糖和抗菌等功效,对月经不调、经闭痛经、血行不畅、跌打损伤、疮疡肿痛、心烦失眠、心绞痛等症有一定的疗效。

🌱 栽培技术

土壤:种植丹参宜选择甘薯、玉米及花生等作物为前茬,前茬收获后进行整地,耕地深度应在 30 厘米以上,结合整地施基肥,每亩施堆肥或厩肥 2 000 千克左右,耙细整平,做成高畦或平畦,畦宽 1.3 米。

分根:一般在 11 月收获时选种栽植。按行距 30～45 厘米、株距 25～30 厘米穴栽,穴深 3～4 厘米,每亩施粪肥 1 500～2 000 千克。将选好的根条折成 4～6 厘米长的根段,边折边栽,根条向上,每穴栽 1～2 段。栽后随即覆土 1.5 厘米左右。木质化的母根萌发力差,产量低,不宜作种栽。分根要注意防冻,覆草保暖。

扦插:一般在春季进行。按行距 20 厘米、株距 10 厘米开浅沟。取丹参地上茎,剪成 10～15 厘米的小段,剪除下部叶片,上部叶片剪去 1/2 作插条,然后将插条顺沟斜插,埋土 6 厘米。扦插后及时浇水、遮阴。再生根长至 3 厘米左右时,进行移栽。

播种:北方地区于 4 月中旬播种,可采用条播或穴播。穴播行株距同分根繁殖,每穴播种子 5～10 粒。条播保持沟深 1 厘米左右,覆土 0.6～1 厘米,亩播种量 0.5 千克左右。如遇干旱,则播种前应先浇透水再播种。播后半个月左右出苗,一般在幼苗开始出土时,进行检查,发现土壤板结或覆土较厚而影响出苗时,要及时将覆土扒开,促使出苗。苗高 6 厘米时进行间苗定苗。

光照:丹参对光照要求较高,至少需要每天 6 小时直射日光,否则会影响其生长和发育。充足的光照能使丹参生长健壮,最好是每天 12 小时以上的自然阳光或人工光源。

温度:丹参的生长适温为 15 ℃～28 ℃,最佳生长温度为 20 ℃～23 ℃。

水分:出苗期及幼苗期如土壤干旱,要及时浇水。雨季注意排水,疏通排水沟。

肥料:生育期结合中耕除草,追肥 2～3 次,每亩用腐熟粪肥 1 000～2 000 千克、过磷酸钙 10～15 千克或饼肥 25～50 千克。

除草:生育期中耕除草 3 次,第 1 次于 5 月,当苗高 10～12 厘米时进行,第 2 次于

6月进行,第3次于8月进行。

摘蕾:除留作种子的植株外,必须分期及时摘除花蕾,以利根部生长。

采收:丹参生长次年即可采集药材。采收时间为12月地上部枯萎或翌年春萌发前采挖。选晴天较干燥时采挖,先割去植株地上部分,采挖时刨松根际土壤,挖出全株,剪去残茎、芦头,抖去泥土。一般亩产250～300千克,高产可达400千克。

加工:采挖后在阳光下晒至7～8成干时,除去根上附着的泥土,集中堆捂"发汗",每堆500～1 000千克,堆捂4～5天后,再晾堆1～2天。晾堆时,从堆的中间扒个洞,晾堆后将边缘四周的根条往堆的空洞中堆放,使堆内"发汗"均匀,然后加盖草席继续堆闷,至根条内芯由白色转紫黑色时,摊晒至全干。装入竹篓内,轻轻摆动,使其相互撞擦,除去根条上附着的泥土及未去掉的须根即成。如需条丹参,可将直径0.8厘米以上的根条在母根处切下,顺条理齐,曝晒,不时翻动,七八成干时,扎成小把,再曝晒至干,装箱即成"条丹参"。如不分粗细。晒干去杂后装入麻袋则称"统丹参"。

93

翠 雀

· 物种简介 ·

翠雀(*Delphinium grandiflorum*)是毛茛科翠雀属多年生草本植物。因其蓝色的花似展翅飞翔的小鸟,故得名翠雀,又名"飞燕草"。是珍贵的蓝色花卉资源,有很高的观赏价值,欧洲一些国家早在17世纪就已开始园艺化栽培,并广泛用于庭院绿化美化、盆栽观赏和切花生产。

分布范围

翠雀产于云南、四川、山西、河北、内蒙古、辽宁、吉林及黑龙江,生于海拔500～2 800米山地草坡或丘陵砂地;俄罗斯西伯利亚、蒙古也有分布。

形态特征

茎高35～65厘米,与叶柄均被反曲而贴伏的短柔毛,上部有时变无毛,等距地生叶,分枝。基生叶和茎下部叶有长柄;叶片圆五角形,长2.2～6厘米,宽4～8.5厘米,三全裂,中央全裂片近菱形,一至二回三裂近中脉,小裂片线状披针形至线形,宽0.6～3.5毫米,边缘干时稍反卷,侧全裂片扇形,不等二深裂近基部,两面疏被短柔毛或近无毛;叶柄长为叶片的3～4倍,基部具短鞘。总状花序有3～15花;下部苞片叶状,其他苞片线形;花梗长1.5～3.8厘米,与轴密被贴伏的白色短柔毛;小苞片生花梗中部或上部,线形或丝形,长3.5～7毫米;萼片5,紫蓝色,椭圆形或宽椭圆形,长1.2～1.8

厘米,外面有短柔毛,距钻形,长1.7~2.3厘米,直或末端稍向下弯曲;花瓣蓝色,无毛,顶端圆形;退化雄蕊蓝色,瓣片近圆形或宽倒卵形,顶端全缘或微凹,腹面中央有黄色髯毛;雄蕊无毛;心皮3,子房密被贴伏的短柔毛。蓇葖果,长1.4~1.9厘米;种子倒卵状四面体形,长约2毫米,沿棱有翅。5—10月开花。

生长习性

喜凉爽通风、日照充足的干燥环境和排水通畅的砂质土壤。耐旱植物,喜光植物。阳性,耐半阴,性强健,耐干旱,耐寒,喜冷凉气候,忌炎热。

药用价值

翠雀有毒,有杀虫功能。块根药用,有清热解毒、消肿止痛、利尿等功效,主治乳腺炎、扁桃体炎痛肿、小便不利等症状。含漱可治疗风热牙痛,全草外用于疥癣,种子用于哮喘。

栽培技术

整地:应选择地势较高、阳光充足的地方。在整地时将地面做成一个稍有坡度的斜面,以利于排水,防止下雨或灌溉时畦内有积水对其生长造成不良影响。整地时需深翻,使土壤疏松、透气。

播种:一般在3—4月进行,发芽适温15 ℃左右。秋播在8月下旬至9月上旬,先播入露地苗床,入冬前进入冷床或冷室越冬,春暖定植。南方早春露地直播,间苗保持25~50厘米株距。

定植:北方一般先育苗,2~4片真叶时移植,4~7片真叶时进行定植。

浇水:翠雀耐旱、忌水涝,浇水时应一次性浇透,避免土壤过分干燥,但不能积水;在花期内要适当多浇水,保持土壤湿润,可延长观花期;避免中午浇水,以免造成植株萎蔫。雨天注意排水。

施肥:栽前施足基肥,追肥以氮肥为主。不同物候期追肥。翠雀定植前需施有机肥并加入适量复合肥作为基肥;营养生长盛期追加氮肥,此时翠雀植株生长迅速,及时补充营养可以使叶大而浓绿;花期及时补充磷肥和钾肥,可以增加开花数量并延长花期,从而提高翠雀的观赏价值。

支架:老龄植株生长势衰弱,2~3年需移栽一次。植株高大,易倒伏或弯曲,需支撑固定。

遮阴:翠雀忌炎热,应避免在阳光下曝晒,在夏季高温时小面积栽植可搭建阴棚,或者种植于高大乔木下方。

中耕：及时中耕除草松土，使翠雀生长健壮，提高其观赏品质。

采收：全草采收一般在7—8月进行，切段，晒干。

植物
文化

花语：清静、轻盈、正义、自由。

94

益母草

· 物种简介 ·

益母草（*Leonurus japonicus*）是唇形科益母草属一年生或二年生草本。因其妇科多用，故有"益母"之名。

分布范围

益母草产全国各地，生长于多种生境，尤以阳处为多，海拔可高达 3 400 米；俄罗斯、朝鲜、日本、热带亚洲、非洲以及美洲各地均有分布。

形态特征

一年生或二年生草本，有于其上密生须根的主根。茎直立，通常高 30～120 厘米，钝四棱形，多分枝。叶轮廓变化很大，茎下部叶轮廓为卵形，基部宽楔形，掌状 3 裂，裂片呈长圆状菱形至卵圆形，通常长 2.5～6 厘米，宽 1.5～4 厘米；茎中部叶轮廓为菱形，较小，通常分裂成 3 个或多个长圆状线形的裂片；花序最上部的苞叶近于无柄，线形或线状披针形，长 3～12 厘米，宽 2～8 毫米，全缘或具稀少牙齿。轮伞花序腋生，具 8～15 花，圆球形，径 2～2.5 厘米，组成长穗状花序；花梗无。花萼管状钟形，长 6～8 毫米，花冠粉红至淡紫红色，长 1～1.2 厘米；花盘平顶。子房褐色。小坚果长圆状三棱形，长 2.5 毫米，淡褐色。花期通常在 6—9 月，果期 9—10 月。

生长习性

益母草喜温暖湿润气候,对土壤要求不严,但以向阳、肥沃、排水良好的砂质土壤栽培为宜。在阳光充足的条件下生长良好,生长适温 22 ℃～30 ℃。

药用价值

益母草有活血祛瘀、调经消水之功效。主治妇女月经不调、胎漏难产、胞衣不下、产后血瘀血腹痛、崩中漏下、尿血、泻血、痈肿疮疡。益母草内服可使血管扩张而使血压下降,可治动脉硬化性和神经性的高血压,又能增加子宫运动的频度,为产后促进子宫收缩药,并对长期子宫出血而引起衰弱者有效,广泛用于治妇女闭经、痛经、月经不调、产后出血过多、恶露不尽、产后子宫收缩不全、胎动不安、子宫脱垂及赤白带下等症。近年来益母草用于肾炎水肿、尿血、便血、牙龈肿痛、乳腺炎、丹毒、痈肿疔疮均有效。嫩苗入药称童子益母草,功用同益母草,并有补血作用。花治贫血体弱。籽称茺蔚、三角胡麻、小胡麻,有利尿、治眼疾之效,可用于治肾炎水肿及子宫脱垂。

栽培技术

整地:益母草喜温暖潮湿环境,宜选向阳、肥沃疏松、排水良好的砂质土壤。播种前深翻 25～30 厘米,亩施堆肥或厩肥 2 000 千克,耙细整平,做 1.3 米宽的高畦或平畦,四周开好排水沟,以利排水。

播种:生产上多用直播。秋播品种一般于 9—10 月播种;春播于 2 月下旬至 3 月下旬播种;夏播于 6 月下旬至 7 月播种。可一年两熟,即春播种者于 6—7 月收获,随即整地播种,即可于当年 10—11 月收获。播种前将种子用火灰或细土拌匀,再适量用粪水拌湿,称为“种子灰”,以便播种。点播按 25 厘米×25 厘米开穴,穴深 3～5 厘米,每穴施入粪水 0.5～1 千克,将种子灰播入穴内,尽量使种子灰散开,不能丢成一团。点播亩用种子 300～400 克。条播者按行距 25 厘米开 5 厘米深的播种沟,沟中施入粪水,将种子灰均匀地播入沟内。条播亩用种子 500 克。

间苗:在苗高 5～7 厘米时进行间苗,除去弱苗、过密苗;苗高 15～17 厘米时定苗,点播者每穴留苗 2～3 株;条播者按株距 10 厘米。定苗时如有缺株,应随即补植,每亩 3～4 万株适宜。

水分:播种后应及时浇水,保持土壤湿润,以免干旱枯苗;雨后及时疏沟排水,以免苗溺死或黄化。

施肥:结合中耕除草进行,肥料以氮肥为主,有机肥为好。每次每亩施人畜粪水 1 000～1 500 千克,饼肥 50 千克,尿素 3～5 千克。幼苗期可适量减少尿素用量或不施用，以免"烧苗"。

中耕：适时中耕除草，使地面疏松、无杂草。通常进行 3～4 次。种植密度大，中耕宜浅，除草宜勤。

留种：种子充分成熟后，单独收获。因成熟种子易脱落，于田间初步脱粒后，再运回晒干脱粒，除去杂质，贮藏备用。

采收：益母草以茎细嫩、叶多、色灰绿、带有紫红色花者为佳。种子（茺蔚子）以粒大、饱满者为佳。采收全草以花开 2/3 时采收为宜。选晴天，用镰刀齐地割下地上部分，运回加工。种子在全株花谢、下部果实成熟时采收。

加工：采收时割去益母草的地上部分，去除枯叶杂质，洗净泥土，及时晒干或烘干；不可堆积，以免发酵叶片变黄。拣去杂质，稍回润后切段，晒干即成药材益母草。成熟的益母草种子易脱落，可在田间初步脱粒后，小心将带果实植株堆放 3～4 天，于晒场上晒干脱粒，除去杂质即可。

贮藏：干品益母草稍放置回润后，打捆包装，置通风干燥处。

植物
文化

花语：母爱、幸福家庭。

95

酢浆草

· 物种简介 · 　　酢浆草（*Oxalis corniculata*）是酢浆草科酢浆草属多年生草本植物。酢浆草是较好的地被植物，全草可入药。

📍 分布范围

酢浆草在我国分布较广，生于山坡草池、河谷沿岸、路边、田边、荒地或林下阴湿处等；亚洲温带和亚热带、欧洲、地中海和北美皆有分布。

✳ 形态特征

草本，高 10～35 厘米。根茎稍肥厚。茎细弱，多分枝，直立或匍匐，匍匐茎节上生根。叶基生或茎上互生；托叶小，长圆形或卵形，基部与叶柄合生；小叶 3，无柄，倒心形，长 4～16 毫米，宽 4～22 毫米。花单生或数朵集为伞形花序状，腋生，总花梗淡红色，与叶近等长；花梗长 4～15 毫米，果后延伸；小苞片 2，披针形，长 2.5～4 毫米，膜质；萼片 5，披针形或长圆状披针形，长 3～5 毫米；花瓣 5，黄色，长圆状倒卵形，长 6～8 毫米，宽 4～5 毫米。蒴果长圆柱形，长 1～2.5 厘米，5 棱。种子长卵形，长 1～1.5 毫米，褐色或红棕色。花果期 2—9 月。

⚙ 生长习性

酢浆草喜温暖、湿润的环境，抗旱能力较强，不耐寒。对土壤适应性较强，一般园土均可生长,但以腐殖质丰富的砂质土壤生长旺盛,夏季有短期休眠,夏季炎热地区宜遮半阴。

药用价值

酢浆草全草入药,具有清热利湿、凉血散瘀、解毒消肿的功效,主治湿热泄泻、痢疾、带下、吐血、月经不调、跌打损伤、痈肿疔疮、湿疹、疥癣、痔疮、蛇虫咬伤等症状。酢浆草有较好的抗菌作用,对很多细菌均有抑制作用。

栽培技术

整地:酢浆草喜排水良好的砂质土壤,黏土不利于生长。整地时,施入有机肥,复合肥,细筛,耙平,夯实。酢浆草怕水涝,一定要留足排水口,避免雨季积水。

分株:分株一般在春秋季节进行,此时温湿条件比较适宜,能给植株较好的适应期。选择两年生茁壮母株进行分株,分株成活率高。将母株取出,注意不要弄伤植株根系,然后对叶片进行适当修剪,再小心地将球茎掰开,每个小块茎上至少有 3 个芽点,然后在上面涂抹一些草木灰,将小块茎芽朝上进行栽植,不宜种得太深,深度约为 2 厘米。分株后浇透水,保持阴凉通风湿润,不能立刻施肥,否则容易伤害到植株,大概半个月后可长成新株。

播种:播种育苗一般春季进行。因其种子细小,宜用过筛的培养土于室内盆播,蒙罩薄膜或加盖玻璃保湿,维持 15 ℃～20 ℃的发芽适温,播后约过 2 周即可发芽。苗期应加强水肥管理,夏季给予遮阴,遮光 50%～60%,保持 25 ℃以上的高温,7 天左右即可发芽,且发芽率高,小苗生长较快,耐移植,移植成活率较高。

移栽:酢浆草发芽早,落叶迟,移栽以春初或秋末为宜。不要在盛花期移栽,栽植间距 15 厘米×15 厘米。栽后浇透水,成活容易,发芽即开花,当年就能出效果。

光照:喜充足阳光,能在全日照和半日照条件下生长,春、秋季应充分接受阳光,忌过于荫蔽的环境,否则叶片上的紫色会变淡并显出绿色,同时叶柄也会长得细瘦,造成株形散乱而影响观赏,开花量也会减少。忌强光直射,5—9 月应进行遮阴,遮去光照的50%左右,否则会发生日灼现象,导致叶色变淡并缺乏光泽,甚至叶端卷曲、枯焦。冬季不落叶时需给予充足的阳光。植株的趋光性强,置于阳台、窗台时,应经常调整植株的位置,使其受光均匀。

温度:喜温暖凉爽,生长适宜温度为 16 ℃～22 ℃。不耐寒,在温度低于 10 ℃时植株停止生长,5° 以下时叶片会受寒害,0 ℃时叶片枯萎。但只要地下根状球茎未受冻,翌年 4 月仍能萌发新叶,并恢复正常的生长,长江流域可露地宿根越冬。冬季如要保持叶片正常的状态,应保持 5° 以上的温度。寒冷地区可在入冬前将球根挖出砂藏,至第 2 年春天重新栽种。不耐高温,气温超过 35 ℃时,叶片易卷曲枯黄,生长缓慢并进入休眠,应经常向叶面及周围环境喷水,并采取遮阴与加强通风等措施降低温度。

浇水:以喷灌、滴灌为宜,最好不要漫灌,做到土壤潮而不湿,利于酢浆草的生长。

施肥:生长期每 20 天左右施一次腐熟的稀薄液肥或复合肥,肥液中要氮磷钾营养全面,特别是氮肥含量不宜过高,以免导致植株徒长,叶面上的紫红色减退,影响观赏。

除草:整地时,筛出草根,减少杂草。春季加强管理,使草坪迅速生长,增强与杂草竞争力。要及时清除少量萌发的杂草。通过一年的良好管理,杂草便不再生长。

植物文化

花语:酢浆草的花语为爱国情怀、璀璨的心、坚韧顽强。

96

射 干

· 物种简介 ·

射干(*Belamcanda chinensis*)是鸢尾科射干属多年生草本植物。花形飘逸,观赏价值高,可作园林地被用,具有广阔的推广应用前景,也可作花坛、花境的配植材料,花枝用于插花欣赏。射干干燥根茎入药,具有清热解毒、消痰、利咽的功效。

📍 分布范围

射干产于中国大部分省区,生于林缘或山坡草地,大部分生于海拔较低的地方;朝鲜、日本、印度、越南、俄罗斯也有分布。

❈ 形态特征

多年生草本。根状茎为不规则的块状,黄色或黄褐色;须根多数,带黄色。茎高1～1.5米,实心。叶互生,剑形,长20～60厘米,宽2～4厘米,基部鞘状抱茎,顶端渐尖。花序顶生,叉状分枝,每分枝的顶端聚生有数朵花;花梗及花序的分枝处均包有膜质的苞片,苞片披针形或卵圆形;花橙红色,散生紫褐色的斑点,直径4～5厘米;花被裂片6,2轮排列,外轮花被裂片倒卵形或长椭圆形,长约2.5厘米,宽约1厘米。蒴果倒卵形或长椭圆形,长2.5～3厘米,直径1.5～2.5厘米;种子圆球形,黑紫色,有光泽,直径约5毫米,着生在果轴上。花期6—8月,果期7—9月。

⚙ 生长习性

喜温暖、喜阳光,耐干旱、耐寒冷。对土壤要求不严,山坡旱地均能栽培,以肥沃疏松、地势较高、排水良好的砂质土壤为好。中性、微碱性土壤适宜,忌低洼地和盐碱地。

✏ 药用价值

射干具有清热解毒、消痰、利咽的功效,用于风热、咽喉肿痛、咳嗽气喘、二便不通、腹部积水等症。

🌱 栽培技术

土壤:宜选择地势较高、排水良好、疏松肥沃的黄沙地。整地时每亩用腐熟有机肥3 000千克,氮磷钾复合肥50千克,结合耕地翻入土中,耕平耙细,作畦。

播种:用塑料小拱棚育苗可于1月上、中旬按常规操作方法进行。先将混砂贮藏裂口的种子播入苗床覆上一层薄土后,每天早晚各喷洒1次温水,1星期左右便可出苗。出苗后加强肥水管理,到3月中、下旬就可定植于大田。露地直播,春播在清明前后进行,秋播在9—10月,当果壳变黄色将要裂口时,连果柄剪下,置于室内通风处晾干后脱粒取种。一般采用沟播。选择地势高燥或平地砂质土壤,排水良好为宜,耕深16厘米,耕平做畦。按株行距为25厘米×30厘米开沟定穴,沟深5厘米左右,沟底要平整、疏松,在每穴内施入土杂肥,盖细土约2厘米厚,再播入催过芽的种子5～6粒,覆土压实,适量浇水,盖草保湿保温。

移栽:当苗高6厘米时移栽到大田,行株距30厘米×30厘米,浇透水。

水分:射干不耐涝,在每年的梅雨季节要加强防涝工作,以免渍水烂根,造成减产。生长期一般不需灌水,当土壤含水量下降到20%植株叶片呈萎蔫状态时才灌溉。

追肥:射干是以根茎入药的药用植物,为使射干在采收当年多发根茎,并促其生长粗壮,提高产量和质量,必须在生长前期、中期增施肥料,在后期控制肥水,多施圈肥或堆肥,每公顷37 500～60 000千克,加过磷酸钙225～375千克,根据其生长发育特点,每年应追肥3次,分别在3月、6月及冬季中耕后进行,春夏以人畜粪水为主,冬季可施土杂肥,并增施磷钾肥,可促使根茎膨大,提高药用部的产量。园林绿化用射干是多年生草本植物,叶片肥大,每年均需大量的营养物质才能使其正常生长,因此,要重视追肥,确保生长之需要。在7月中旬以前,在上述每次每亩同等施肥量的基础上再加施4～6千克,7月中旬以后不再施肥。

中耕:播种后,一般第一年中耕除草4次,第一次在出苗后进行,以后分别在5月、7月、11月各进行1次。翌年及以后,只在3月、6月、11月各进行1次。通过中耕除草,使土壤表层疏松、通透性好,促进养分的分解转化,保持水分,提高地温,控制浅根生长,促根下扎,防止土壤板结,防除田间杂草,控制病虫害传播。

摘薹:在射干的生长期内,除育苗定植当年的植株外,均于每年7月上旬开花,抽薹开花要消耗大量养分。因此,除留种田外,其余植株抽薹时须及时摘薹,使其养分集中供根茎生长,以利增产。

修剪:在植株封行后,因通风透光不良,其下部叶片很快枯萎,这时就应及时将其除去,以便集中更多养分供根茎生长,提高产量和质量,同时,可减轻病菌的侵染。

采收:一般播种后2～3年收获。在秋季地上部枯萎后去掉叶柄,把根刨出,去掉泥土晒干。

97

玉 簪

·物种简介·

玉簪(*Hosta plantaginea*)是百合科玉簪属的多年生宿根植物。由于它洁白如玉的花朵极似中国古代妇女发髻上的簪子的缘故,故名玉簪。

📍 分布范围

玉簪产于四川、湖北,湖南、江苏、安徽、浙江、福建和广东,生于海拔 2 200 米以下的林下、草坡或岩石边。各地常见栽培。

✳ 形态特征

根状茎,粗 1.5～3 厘米。叶卵状心形、卵形或卵圆形,长 14～24 厘米,宽 8～16 厘米。花葶高 40～80 厘米,具几朵至十几朵花;花的外苞片卵形或披针形,长 2.5～7 厘米,宽 1～1.5 厘米;内苞片很小;花单生或 2～3 朵簇生,长 10～13 厘米,白色,芬香。蒴果圆柱状,有三棱,长约 6 厘米,直径约 1 厘米。花果期 8—10 月。

⚙ 生长习性

玉簪喜阴湿环境,宜肥沃、湿润的沙壤土,耐寒,中国大部分地区均能露地越冬,地上部分经霜后枯萎,翌春萌发新芽。生长适温为 15 ℃～25 ℃,忌强烈日光曝晒。

🖊 药用价值

玉簪的花、根可入药,具有清热解毒、止咳利咽、消肿、止血等功效;主治肺热胸热、咽喉肿痛、毒热、痈疽、瘰疬、吐血、烧伤等症。

🌱 栽培技术

选土:玉簪喜富含腐殖质、疏松、通透性强的砂质土壤。盆栽可用草炭、珍珠岩、陶粒按 2:2:1 的比例混合作为培养土。

分株:中国北方多于春季 3—4 月萌芽前进行分株。将老株挖出,晾晒 1~2 天,使其失水,用快刀切分,切口涂木炭粉后栽植。切分时可分成 1 株 1 个芽,也可分成每丛带有 3~4 个芽和较多的根系为一墩。分根后浇一次透水。分株后另行栽植,一般当年即可开花。

播种:挑选生长健康、个头饱满的种子,播种在土壤中,覆一层薄土并适量浇水,适当遮阴,保持微微湿润的环境,一个月左右生根发芽。

光照:玉簪喜阴,春、秋、冬三季阳光不是太强烈,夏季高温时节需要适当遮阴,避免阳光直射,否则植株叶片容易发黄、焦枯。

温度:玉簪喜温暖气候,但在夏季高温季节生长缓慢,可通过加强空对流或将其周围地面喷湿的办法来降低环境温度。冬天环境温度低于 0 ℃时,最好将玉簪移到温暖的室内,来年 3—4 月份温度回升时,再将其搬至室外。

浇水:玉簪喜潮湿的环境,生长期要保持土壤湿润。夏季浇水要勤,需要每天一次。温度较低的阴雨天则少浇或不浇,注意盆内不要积水。

施肥:秋季,可对玉簪的幼苗勤施肥。冬季,玉簪生长较慢,对肥水要求不多,可间隔 1~2 个月为其施肥次。春季,玉簪生长速度较快,并逐渐进入开花期,对肥水要求很大,可一周左右为其施肥一次。

98

大花马齿苋

·物种简介·

　　大花马齿苋（*Portulaca grandiflora*）为马齿苋科马齿苋属一年生草本植物。大花马齿苋适应性强，是优良的节水抗旱植物，丛生密集，花繁艳丽，花期长，有妃红、大红、深红、紫红、白色、雪青、淡黄、深黄等多种色彩，是装饰坡地和路边的优良地被植物，适宜花坛花境栽植，也可作盆栽装点阳台、窗台、走廊、门庭、小院等多种场所，在园林绿化和城市建设中的应用越来越广泛。大花马齿苋全草可供药用，有散瘀止痛、清热、解毒消肿功效。

分布范围

　　大花马齿苋原产于巴西，我国各地公园、庭院常见栽培。

形态特征

　　一年生草本，高 10～30 厘米。茎平卧或斜升，紫红色，多分枝。叶密集枝端，较下的叶分开，不规则互生，叶片细圆柱形，长 1～2.5 厘米，直径 2～3 毫米。花单生或数朵簇生枝端，直径 2.5～4 厘米，日开夜闭；总苞 8～9 片，叶状，轮生，具白色长柔毛；萼片 2，淡黄绿色，卵状三角形，长 5～7 毫米；花瓣 5 或重瓣，倒卵形，长 12～30 毫米，红色、紫色或黄白色；雄蕊多数，长 5～8 毫米，花丝紫色，基部合生；花柱与雄蕊近等长，柱头 5～9 裂，线形。蒴果近椭圆形，盖裂；种子细小，多数，圆肾形，直径不及 1 毫米，铅灰色、灰褐色或灰黑色。花期6—9月,果期8—11月。

⚙ 生长习性

大花马齿苋喜温暖、湿润、半阴的环境。对土壤要求不严,以土层深厚、疏松、肥沃、排水良好的砂质土壤或腐殖质壤土为好。

✒ 药用价值

全草入药,有清热解毒、活血化瘀、消肿止痛、抗癌之功效;主治阑尾炎、肝炎、胃痛、早期肝癌、肺癌、子宫颈癌、乳腺炎等;外用治疗跌打损伤、疮疖肿毒等症。

🌱 栽培技术

整地:选好地块,每亩撒施腐熟厩肥2 000千克,耕翻深15厘米,并随耕翻,每亩撒施磷酸二氢铵、尿素各50千克。耙细整平,作1.2米宽的畦。

播种:大田一般采取直播。为使直播种的种子全部萌发,最好选在阴雨天下种。时间于9月—10月上旬,条播或穴播。条播按行距25~30厘米开沟,沟深4厘米左右;穴播按穴距30厘米左右开穴。播种时,把种子均匀地撒在沟内,盖0.5厘米厚的疏松细土肥或草木灰,也可用农膜或草苫覆盖,保持土壤湿润。出全苗去掉覆盖物,搞好苗期管理。

育苗:在整好的畦内,按12~15克/平方米播种,播种前用60℃的水浸种24小时,捞出稍晾,按1:100的比例与细砂土(过细筛)混合均匀,再均匀撒入畦内。上盖草苫或农膜,每天喷洒1次水,保持湿润,15~20天发芽出苗。苗出全后揭去覆盖物,随即喷1次水,以后隔3~4天喷浇1次水。

移栽:苗高5厘米时向大田移栽,行株距各20厘米,每穴1株,浇透定植水。

光照:大花马齿苋又名太阳花,是一种非常喜欢阳光的植物。充足的阳光,可以使大花马齿苋的枝条不断的分化,才能促使大花马齿苋开更多的花朵;如果光照不足,大花马齿苋会变得比较瘦弱且不易开花。

温度:大花马齿苋喜温暖,比较耐热,不耐寒。适宜生长在20℃~35℃的环境中。太阳花比较耐晒,夏季气温在38℃以下都可以放在全日照环境下养护,高于38℃要放在阴凉通风处养护!另外大花马齿苋是一年生草本植物不耐寒,重瓣的不结种子冬季要放在室内养护,不然会被冻死。

浇水:大花马齿苋生长迅速,对水分的需求量大。苗期要经常保持土壤湿润,不能缺水。遇干旱季节应及时灌溉。特别是在春夏生长季对水分需求量特别大,一般每两天就要浇水一次。到了秋末之后,生长的速度会变慢,每周浇水一次即可。雨季及每次灌大水后,要及时疏沟排水,防止积水淹根苗。盆栽注意盆土尽量不要有积水,会影响根系生长。

施肥:大花马齿苋是比较喜肥的,只有土壤足够肥,大花马齿苋的枝叶才能长得粗壮,开的花自然也就多而大。如果肥力不足它的植株会比较瘦弱,花也会小。出苗后,当苗高1～2厘米时,结合除草浇施1次稀薄粪尿水,每亩施1 000千克作提苗肥。间苗或定苗后,各施1次粪尿水。以后要保持田间无杂草,每次收割后,均应追肥1次,以促新枝叶萌发。最后一次于11月收割后,重施冬肥,每亩施腐熟厩肥200千克、饼肥或过磷酸钙25千克,经混合堆沤后,于行间开沟施入。施后覆土培土,保温防寒。

99

白 及

白及（*Bletilla striata*）是兰科白及属多年生草本球根植物。白及的花朵清新雅致，能在阴暗的环境中开花，可在室外种植形成园林景观，也可作盆栽和切花观赏。白及的块茎具有消毒止血、消肿生肌、预防伤口感染等诸多功效，在历代本草著作中均有记载。

分布范围

白及产于陕西、甘肃、江苏、安徽、浙江、江西、福建、湖北、湖南、广东、广西、四川和贵州，生于海拔 100～3 200 米的林下、路边草丛或岩石缝中；朝鲜半岛和日本也有分布。

形态特征

植株高 18～60 厘米。假鳞茎扁球形，茎粗壮。叶 4～6 枚，狭长圆形或披针形，长 8～29 厘米，宽 1.5～4 厘米，先端渐尖，基部收狭成鞘并抱茎。花序具 3～10 朵花，常不分枝或极罕分枝；花序轴或多或少呈"之"字状曲折；花苞片长圆状披针形，长 2～2.5 厘米，开花时常凋落；花大，紫红色或粉红色；萼片和花瓣近等长，狭长圆形，长 25～30 毫米，宽 6～8 毫米，先端急尖；花瓣较萼片稍宽；唇瓣较萼片和花瓣稍短，倒卵状椭圆形，长 23～28 毫米，白色带紫红色，具紫色脉。花期 4—5 月。

生长习性

白及较耐寒，耐阴，忌强光直射，喜温暖阴湿的环境。

药用价值

白及具有收敛止血、消肿生肌、预防伤口感染等诸多功效，在历代本草著作中均有记载。

栽培技术

土壤：白及根系发达长速快，喜疏松、肥沃土壤。宜选择肥力充足、疏松透气的土壤。深翻25厘米以上，每亩施入厩肥1 000千克，也可撒施三元复合肥50千克，再旋耕使土和肥料拌均匀，把土整细、耙平，做宽1.3～1.5米的高畦。四周挖好排水沟以防雨涝。

播种：若采用种子繁殖，须选择熟透的果实、成熟的种子。将种子均匀撒在地上，然后用细土覆盖，深度为1～2厘米。若采用块茎繁殖，选用当年生具有嫩芽的块茎作种，芽眼多萌芽多。块茎大者生长更好，过小则出芽苗很小，宜分大小等级分别地块栽培，以方便管理。将块茎以20～30厘米的行距进行种植，深度为5～10厘米。播种后保持土壤湿润，利于发芽。

光照：白及喜充足的阳光照射，但夏季需要一定遮阴，避免直射强光曝晒。

温度：白及是广温性植物，温度-3 ℃以上、40 ℃以下均能生长，最适生长温度15 ℃～25 ℃。

浇水：白及喜潮湿的环境，需要保持土壤湿润，干旱时要及时浇水，尤其是到了炎热的夏季，宜每天早上浇水1次。由于白及根系比较容易出现烂根病，遇到大雨时要及时排水。

施肥：白及喜肥，需要有肥沃的土壤，宜采用腐熟的农家有机肥进行追肥，每年1～2次；每月往白及叶片上喷洒1次磷酸二氢钾。

中耕：种植白及过程中很容易长草，所以要及时中耕除草，特别注意在白及休眠后做好杂草防治工作。种植第1～2年，每年要除草4～6次。在白及长出嫩叶之前，通过乙草胺封闭。待白及长出土后，要采用人工除草方式，4月中期时彻底除草，5～6月进行除草追肥，9月前要再次进行除草2～3次。长到第3～4年，杂草的数量会显著降低，每年除草2次即可。临近采收时切记不要使用有害化学除草剂，这时白及块茎成熟，避免造成药残影响收成。

采收：白及种植2年后，9—10月地上茎枯萎时，将块茎单个摘下，带芽的当年嫩块茎可留作种苗，老块茎去除泥沙，运回加工。

加工：剪掉茎杆，将白及块茎在清水中浸泡1小时后洗净泥土，再放入开水中煮3～5分钟取出，上烘干机烤烘至半干时将根须用滚筒去除，然后再切片或整个烘干。白及商品药材含水率要求在15%以下。

植物文化

花语：坚强、勇气、医治创伤。

100

老鹳草

·物种简介·　　老鹳草(*Geranium wilfordii*)是牻牛儿苗科老鹳草属多年生草本植物,高可达 50 厘米,叶色鲜艳,花美观,植株矮小,适合做地被植物用。全草入药,祛风通络。

分布范围

老鹳草产于东北、华北、华东、华中、陕西、甘肃和四川,生于海拔 1800 米以下的低山林下、草甸中;俄罗斯、朝鲜和日本也有分布。

形态特征

多年生草本,高 30～50 厘米。茎直立,单生,具棱槽,假二叉状分枝。叶基生和茎生叶对生;基生叶片圆肾形,长 3～5 厘米,宽 4～9 厘米,5 深裂达 2/3 处,裂片倒卵状楔形,下部全缘,上部不规则状齿裂,茎生叶 3 裂至 3/5 处,裂片长卵形或宽楔形,上部齿状浅裂,先端长渐尖。花序腋生和顶生,稍长于叶,总花梗被倒向短柔毛,每梗具 2 花;苞片钻形,长 3～4 毫米;花梗与总花梗相似,长为花的 2～4 倍;萼片长卵形或卵状椭圆形,长 5～6 毫米,宽 2～3 毫米;花瓣白色或淡红色,倒卵形,与萼片近等长。蒴果长约 2 厘米,被短柔毛和长糙毛。花期 6—8 月,果期 8—9 月。

⚙ 生长习性

老鹳草喜温暖湿润气候,耐寒、耐湿,喜阳光充足,以疏松肥沃、湿润的土壤栽种为宜。

✏ 药用价值

具有祛风通络、活血、清热利湿等功效;主治风湿痹痛、肌肤麻木、筋骨酸楚、跌打损伤、泄泻痢疾、疮毒等症。

🌱 栽培技术

土壤:鹳草对环境的适应力较强,宜选地势较高、阳光充足、厚度在 25 厘米以上、既透气又排水的肥沃土壤。

播种:通常春、秋两季进行播种。撒种前要先翻耕松土,将每亩土地均匀分成大小在 2 米×8 米的小方块,每个方块四周挖一条深度在 20 厘米左右的排水沟,以便雨季排水防涝。在翻好的土壤中均匀地施一层薄薄的基肥,盖上一层薄土后再将种子以每株 25～30 厘米的间距均匀撒入种子,最后再铺上一层薄土,适量浇水,保持土壤湿润。

分根:冬季倒苗后至早春萌芽前挖掘老根,分切数块,每块具有芽。按行株距 25 厘米×25 厘米开穴,每穴栽种 1 块,覆土压实,浇水。

光照:老鹳草喜光,也能耐阴,但是不能接受强光直射,直射光会使它植株灼伤,使植株发育不良。因此夏季需一定程度遮阴。

温度:喜温暖环境,最高温度不要超过 30 ℃,不耐寒,冬季要采取保暖措施,最低温度不要低于 10 ℃,否则会停止生长,

浇水:保持土壤湿润,在快速生长期对水分需求更大一些时要适当增加浇水量,夏季连续下雨时要及时清理排水沟,以便积水以最快时间排出。

追肥:除了播种时要在土壤上撒基肥外,生长期也要进行追肥。通常每年要在春天植株快速生长时进行施肥,这样一般就能够满足它生长过程当中对养分的需求。

中耕:播种后要时常中耕松土,让土质更加舒松透气,以便水分和养分能快速渗透到根系,另外疏松的土壤也能让根茎更加容易生长,同时及时进行除草,以防杂草生长和老鹳草争夺养分,影响老鹳草生长。

修剪:老鹳草需要将顶端的枝条修剪掉,以免消耗过多的养分,影响整个植株的生长。

清园:冬季倒苗后,清除枯株残叶,减少病虫害发生。

培土:冬季清园后,进行培土、堆肥,保温保墒。

采收:夏、秋季果实将成熟时,割取地上部分或将全株拔起,去净泥土和杂质,晒干。

101
紫丁香

·物种简介·

紫丁香（*Syringa oblata*）是木樨科丁香属植物。花微细小丁,香而瓣柔,色紫,故名紫丁香。紫丁香是我国特有的著名观赏花木之一,已有上千年的栽培历史。其植株丰满秀丽,枝叶茂密,芳香袭人,被广泛栽植于庭院、厂矿、居民区、茶室凉亭周围、草坪之中等地,在中国园林中亦占有重要位置。与其他种类丁香配植成专类园,形成美丽、清雅、芳香、青枝绿叶、花开不绝的景区,效果极佳;也可盆栽,促成栽培、切花等用。

分布范围

紫丁香产于甘肃、陕西、湖北以至东北,生于海拔1 100～2 600米的山坡林下或灌丛中。

形态特征

灌木或小乔木,高可达5米;树皮灰褐色或灰色。小枝较粗,疏生皮孔。叶片革质或厚纸质,卵圆形至肾形,宽常大于长,长2～14厘米,宽2～15厘米。圆锥花序直立,由侧芽抽生,近球形或长圆形,长4～20厘米,宽3～10厘米;花梗长0.5～3毫米;花萼长约3毫米,萼齿渐尖、锐尖或钝;花冠紫色,长1.1～2厘米,花冠管圆柱形,长0.8～1.7厘米,裂片呈直角开展,卵圆形、椭圆形至倒卵圆形,长3～6毫米,宽3～5

毫米。果倒卵状椭圆形、卵形至长椭圆形，长 1～2 厘米，宽 4～8 毫米，先端长渐尖，光滑。花期 4—5 月，果期 6—10 月。

🌼 生长习性

喜光，喜温暖湿润，较耐寒、耐旱，忌积水湿涝。对土壤的要求不严，耐瘠薄，喜肥沃、排水良好的土壤。

🞉 药用价值

紫丁香有清热、解毒、消炎功效。叶子用于治疗急性黄疸型肝炎，退黄作用显著；树皮有清热燥湿，止咳定喘功效，用于咳嗽痰咳、泄泻痢疾、疟腮、肝炎等症。根及心材治心热、头晕、失眠、心悸、气喘等症。外用抗菌、爆发性火眼、多种疮疡肿痛等症。

🌱 栽培技术

土壤：紫丁香喜欢在肥沃、疏松、透气性好的土壤中生长，可以在土壤中加入腐叶土、砂子等改良土质。做成长 10 米、宽 1.5 米、高 15～20 厘米的高畦，施碳铵 150～225 千克/公顷、腐熟有机肥 30～45 吨/公顷，并用硫酸亚铁 150 千克/公顷或退菌特 150～225 千克/公顷进行土壤消毒。

播种：处理过的种子经过催芽有 30% 种子裂嘴露白即可播种。一般 4 月下旬开始播种，播前床面喷水，第 2 天开浅沟条播，覆砂土 1.0～1.5 厘米厚，上盖塑料薄膜，增温保湿。15 天左右出土。结合喷水，薄施氮肥，促苗生长。幼苗期不能大水漫灌。

扦插：硬枝扦插是取 1～2 年生健壮枝条作插穗，直接插入温床，使其生根发芽而形成新的植株。通常是春季花谢后 1 个月剪取顶枝进行扦插，插穗的长度为 10～15 厘米，带有 2～3 对芽节，其中 1 对芽节埋入土中，在 25 ℃条件下，30～40 天生根，当幼根由白变为黄褐色时开始移苗栽植。嫩枝扦插在 7—8 月进行，选当年生的粗壮枝条，剪成 15 厘米左右长的插条，插入事先准备好的苗床内，并适当遮阴，保持湿润，50 天左右生根。插前用 500 微克/克吲哚丁酸快速处理插穗，可使扦插生根率达 80% 以上。扦插成活后，第 2 年春季移植。

压条：宜在 2 月进行。将根际萌蘖条压入土中，若枝条太粗，可刻伤后再压。压后保持土壤湿润，2～3 个月可生根，秋季即可剪下另行栽植。

分株：一般在早春萌芽前或秋季落叶后进行。将植株根际的萌蘖苗带根掘出，另行栽植；或将整墩植株掘出分丛栽植。秋季分株需先假植，翌年春季再移栽，栽前对地上枝条进行适当修剪。

移栽：宜在早春芽萌动前进行。移栽时需带土坨，并适当剪去部分枝条。栽植3～4年生大苗时，应对地上枝干进行强修剪，一般从离地面30厘米处截干，翌年即可开花。株距2～3米，可根据配置要求进行调整。栽植时多选2～3年生苗，栽植穴直径70～80厘米、深50～60厘米。每穴施充分腐熟的有机肥料1千克、骨粉100～600克，与土壤充分混合作基肥，基肥上面再盖一层土，然后放苗填土。

浇水：紫丁香喜欢湿润的环境，但也不能过于潮湿。一般情况下，每周浇水一次即可，夏季高温时可适量增加浇水频率。

施肥：在生长季节内，可以每月施一次肥，使用有机肥或复合肥均可。但注意不要过度施肥，以免对植物造成伤害。

修剪：一般在春季萌动前进行。主要剪除细弱枝、过密枝、枯枝及病枝，保留好更新枝。花谢后，如不留种，可将残花连同花穗下部2个芽剪掉，同时疏除部分内膛过密枝，有利于通风透光和树形美观，促进萌发新枝和形成花芽。落叶后可把病虫枝、枯枝、纤细枝剪去，并对交叉枝、徒长枝、重叠枝、过密枝进行适当短截，使枝条分布匀称，树冠美观整齐，以利翌年生长和开花。

植物
文化

花语：光荣、不灭、光辉、纯洁、记忆、愁思。

102

蜡 梅

·物种简介·

蜡梅（*Chimonanthus praecox*）是蜡梅科蜡梅属灌木。因其与梅同时，香又相近，色似蜜蜡，故得此名。其花瓣如蜡，呈现出一种独特的细腻之美，既可以作为地被植物种植在公园、街道和庭院中，形成美丽的景观效果，也可以与其他植物搭配种植，丰富绿化层次和色彩。冬季，蜡梅的盛开为我们的生活带来一份优雅与宁静，为城市带来一份清新的生命活力，无论是作为庭院、公园或盆栽中的点缀，还是作为切花装饰家居，蜡梅都具有很高的园林应用价值。

分布范围

蜡梅产于山东、江苏、安徽、浙江、福建、江西、湖南、湖北、河南、陕西、四川、贵州、云南等省，生于山地林中。

形态特征

落叶灌木，高达 4 米；幼枝四方形，老枝近圆柱形，灰褐色。叶纸质至近革质，卵圆形、椭圆形、宽椭圆形至卵状椭圆形，有时长圆状披针形，长 5～25 厘米，宽 2～8 厘米，顶端急尖至渐尖，有时具尾尖，基部急尖至圆形。花着生于第二年生枝条叶腋内，先花后叶，芳香，直径 2～4 厘米；花被片圆形、长圆形、倒卵形、椭圆形或匙形，长 5～20 毫米，宽 5～15 毫米。果托近木质化，坛状或倒卵状椭圆形，长 2～5 厘米，直径 1～2.5

厘米。花期11月至翌年3月,果期4—11月。

⚙ 生长习性

性喜光,耐阴,耐寒,露地越冬要求－10℃以上;较耐旱,不耐水涝,忌黏土和盐碱土,喜肥沃、疏松、湿润、排水良好的中性或微酸性砂质土壤。

⊘ 药用价值

根、叶入药,具有理气止痛、散寒解毒功效,主治跌打、腰痛、风湿麻木、风寒感冒、刀伤出血、暑热伤津、头晕呕吐、脘腹胀满、胸闷咳嗽及水火烫伤等;花解暑生津,治心烦口渴、气郁胸闷;花蕾油治烫伤。

🌱 栽培技术

土壤:喜肥沃、疏松、湿润、排水良好的中性或微酸性砂质土壤。无论盆栽还是地栽,栽时施入适量有机肥做基肥。

播种:一般于7—8月份采收成熟的蜡梅种子,干藏至翌春播种。翌年3月下旬—4月上旬进行播种。播种前用温水浸种12～24小时,可促进发芽。开沟条播,种子间相距5～8厘米,播后覆土4～5厘米,经1～1.5个月发芽出苗。

分株:蜡梅的萌蘖能力很强,因而适宜采用分株或分取萌蘖。分株在春季萌芽前3月下旬—4月上旬进行。分株时先把准备分株的株丛用草绳把枝条捆紧,然后掘出株丛,抖散根上泥土,按照株丛大小和根系生长情况,用刀、剪劈开,另行栽植。

光照:蜡梅喜光,需要阳光充足的环境,要保证5～7个小时的光照时间,让蜡梅更好地进行光合作用,促进花芽的分化,如果长时间光照不足,蜡梅的花蕾会发育不良,无法正常开花,需要用人工补光。

温度:蜡梅是很耐寒的植物,而且会在冬天开花,它最低能耐零下15度的低温,有些品种能耐－40℃的低温。蜡梅的适宜生长温度为16℃～23℃,最低温度不要低于－10℃。

水分:蜡梅耐旱怕涝,有"旱不死的蜡梅"之称,如水分过高,土壤过于潮湿,植株生长不良,影响花芽分化。盆栽蜡梅平时盆土可略干些,浇水要"见干见湿",不浇则已,浇则浇透。伏天是花芽形成期,不可缺水,可每天浇一次水,秋后落叶时,盆土可偏干些,每隔5～7天浇一次水。花前或开花期必须适量浇水,如果浇水过多容易落蕾落花,但水分过少开得也不整齐。

追肥:蜡梅植株在不同的生长阶段,所需的肥料也不一样。在刚栽种的时候,需要给它施底肥,可以使用腐叶肥。春季需要给施复合肥,花芽分化阶段,要施以磷钾肥为主的肥料。这个阶段施肥量要小一些,且浓度也不宜太高,不然很容易烧根。秋季到入冬的时间,主要是给它施适量的液肥,以便它在开花时有足够的养分。不管是何时给它施肥,都要少量多次使用。若每次都是大量施肥,植株就会很难吸收,极有可能出现肥害。

抹芽:蜡梅叶芽萌发5厘米左右时,抹除密集、内向、贴近地面的多余嫩芽。

摘心:在5—6月旺盛生长期,当主枝长40厘米以上,侧枝30厘米以上时进行摘心,促生分枝。

修剪:可根据喜好进行整形修剪,如想要乔木状树形,可在幼苗期选留一枝粗壮的枝条,不进行摘心培养成主干,当主干达到预期的高度后再行摘心,促使分枝。当分枝长到25厘米后再次摘心,使其形成树冠,随时剪除基部萌发的枝条。如想要丛状树形或盆栽,可在幼苗期即行摘心,促其分枝。冠丛形成后,在休眠期对壮枝剪去嫩梢,对弱枝留基部2～3个芽进行短截,同时清除冠丛内膛细枝、病枯枝、乱形枝。对当年的新枝在6月上中旬进行一次摘心。园艺造型一般萌芽时动刀折整枝干,使之形成基本骨架。至5—6月份可用手扭折新枝。基本定型后,还要经常修剪,保持既定形式。在落叶后花芽膨大前,对长枝在花芽上多留一对叶芽,剪去上部无花芽部分,疏去枯枝、病虫枝、过弱枝及密集、徒长的无花枝和不做更新用的根蘖。在雨季,及时剪去杂枝、无用枝、乱形枝、挡风遮光枝。花后还需补剪,疏去衰老枝、枯枝、过密枝及徒长枝等,回缩衰弱的主枝或枝组。对过高、过长、过强的主枝,可在较大的中庸斜生枝处回缩,以弱枝带头,控制枝高、枝长和枝势。短截一年生枝,主枝延长枝剪留30～40厘米,其他较强的枝留10～20厘米,弱枝留一对芽或疏除。花谢后及时摘去残花。

植物文化

花语:慈爱、高尚、忠实、独立、坚毅、忠贞、刚强、坚贞、高洁、高风亮节、傲气凌人、澄澈的心、浩然正气、独立创新。

103

紫茉莉

· 物种简介 ·

紫茉莉（*Mirabilis jalapa*）是紫茉莉科紫茉莉属一年生草本植物。紫茉莉花色明艳，花期长，管理粗放易种植，开花时有淡淡的香味，有较高的观赏价值，全草入药，有清热解毒、活血调经和滋补的功效。

分布范围

紫茉莉原产于热带美洲地区，世界温带至热带地区广泛引种。中国各地常作为观赏花卉栽培。

形态特征

一年生草本，高可达 1 米。根肥粗，倒圆锥形，黑色或黑褐色。茎直立，圆柱形，多分枝。叶片卵形或卵状三角形，长 3～15 厘米，宽 2～9 厘米，顶端渐尖，基部截形或心形，全缘，两面均无毛，脉隆起；叶柄长 1～4 厘米，上部叶几无柄。花常数朵簇生枝端；总苞钟形，长约 1 厘米，5 裂，裂片三角状卵形，顶端渐尖；花被紫红色、黄色、白色或杂色，高脚碟状，筒部长 2～6 厘米，檐部直径 2.5～3 厘米，5 浅裂；花午后开放，有香气，次日午前凋萎。瘦果球形，直径 5～8 毫米，革质，黑色；种子胚乳白粉质。花期 6—10 月，果期 8—11 月。

生长习性

性喜温暖湿润的环境，不耐寒，冬季地上部分枯死，江南地区地下部分可安全越冬而成为宿根草花,来年春季续长出新的植株。在略有遮阴处生长更佳。

药用价值

全草入药,有清热解毒、活血调经、和滋补的功效。根可用于治疗扁桃体炎、月经不调、前列腺炎、尿路感染;全草外用治乳腺炎、跌打损伤。种子白粉可去面部瘢痣粉刺。

栽培技术

土壤:对土壤的耐受性强,普通园土均可生长良好。露地栽培宜选择在地势平坦、排水良好且不易积涝、向阳通风的地方,以土层深厚、疏松肥沃、富含腐殖质的沙壤土为佳。盆栽土壤可选用疏松肥沃、排水透气性好的腐叶基质土壤或砂质土壤;也可用腐殖土、园土和砂土,掺入适量腐熟的有机肥作底肥,混合均匀的培养土。

播种:紫茉莉可春播繁衍,也能自播繁衍,通常用种子繁殖。以小坚果为播种繁殖材料,可于 4 月中下旬直播于露地,发芽适温 15 ℃～20 ℃,7～8 天萌发。因属深根性花卉,不宜在露地苗床上播种后移栽。如有条件可事先播入内径 10 厘米的筒盆,成苗后脱盆定植。

移栽:紫茉莉用种子繁殖,宜在 3—4 月播种育苗,苗长出 2～4 片叶子时定植,株距 50～80 厘米为宜。移植后注意遮阴。

隔离:紫茉莉为风媒授粉花卉,不同品种极易杂交,若要保持品种特性,应隔离栽培。

光照:幼苗期的紫茉莉,在充分的日照下,可以防止枝叶过度生长。紫茉莉盆栽后,喜欢阴凉,在阻挡物下生长最好。 偶尔晒太阳,适合半阴环境,有助于开花。

温度:紫茉莉怕冷,过冬时要做好冬天的准备。在秋末挖根,使其湿润,放置在适当温度的土壤中,在第二年使其再次成长。

肥水:紫茉莉生命力极强,管理粗放,容易生长,注意适当施肥、浇水即可。

修剪:一般夏天进行修剪。夏天生长快,在离根部 20 厘米左右修剪,能促进新梢生长。如果新梢的生长非常旺盛,则在成长到 15 厘米左右时进行摘心,促进新梢的发生。如果花过多,株型紧凑,则在花谢后减少枝量。 减少养分消耗,促进新梢着花和芽。

植物文化

花语:清纯、贞洁、质朴、玲珑、迷人。

104

连翘

· 物种简介 ·

连翘（*Forsythia suspensa*）为木樨科连翘属灌木。因为连翘的形态如古代的连车和翘车，故得此名。连翘树姿优美、生长旺盛。早花，且花期长、花量多，盛开时满枝金黄，芬芳四溢，令人赏心悦目，是早春优良观花灌木，可以做成花篱、花丛、花坛等，在绿化美化城市中广泛应用，是观光农业和现代园林难得的优良树种。其根系发达，主根、侧根、须根可在土层中密集成网状，吸收和保水能力强；侧根粗而长，须根多而密，可牵拉和固着土壤，防止土块滑移。连翘萌发力强，树冠盖度增加较快，能有效防止雨滴击溅地面，减少侵蚀，具有良好的水土保持作用，是国家推荐的退耕还林优良生态树种和黄土高原防治水土流失的最佳经济作物。连翘果实入药，具有清热解毒、消肿散结、疏散风热之功效。

📍 分布范围

连翘产于河北、山西、陕西、山东、安徽、河南、湖北、四川。生于海拔 250～2 200 米山坡灌丛、林下、草丛、山谷、山沟疏林中。

✳ 形态特征

落叶灌木。枝开展或下垂，棕色、棕褐色或淡黄褐色，小枝土黄色或灰褐色，略呈四棱形，疏生皮孔，节间中空，节部具实心髓。叶通常为单叶，或 3 裂至三出复叶，叶片卵形、宽卵形或椭圆状卵形至椭圆形，长 2～10 厘米，宽 1.5～5 厘米。花通常单生或 2

至数朵着生于叶腋,先于叶开放;花梗长5~6毫米;花萼绿色,裂片长圆形或长圆状椭圆形,长5~7毫米;花冠黄色,裂片倒卵状长圆形或长圆形,长1.2~2厘米,宽6~10毫米。果卵球形、卵状椭圆形或长椭圆形,长1.2~2.5厘米,宽0.6~1.2厘米。花期3—4月,果期7—9月。

生长习性

喜温暖湿润、阳光充足的环境,耐寒,耐旱、不耐水涝,对土壤要求不严。

药用价值

连翘果实入药,具有清热解毒、消肿散结、疏散风热之功效。主治温热、丹毒、斑疹、痈疡、肿毒、瘰疬、小便淋闭等症。

栽培技术

土壤:选择土层较厚、肥沃疏松、排水良好、背风向阳的山地或者缓坡地成片栽培,利于异株异花授粉,提高连翘结实率。亦可利用荒地、路旁、田边、地角、房前屋后、庭院空隙地零星种植。深翻30厘米左右,施足基肥,每亩施厩肥3000千克作基肥,整平耙细作畦。畦宽1.2米,高15厘米,畦沟宽30厘米,畦面呈瓦背形。栽植穴要提前挖好,施足基肥后栽植。

扦插:6月份开始从生长健壮的3~4年生母株上剪取当年生的嫩枝,截成15厘米左右长的插穗,下切口距离底芽侧下方0.5~1厘米,切口平滑。节间长的留2片叶,短的留3~4片叶。将选择好的插穗在配制的200毫克/毫升的NAA溶液中浸泡1~2分钟。将处理好的插穗在整好的苗床上一个营养袋内插入一棵,插入深度4厘米左右,插完后浇水。覆膜,遮阴。一个月后,在插穗生根后,揭去塑料膜,减少喷水次数,减小苗床相对湿度进行炼苗。

播种:在畦面上按行距30厘米开浅沟,沟深3.5~5厘米,再将用凉水浸泡1~2天后稍晾干的种子均匀撒于沟内,覆薄细土1~2厘米,略加镇压,再盖草,适当浇水,保持土壤湿润,15~20天左右出苗,齐苗后揭去盖草。在苗高15~20厘米时,追施尿素,促使其旺盛生长,当年秋季或第二年早春即可定植于大田。

定植:按行株距2米×1.5米挖穴。然后,每穴栽苗1株,分层填土踩实,使其根系舒展。栽后浇水。每亩栽220~230株。连翘属于同株自花不孕植物,自花授粉结果率极低,只有4%,如果单独栽植长花柱或者短花柱连翘,均不结果。定植时要将长、短花柱的植株相间种植,是增产的关键措施。

光照:连翘是喜光的植物,要求年平均日照时数大于1 500小时,日平均日照时数大于6小时即可。但在阳光充足的阳坡生长好,结果多。

温度：耐寒耐热能力都很强，适宜生长温度一般在 13 ℃～25 ℃。在这样的温度下生长，连翘长势良好。连翘能在 35 ℃的高温下继续生长，在 −10 ℃的环境下也能存活，充分体现了它良好的生命力。

水分：注意保持土壤湿润，旱季及时浇水，雨季要开沟排水，以免积水烂根。

肥料：苗期勤施少肥，在行间开沟，每亩施硫酸铵 10～15 千克，以促进茎、叶生长。定植后，每年冬季结合松土除草施入腐熟厩肥、饼肥或土杂肥，幼树每株用量 2 千克，结果树每株 10 千克，采用在连翘株旁挖穴或开沟施入，施后覆土，壅根培土，以促进幼树生长健壮，多开花结果。有条件的地方，春季开花前可增加施肥 1 次。在连翘树修剪后，每株施入火土灰 2 千克、过磷酸钙 200 克、饼肥 250 克、尿素 100 克。于树冠下开环状沟施入，施后盖土、培土保墒。

中耕：苗期要经常松土除草，定植后于每年冬季中耕除草 1 次，植株周围的杂草可铲除或用手拔除。

整形：对连翘植株进行某种树体结构形态的管控。以树冠外形来说，常见的有圆头形、圆锥形、卵圆形、倒卵圆形、杯状形、自然开心形等。常用的整形方法有短剪、疏剪、缩剪，用以处理主干或枝条；在造型过程中也常用曲、盘、拉、吊、扎、压等办法限制生长，改变树形、培植有利于多开花、多结果的植株树形。

修剪：一年之中应进行 3 次修剪，即春剪、夏剪和冬剪。春剪即及时打顶，适当短截，去除根部周围丛生出的竞争枝；夏剪于花谢后进行，为了保持树形低矮，对强壮老枝和徒长枝进行短截 1/3～1/2，短截后，剪口下易发并生枝、丛生枝，把并生枝、交叉枝、细弱枝进行疏剪整理；冬剪在幼树定植后，幼龄树高达 1 米时，冬季落叶后，在主干离地面 70～80 厘米处剪去顶梢，第二年选择 3～4 个发育充实、分布均匀的侧枝，将其培养成主枝。以后在主枝上再选留 3～4 个壮枝，培养成副主枝。在副主枝上放出侧枝，通过几年的整枝修剪，使其形成矮干低冠、通风透光的自然开心形树形，从而能够早结果、多结果。在每年冬季，将枯枝、重叠枝、交叉枝、纤弱枝和病虫枝剪除。对已经开花结果多年、开始衰老的结果枝，也要截短或重剪，即剪去枝条的 2/3，可促使剪口以下抽出壮枝，恢复树势，提高结果率。

采收：连翘果实最佳的采收时间是在 7 月底到 9 月底之间。须适时采收，太晚药用成分减少。

植物
文化

花语：预言、魔法、期待。

105

扶 桑

· 物种简介 ·　　　扶桑（*Hibiscus rosa-sinensis*）又名朱槿，锦葵科木槿属常绿灌木。扶桑花大色艳、花期长，除红色外，还有粉红、黄、粉边红心及白色等；有单瓣，也有重瓣。南方多栽植于池畔、亭前、道旁和墙边，全年红花开花不断。长江流域和北方常以盆栽点缀阳台或小庭院观赏期达数月长，是夏秋公共场所摆放的主要开花盆栽植物之一。

📍 分布范围

扶桑原产地不详，现世界各地广泛栽培。

✳ 形态特征

常绿灌木，高 1～3 米；小枝圆柱形。叶阔卵形或狭卵形，长 4～9 厘米，宽 2～5 厘米，先端渐尖，基部圆形或楔形，边缘具粗齿或缺刻。花单生于上部叶腋间，常下垂，花梗长 3～7 厘米；小苞片 6～7，线形，长 8～15 毫米；萼钟形，长约 2 厘米，裂片 5，卵形至披针形；花冠漏斗形，直径 6～10 厘米，玫瑰红色或淡红、淡黄等色，花瓣倒卵形，先端圆，外面疏被柔毛；雄蕊柱长 4～8 厘米；花柱枝 5。蒴果卵形，长约 2.5 厘米。花期全年。

⚙ 生长习性

性喜温暖、湿润环境，喜光，不耐阴，不耐寒，不耐旱。在中国长江流域及以北地区，只能盆栽,在温室或其他保护地保持 12 ℃～15 ℃气温越冬。室温低于 5 ℃时叶片转黄脱落,低于 0 ℃,即遭冻害。耐修剪,发枝力强。对土壤的适应范围较广,但以富含有机质,pH6.5～7 的微酸性壤土生长最好。

药用价值

根、叶、花均可入药,有清热利水、清肺化痰、解毒消肿之功效,可用于治疗痰火咳嗽、鼻衄、痢疾、赤白浊、痈肿、毒疮等。

栽培技术

土壤:扶桑对土壤要求不严,但在疏松、肥沃的酸性的土壤栽培生长更旺盛,植株更健壮。家庭栽培可以用腐叶土、松针土、泥炭土、河砂等配制成培养土,配制时可适量添加一些腐熟有机肥料。配好的培养土可先放在阳光下摊开曝晒,消毒杀菌后再使用。

扦插:一般 5—10 月进行,冬季在温室内进行,梅雨季节成活率高。插条以一年生半木质化的最好,长 10 厘米,剪去下部叶片,留顶端叶片,切口要平,插于砂床,保持较高空气湿度,室温为 18 ℃～21 ℃,插后 20～25 天生根。

光照:扶桑喜强光,夏季不需要遮阴,家庭养殖应放置在阳光充足的阳台上,全年均可在全日照下进行养护。

温度:扶桑花喜温暖,不耐寒,北方栽培冬季温度需要保持在 10 ℃以上,低于 5℃叶片转黄脱落,低于 0 ℃即遭冻害。

水分:扶桑生长旺盛期花蕾较多,需要水量较大,特别是夏季开花最多的时候,根据气温和盆土的干湿情况,每天浇 1 次水。其余季节干透再浇透。中午可以向叶面和花盆周围喷水,用来降温和保持空气湿度。春、夏、秋三季浇水最好选择早上或傍晚温度较低时进行,冬季浇水则要在午间温度较高时进行,避免温差过大对植株根部产生刺激。

肥料:扶桑喜肥,需肥量较大,最好施用腐熟的自制肥料,这种肥料营养全面,吸收好见效快。也可从市场上购买配制好成袋的酸性花肥,放入花盆中浅埋再浇水。施肥要坚持薄肥勤施的原则,切不可大肥猛施,否则会给植株带来严重的伤害。

修剪:扶桑生长快,发枝力强,极耐修剪。为了保持植株形态要经常进行修剪,平时除要剪去老枝、弱枝、病枝和过密枝外,花后要对开花枝进行截短处理,以维持一个合理的株高。

植物
文化

花语:微妙之美。

106

秋 英

·物种简介·

秋英（*Cosmos bipinnatus*）又名波斯菊,是菊科秋英属一年或多年生草本植物。秋英经波斯传入我国,故有波斯菊之名。秋英株形高大,叶形雅致,花朵轻盈飘逸,花色丰富艳丽,有粉、白、深红等色,适于布置花镜。在草地边缘、树丛周围、路旁、篱边、山石、崖坡、树坛或宅旁成片种植,非常美观,具有乡情野趣,也可做切花和盆栽观赏。

分布范围

秋英原产于美洲墨西哥,现世界各地广泛栽培。

形态特征

一年生或多年生草本,高1～2米。根纺锤状,多须根,或近茎基部有不定根。叶二次羽状深裂,裂片线形或丝状线形。头状花序单生,径3～6厘米;花序梗长6～18厘米。舌状花紫红色,粉红色或白色;舌片椭圆状倒卵形,长2～3厘米,宽1.2～1.8厘米,有3～5钝齿;管状花黄色,长6～8毫米,管部短,上部圆柱形,有披针状裂片。瘦果黑紫色,长8～12毫米。花期6—8月,果期9—10月。

生长习性

秋英喜温暖,也耐寒;喜光,不耐阴;忌高温,忌积水;耐瘠薄土壤,以疏松、肥沃、排水良好的土壤为佳。

药用价值

全草入药,有清热解毒、化湿功效;主治急、慢性痢疾,目赤肿痛;外用治痈疮肿毒。

栽培技术

土壤:选择排水良好、疏松、肥沃的土壤,可添加腐叶堆、腐熟的堆肥或其他有机肥料来改善土壤质地和肥力。

播种:中国北方一般4—6月播种。先将种子浸泡在温水中浸泡12～24小时,软化种子的外壳,使其更容易发芽。撒播种子后,轻轻覆盖一层薄土,厚度约为种子的两倍左右,保持土壤湿润,6～7天即可出苗。秋英种子有自播能力,一次播种,以后会生出大量自播苗;稍加养护即可照常开花。

光照:秋英喜欢充足的阳光,宜选择阳光充足的位置进行种植,确保每天至少6～8小时的阳光照射。

温度:秋英喜温暖而干燥的环境,适宜的生长温度范围为15 ℃～25 ℃。

水分:保持土壤湿润但不可过度湿润,通过定期浇水来满足秋英的水分需求。

肥料:适量施入基肥,生长期不需施肥。土壤过肥易徒长,开花减少。

摘心:在秋英的生长期需进行多次摘心,一方面可以使整个植株矮化,另一方面还可以促使萌发分枝增加花朵数。

采收:根据用途适时采收。切花采收部位为秋英的带梗花序。当花蕾半开至盛开时即可采收,最好在清晨气温较低时进行,产品应立刻插放在水桶中,尽快预冷处理,并进行分级。一级切花的长度为60厘米左右,二级切花的长度为50厘米左右,三级切花的长度为40厘米左右。相同等级的切花长度差不宜超过标准的±2厘米。种子采收需要适时,当秋英的花朵已经凋谢,开始结出果实时,选择健康有力的植株,结实的果实,采收后放置在阴凉通风处晾干,再将干燥果实打开,把种子分离出来,放干燥阴凉处贮存。

植物
文化

花语:纯真、高洁、自由、高尚、坚强、乐观、活泼、天真、永远快乐。

107

万寿菊

·物种简介·

　　万寿菊(*Tagetes erecta*)是菊科万寿菊属一年生草本植物。万寿菊是一种常见的园林绿化花卉,其花大、花期长,常用来点缀花坛、广场、布置花丛、花境和培植花篱。中、矮生品种适宜作花坛、花径、花丛材料,也可作盆栽;植株较高的品种可作为背景材料或切花。万寿菊花可以食用,是花卉食谱中的名菜。花叶可入药,有清热、化痰、补血、通经、去瘀生新之功效。

分布范围

　　万寿菊原产于墨西哥,我国各地均有栽培,部分地区已归化。

形态特征

　　一年生草本,高50～150厘米。茎直立,粗壮,具纵细条棱,分枝向上平展。叶羽状分裂,长5～10厘米,宽4～8厘米,裂片长椭圆形或披针形,边缘具锐锯齿,上部叶裂片的齿端有长细芒;沿叶缘有少数腺体。头状花序单生,径5～8厘米;总苞长1.8～2厘米,宽1～1.5厘米;舌状花黄色或暗橙色;舌片倒卵形,长1.4厘米,宽1.2厘米,基部收缩成长爪,顶端微弯缺;管状花花冠黄色,长约9毫米,顶端具5齿裂。瘦果线形,基部缩小,黑色或褐色,长8～11毫米,被短微毛;冠毛有1～2个长芒和2～3个短而钝的鳞片。花期7—9月。

⚙ 生长习性

万寿菊喜温暖,耐早霜,耐半阴,耐移植,抗性强,病虫害较少,对土壤要求不严格,生长迅速,易栽培管理,在园林上应用广泛。

ⓒ 食用价值

万寿菊是花卉食谱中的名菜,将新鲜的万寿菊花瓣洗净,裹上面粉油炸,是别具特色的美味菜肴;万寿菊炖雪梨也是一道风味美食。

✏ 药用价值

万寿菊具有平肝解热、祛风化痰之功效。根入药,用于上呼吸道感染、百日咳、支气管炎、眼角膜炎、咽炎、口腔炎、牙痛;外用治腮腺炎、乳腺炎、痈疮肿毒;叶入药,用于痈、疮、疖、疔,无名肿毒;花序入药,用于头晕目眩、头风眼痛、小儿惊风、感冒咳嗽、顿咳、乳痛、疟腮。

花有香味,可作芳香剂,用作抑菌、镇静、解痉剂。

🌱 栽培技术

土壤:选择土层深厚、肥力高、排水能力强的沙壤土,作为万寿菊的育苗基础,在栽植前,对地块进行深耕整翻操作,并做好化学药剂的喷洒,保证土壤里面没有病虫害,常见的药剂有 50% 的多菌灵,然后施入腐熟的有机肥和尿素,

扦插:夏季进行扦插,容易发根。从母株剪取 10 厘米左右嫩枝作插穗,去掉下部叶片,插入土中,浇足水,略加遮阴,当根生长到一定程度时让植株逐渐接受光照,2 周后可生根。

播种:北方地区春播可在 4 月前后种植,播种前将种子在 40 ℃温水中浸泡 3～4 小时进行催芽,然后捞出种子进行播种。种子在遮光环境下发芽效果较好,在整好的苗床上撒播种子后,需覆盖一层 0.5 厘米厚的土,然后洒水,保持苗床湿润。为防止苗床干燥板结,可在上方覆盖草甸,每天洒水保持湿度,一周后出苗。当苗高生长至 5 厘米时,进行一次移栽,而后待幼苗长出 7～8 片真叶时可定植。此外,还可在夏天进行播种,一般 6—7 月进行夏播,夏播后需要控制好环境温度,以防止温度过高而造成幼苗徒长,夏播出苗后 2 个月便可开花。

定植:当播种的万寿菊苗高达到 20 厘米左右,且出现 3～4 对真叶时,便可进行定植。定植时,行距采用宽窄行交叉种植,宽行行距 65～70 厘米,窄行行距 45～50 厘米,株距以 25～30 厘米为宜。浇足定植水,以使植株尽早缓苗生长。在北方地区栽植时可采用覆膜栽植,以提高地温,促进开花。

光照:万寿菊为喜光性植物,充足阳光对万寿菊生长十分有利,阳光不足,茎叶柔软细长,开花少而小。所以家庭种植万寿菊应放在阳光充足的地方,整个生长都可以让它得到尽可能多的光照,使得植株矮壮,开花多,花色艳丽。

温度:万寿菊生长适宜温度为 15 ℃～25 ℃,花期适宜温度为 18 ℃～20 ℃。夏季高温 30 ℃以上,植株徒长,茎叶松散,开花少;冬季 10 ℃以下,生长减慢,低于 5 ℃很容易发生冻害。南方种植夏季应采取一定的降温措施,北方冬天要做好保暖工作。

水分:万寿菊喜湿又耐干旱,要求生长环境的空气相对湿度在 60%～70%。如果夏季水分过多,茎叶生长旺盛,影响株形和开花,通常可每 1～2 天浇一次水,如果环境过于干燥,可采用向叶面和周围地面喷水方法保持湿度;冬天可 4～5 天浇一次。浇水要见干见湿,每次浇水都一次性浇透,经常保持盆土湿润,不可以出现积水现象。

肥料:万寿菊生长旺盛,四季开花,对肥料需求较大,除种植时添加有机质做基肥外,平时可每 10 天施肥一次,花前适量追施一些磷钾肥,促使花朵更繁盛、花色更鲜艳。施肥要坚持薄肥勤施的原则,以施用腐熟的有机液肥为好,使用前要经过稀释处理,切不可大肥猛施,否则会给植株带来严重的伤害。

打顶:万寿菊需要打顶,以控制植株的生长高度,促进分枝,增加花量。一般来说在其生长旺季比较适宜,当小苗长出 3～4 对真叶的时候,摘去尚未开展的顶梢。等到顶端叶腋重新生长出 4～5 片叶的时候,可进行第二次打顶,以后每隔 1 个月都需要打顶 1 次。

中耕:万寿菊幼苗移栽成活后应及早中耕松土,达到疏松土壤、促苗快发、清除杂草之目的。一般从移栽成活后到现蕾前应中耕松土 2～3 次。在中耕过程中要求苗小深、苗大浅、距苗远深、近处浅。

培土:为保证收获株数,在苗高 20～25 厘米时及时进行开沟培土,做到开大沟、高培土、防止倒伏。开沟不宜太晚,否则植株易被风刮断,而且在培土过程中容易挂苗、折枝。同时做到每浇 1 次水,中耕松土 1 遍,有效防止其倒伏和折断。

采摘:万寿菊勤采摘才能高产。一般前期每隔 7～10 天采摘 1 次,盛花期每隔 3～5 天采摘 1 次。全生育期摘 13～15 茬花,单花重在 6～7 克,产量较高。如菊花在植株上开的时间长,花体老化失水,重量下降,单花重在 3～4 克。同时,下一茬花的营养得不到充足供应,生长受到抑制。采摘适期以花瓣完全展开、花心未完全开放时为宜。

植物文化

花语:健康长寿。

108

一串红

· 物种简介 ·

　　一串红（*Salvia splendens*）是唇形科鼠尾草属亚灌木状草本植物。一串红颜色鲜艳、花期长，为中国城市和园林中普遍栽培的草本花卉，常作花丛花坛材料。常用红花品种，花朵繁密，色彩艳丽，可植于带状花坛或自然式纯植于林缘，常与浅黄色美人蕉、矮万寿菊等配合布置园林景观。一串红是一种抗污染花卉，对硫、氯的吸收能力强。全株入药，有清热、凉血、消肿等功效。

分布范围

一串红原产于南美巴西，中国各地庭园中广泛栽培。

形态特征

亚灌木状草本，高可达 90 厘米。茎钝四棱形，具浅槽。叶卵圆形或三角状卵圆形，长 2.5～7 厘米，宽 2～4.5 厘米；茎生叶叶柄长 3～4.5 厘米。轮伞花序 2～6 花，组成顶生总状花序，花序长达 20 厘米或以上；苞片卵圆形，红色。花萼钟形，红色。花冠红色，长 4～4.2 厘米。冠檐二唇形，上唇直伸，略内弯，长圆形，长 8～9 毫米，宽约 4 毫米，先端微缺，下唇比上唇短，3 裂，中裂片半圆形，侧裂片长卵圆形，比中裂片长。小坚果椭圆形，长约 3.5 毫米，暗褐色。花期 3—10 月。

生长习性

喜温暖，喜光，也耐半阴。适宜温度为 15 ℃～30 ℃，为短日照花卉。喜疏松肥沃土壤。

药用价值

全株均可入药,有清热、凉血、消肿等功效。

栽培技术

土壤:选择光照充足地段,排水好的砂质土壤,深耕细整,然后曝晒几天,用高锰酸钾溶液消毒。

扦插:一般清明前后,在温室越冬的一串红母本上剪取新梢,或在6—8月份一串红打头时,利用嫩梢作插穗进行露地扦插。插穗长度一般保持2~3节。插后需浇透水,并注意遮阴和叶面喷水,保持空气的潮湿。一般经一周后开始生根。也可采用简易喷雾全光照扦插育苗,既便于管理,又可缩短扦插时间,并提高成活率。但对自来水造成一定的浪费。

播种:通常于春季3月下旬至5月上旬播种于露地苗床,播种前将种子在30℃左右的温水中浸泡5~6小时,然后装在纱布袋中搓揉,洗去种子表面的黏液,然后进行播种。播种后保持床面潮湿,一星期后即可出苗。小苗发叶后要少浇水,使苗挺拔,以防倒伏。

光照:一串红喜光,充足的光照对它的生长发育十分有利,平时要将其种植在光照充足的地方,地栽一串红要确保周围无遮挡,有全天光照。盆栽一串红可以放在阳台上养,花蕾孕育期多晒太阳,可以促进发枝和开花,延长花期。

温度:适宜生长温度为15℃~30℃,寒冷的冬季,需要一些保温措施,以防止冻害发生。

浇水:生长期每隔2~3天浇一次水,夏季可以每天浇水,阴雨天要注意排水,避免土壤积水导致一串红烂根。

追肥:种植时土壤里施足有机肥,后续简单追施叶面肥即可。叶面肥更容易吸收,避免了肥害,还有助于一串红叶绿花艳。

修剪:一串红开花很多,通过修剪可促进发枝和开花,也能延长花期。盆栽养殖一串红,长出3~4片真叶起开始摘心,使植株丰满,开花后修剪残花,节省养分,可再次开花。

中耕:及时中耕除草,保持土壤疏松,减少水分蒸发,促进空气流通,是保证幼苗苗壮成长的重要措施。

植物文化

花语:恋爱的心、喜庆祥和、家族的爱、红红火火。

109

蒲公英

· 物种简介 ·　　蒲公英（*Taraxacum mongolicum*）是菊科蒲公英属多年生草本植物。是中国常见的野生蔬菜，也是一种多功能的中草药，具有清热解毒、消肿止痛、抗炎抗氧化等功效，被广泛应用于中医临床和日常生活中。因其植株矮小、花色明艳、花期长、种子随风飘散、繁殖力强，常做地被植物点缀坡地，充满野趣，具有一定观赏价值。

分布范围

蒲公英产于我国大部分省区，广泛生于中、低海拔地区的山坡草地、路边、田野、河滩；朝鲜、蒙古国、俄罗斯也有分布。

形态特征

多年生草本。根圆柱状，黑褐色，粗壮。叶倒卵状披针形、倒披针形或长圆状披针形，长 4～20 厘米，宽 1～5 厘米，先端钝或急尖，边缘有时具波状齿或羽状深裂，有时倒向羽状深裂或大头羽状深裂，顶端裂片较大，三角形或三角状戟形，全缘或具齿，每侧裂片 3～5 片，裂片三角形或三角状披针形，通常具齿，平展或倒向，裂片间常夹生小齿，基部渐狭成叶柄，叶柄及主脉常带红紫色，疏被蛛丝状白色柔毛或几无毛。花葶一至数个，与叶等长或稍长，高 10～25 厘米，上部紫红色；头状花序直径 30～40 毫米；总苞钟状，长 12～14 毫米，淡绿色；舌状花黄色，舌片长约 8 毫米，宽约 1.5 毫米，边缘花舌片背面具紫红色条纹,花药和柱头暗绿色。瘦果倒卵状披针形,暗褐色,长4～5毫米,宽1～1.5毫米。花期4—9月,果期5—10月。

生长习性

蒲公英喜光,耐旱,耐贫瘠,生命力顽强,适应力强。一般在公园、绿地、公路旁、田野里、荒地里、墙角、河边、山坡都有生长,对于土质要求不高。

药用价值

蒲公英全草入药,含有蒲公英醇、蒲公英素、胆碱、有机酸、菊糖等多种健康营养成分,具有利尿、缓泻、退黄疸、利胆等功效;主治热毒、痈肿、疮疡、内痈、目赤肿痛、湿热、黄疸、小便淋沥涩痛、疔疮肿毒、乳痈、牙痛、咽痛、肺痈、肠痈等症。也用于治疗急性乳腺炎、淋巴腺炎、瘰疬、疔毒疮肿、急性结膜炎、感冒发热、急性扁桃体炎、急性支气管炎、胃炎、肝炎、胆囊炎、尿路感染等。蒲公英可生吃、炒食、做汤,是药食兼用的植物。

栽培技术

整地:对土地进行深翻,并施足底肥,以增加土壤的肥力。一般可施用有机肥、磷肥、钾肥等。深翻后,要精细整平土地,做畦后浇水。

播种:从初春到盛夏都可进行播种。播种前,将种子用清水浸泡12小时左右。播种后,轻轻镇压土壤,使种子与土壤紧密结合,9～12天出苗。

光照:蒲公英喜欢充足的阳光,应选择有充足阳光照射的位置,每天至少有6～8小时的阳光照射。

温度:蒲公英最适生长温度是15 ℃～20 ℃,如果温度过高会导致种子无法发芽,温度过低会导致植物进入休眠状态。

浇水:播种后1个月内保持土壤湿润,有助于蒲公英种子的发芽和生长。一旦蒲公英开始生长,可以逐渐减少浇水。

追肥:除合理施用基肥外,生长期间应追肥1～2次,每次每亩施尿素10～14千克,磷酸二氢钾5～6千克。经常浇水,保持土壤湿润。秋播者入冬后,在畦面上每亩撒施有机肥2 500千克过磷酸钙20千克,既起到供养作用,又可以保护根系安全越冬。翌春返青后可结合浇水施用化肥,亩施尿素10～15千克、过磷酸钙8千克。

中耕:幼苗出齐后进行第一次浅锄,以后每10天左右中耕除草1次,直到封垄为止。封垄后可人工拔草,保持田间土壤疏松无杂草。

留种:选择植株健壮无病害的种植田留种。当种子由乳白色变为褐色时就可采收,成熟种子容易脱落,故过迟采收影响种子产量。采收时把整个花序掐下来,放在室内存放 1～2 天,种子半干时用手搓掉绒毛,然后晒干。整个过程防止风吹散种子。最佳采种期为 4—5 月,隔 3～4 天收 1 次,可采收 4～5 次。若小面积种植,也可以挖种根来种植。

采收:食用采收茎叶,出苗后 30～40 天即可采收。可用钩刀或小刀挑挖,要求带一段主根防止采放下来后散落叶片。采大留小,最佳采收期为 1—3 月,一直可以采收到 6 月。采收前 1 天不浇水,保持茎叶干爽。每年可收割 2～4 次,即春季 1～2 次,秋季 1～2 次。药用 采收全草,春至秋季花初开时采挖。选择晴天进行采挖,顺垄从一侧用铁锹撬松根部土壤,然后将蒲公英拾入竹筐,运回加工。若土地较硬,可在采收前半月左右浇一次透水。

植物
文化

花语:无法停留的爱、无拘无束、坚强坚定、孤独等。

110

小 蓟

· 物种简介 ·

　　小蓟（*Cirsium arvense* var. *integrifolium*）又名刺儿菜，是菊科蓟属多年生草本植物。是一种常见的野生蔬菜，在中国古代，小蓟就已经被广泛使用。它含有丰富的维生素、矿物质、膳食纤维和多种氨基酸，可以满足人体的营养需求，还具有抗氧化、抗癌、降血脂、降血压、抗衰老等许多功效，是秋季蜜源植物。

分布范围

　　小蓟除西藏、云南、广东、广西外，遍布全国各地，分布于海拔 170～2 650 米平原、丘陵和山地；欧洲、俄罗斯、蒙古、朝鲜、日本也有分布。

形态特征

　　多年生草本。茎直立，高 30～120 厘米，上部有分枝。基生叶和中部茎叶椭圆形、长椭圆形或椭圆状倒披针形，长 7～15 厘米，宽 1.5～10 厘米，上部茎叶渐小，椭圆形或披针形或线状披针形，或全部茎叶不分裂，叶缘有细密的针刺，针刺紧贴叶缘。全部茎叶灰绿色。头状花序单生茎端，或植株多数头状花序在茎枝顶端排成伞房花序。总苞卵形、长卵形或卵圆形，直径 1.5～2 厘米。小花紫红色或白色，雌花花冠长 2.4 厘米，檐部长 6 毫米，细管部细丝状，长 18 毫米，两性花花冠长 1.8 厘米，檐部长 6 毫米，细管部细丝状，长 1.2 毫米。瘦果淡黄色，椭圆形或偏斜椭圆形，压扁，长 3 毫米，宽 1.5 毫米。

冠毛污白色,多层,整体脱落。花果期5—9月。

生长习性

小蓟喜温暖湿润气候,耐寒、耐旱。适应性较强,对土壤要求不严。普遍群生于撂荒地、耕地、路边、村庄附近,为常见的杂草。

药用价值

全草入药,具有凉血止血、祛瘀消肿的功效;用于衄血、吐血、尿血、便血、崩漏下血、外伤出血、痈肿疮毒等症。

栽培技术

土壤:小蓟适应性很强,对土壤要求不严。喜生于腐殖质多的微酸性至中性土壤中,生活力、再生力很强。

播种:6—7月待花苞枯萎时采种,晒干,备用。翌年早春2—3月播种,穴播按行株距20厘米×20厘米开穴,将种子用草木灰拌匀后播入穴内,覆薄土,浇水,保持土壤湿润至出苗。每个芽均可发育成新的植株,断根仍能成活。

间苗:种子出苗后及时查苗与补苗,以保证其产量,每个种植穴幼苗数量不要超过4株,否则影响生长。

浇水:在其生长过程中还需观察生长情况与土壤状态,及时浇水,雨季注意排水防涝。

施肥:结合中耕锄草进行追肥,以人畜粪水和氮肥为主,苗期追肥要少量多次。第二年开春时要施一定量的基肥。

中耕:视杂草生长情况中耕除草3～4次。

采收:5—6月盛开前,割取全草。从根的上部割下,或整枝拔起,再除根。可连续收获3～4年。

植物
文化

花语:静静地等待与守候、默默地爱。

111

千屈菜

· 物种简介 ·

千屈菜（*Lythrum salicaria*）是千屈菜科千屈菜属多年生草本植物。千屈菜花型秀丽，株丛整齐，色彩鲜艳，花朵繁茂，花期长。用于园景，或者盆栽进行观赏，效果都很好，是水景中优良的竖线条材料，宜在浅水岸边丛植或池中栽植，也可作花境材料及切花、盆栽或沼泽园用。嫩茎叶可以做菜食用，全株可以入药，有清热、凉血等功用。

分布范围

千屈菜产全国各地，生于河岸、湖畔、溪沟边和潮湿草地；亚洲其他地区、欧洲、非洲的阿尔及利亚、北美和澳大利亚也有分布。

形态特征

多年生草本，根茎横卧于地下，粗壮；茎直立，多分枝，高30～100厘米，全株青绿色。叶对生或三叶轮生，披针形或阔披针形，长4～10厘米，宽8～15毫米，顶端钝形或短尖，基部圆形或心形，有时略抱茎，全缘，无柄。花组成小聚伞花序，簇生，因花梗及总梗极短，因此花枝全形似一大型穗状花序；苞片阔披针形至三角状卵形，长5～12毫米；萼筒长5～8毫米，有纵棱12条，裂片6，三角形；花瓣6，红紫色或淡紫色，倒披针状长椭圆形，基部楔形，长7～8毫米，着生于萼筒上部，有短爪，稍皱缩。蒴果扁圆形。

⚙ 生长习性

喜光,喜湿,耐寒,对土壤要求不严,在深厚、富含腐殖质的土壤生长更好。

✐ 药用价值

全草入药,有清热、凉血等功用;主治痢疾、溃疡、血崩、吐血等症。外用于外伤出血、疮疡溃烂等,有抗菌功用。

🌱 栽培技术

土壤:千屈菜对土壤要求不严,以疏松、肥沃、排水良好的土壤为宜。种植前进行土深翻细整,加入有机肥料,提高土壤的养分含量。

扦插:一般于春季进行。选健壮枝条,截成 30 厘米左右长段,去掉叶片,斜播入土,深度为插穗长度的 1/2,压紧,浇水保湿,待生根长叶后进行移栽。

分株:春季 4—5 月,将根丛挖起,切分数芽为一丛,进行栽植。

播种:春季 3—4 月,播种前先将种子进行浸种处理,促进种子的发芽,再将种子与细土拌匀,然后撒播于床上,覆土厚度为种子直径的 2～3 倍,盖草浇水,播后 10～15 天出苗后立即揭草。

移栽:播种苗高 10 厘米左右即可进行移栽,通常采用株行距 30 厘米×30 厘米。

水分:保持土壤湿润。宜采用滴灌或喷灌系统,确保水分均匀分布,经常保持土壤湿润可促进植株长势。

肥料:根据植株生长阶段进行追肥,春、夏季各施 1 次氮肥或复合肥,秋后追施 1 次堆肥或厩肥,开花前及花期内须追施磷酸二氢钾 2～3 次。

中耕:生长期需中耕除草 3～4 次,及时清除杂草、水苔。

收获:千屈菜一次种植可多次采收,根据目的用途,可于 4—5 月间采收嫩茎叶做菜食用,凉拌、炒食、做汤均可;也可在生长 60～70 天采收全株地上部分,置阴凉通风处晾干入药。千屈菜种子收获时机一般在植株生长期适中、果实颜色鲜亮、果实外壳稍微有弹性时及时收获,避免果实过熟导致质量下降。

植物
文化

花语:孤独,优雅。

112
白头翁

·物种简介·　白头翁(*Pulsatilla chinensis*)是毛茛科白头翁属多年生草本植物。有白、紫、蓝三种颜色,白头翁全株被毛,十分奇特,作为野生宿根植物,可一年栽种多年观赏,因其植株矮小花期早,是理想的地被植物品种,在园林中可作自然栽植,用于布置花坛、道路两旁,或点缀于林间空地。也可以用于花坛或盆栽欣赏。果期羽毛状白色花柱宿存,形如头状,故得名白头翁,极为别致。全草入药,有清热解毒、凉血止痢、燥湿杀虫的功效,具有很高的药用价值。

分布范围

白头翁产于四川、湖北、江苏、安徽、河南、甘肃、陕西、山西、山东、河北、内蒙古、辽宁、吉林及黑龙江,生于平原和低山山坡草丛中、林边等处;朝鲜和俄罗斯也有分布。

形态特征

植株高15～35厘米。根状茎粗0.8～1.5厘米。基生叶4～5,通常在开花时刚刚生出,有长柄;叶片宽卵形,长4.5～14厘米,宽6.5～16厘米;叶柄长7～15厘米。花葶1～2;苞片3,基部合生成长3～10毫米的筒;花直立;萼片蓝紫色,长圆状卵形,长2.8～4.4厘米,宽0.9～2厘米。聚合果直径9～12厘米;瘦果纺锤形,扁,长3.5～4毫米。花期4—5月。

⚙ 生长习性

喜凉爽干燥,耐寒,耐旱,不耐高温。喜土层深厚、排水良好的砂质土壤。

✒ 药用价值

全草入药,有清热解毒、凉血止痢、燥湿杀虫的功效,主治热毒血痢、温疟寒热、鼻衄、血痔、滴虫等症,具有很高的药用价值。

🌱 栽培技术

整地:选择地势较高的地块,要求土壤肥沃、疏松、排水通透性较好的砂质土壤,每亩施用农家肥 2 000 千克做基肥,翻耕后整平,四周做好排水沟。

播种:播种前将种子放入温水中浸泡 5～6 小时,捞出晾干,再用麻布袋包好,放入 25 ℃～30 ℃ 的温室中催芽,一般 5 天即可发芽,发芽率达 70% 时即可播种。播种时将种子均匀地撒在苗床上,一般每亩用种 2.5 千克,覆一层细土,厚度在 0.5 厘米左右,浇一次透水,覆草保湿,以利出苗。

移栽:白头翁春、秋季都可以进行移栽,栽培株间距一般为 15 厘米×15 厘米,每亩保护苗 3 万株左右,浇透定植水水。

水分:白头翁抗旱性极强,定植后浇透水之外,如不干旱,基本不用浇水。

肥料:白头翁耐瘠薄,每年入冬前追施一次厩肥越冬肥,返青前,每亩可追施硫酸钾复合肥 10 千克,以加速根系生长。

除草:可粗放管理,除除草外一般不需要管理。每年春天发芽前,有专门的除草剂封土,不用人工除草。

修剪:白头翁花的花期为春季至夏季,花谢后要及时修剪枯叶、枯花,以保持植株的健康。

采收:一般在移栽 2 年后收获。秋季地面部分枯萎后,先将残茎剪掉,再用挖药器或手镐刨去根部,去土晒干即得成品。一般亩产干品可在 400 千克以上。

植物
文化

花语:长命百岁、白头偕老、聪明智慧。

113

荷包牡丹

·物种简介·

　　荷包牡丹（*Lamprocapnos spectabilis*）是罂粟科荷包牡丹属多年生草本植物。因其叶子与牡丹相近，花像中国古代荷包一样垂在花枝，故名"荷包牡丹"。荷包牡丹叶丛美丽，花朵小巧玲珑、色彩绚丽，宜在树丛、草地边缘湿润处丛植，用于布置花境和庭院，作为花坛、花架、绿地的点缀植物，景观效果极好，也可盆栽或做切花观赏。全草入药，有镇痛、解痉、利尿、调经、散血、和血、除风、清热、解毒、抗炎等功效。

📍 分布范围

　　荷包牡丹产于我国北部，生于海拔 780～2 800 米的湿润草地和山坡；日本、朝鲜、俄罗斯也有分布。

✳ 形态特征

　　直立草本，高 30～60 厘米或更高。茎圆柱形，带紫红色。叶片轮廓三角形，长 15～40 厘米，宽 10～20 厘米，二回三出全裂。总状花序长约 15 厘米，有 5～15 花，于花序轴的一侧下垂；花梗长 1～1.5 厘米；苞片钻形或线状长圆形，长 3～10 毫米，宽约 1 毫米。花长 2.5～3 厘米，宽约 2 厘米，长为宽的 1～1.5 倍，基部心形；萼片披针形，长 3～4 毫米，玫瑰色，于花开前脱落；外花瓣紫红色至粉红色，稀白色，下部囊状，囊长约 1.5 厘米,宽约 1 厘米,具数条脉纹,上部变狭并向下反曲,长约 1 厘米,宽约 2 毫米,内花瓣长约 2.2 厘米,花瓣片略呈匙形,长 1～1.5 厘米,先端圆形部分紫色,背部鸡冠状突起自先端延伸至瓣片基部,高达 3 毫米,爪长圆形至倒卵形,长约 1.5 厘米,宽 2～5 毫米,白色。果未见。花期 4—6 月。

🔧 生长习性

喜温暖湿润的半阴环境,耐寒,忌烈日曝晒,宜在湿润和排水良好的肥沃砂质土壤中生长。生长适温 15 ℃～22 ℃。

✏️ 药用价值

全草入药,有镇痛、解痉、利尿、调经、散血、和血、除风、清热、解毒、抗炎等功效。主治金疮、疮毒、胃痛等症。

🌱 栽培技术

土壤:荷包牡丹喜排水良好、肥沃的土壤,盆栽宜选泥炭土或沙壤土。种植前将土壤翻松,并添加适量的有机肥料和磷、钾肥料。

分根:一般在早春、秋两季新芽萌生之前进行。将母株的整个根系挖出,然后切成两三份,之后再将其分别栽种到不同的地方,覆土、浇水、压实土壤。不过分根法最好三年一次,过于频繁会影响到植株生长开花。

扦插:花朵凋谢后,剪掉花序,选取生长健壮且下部带有腋芽的嫩枝作为插条,剪取十厘米左右,留下顶端两张片叶子,将其插到砂土中。浇水之后套上保鲜膜,保持植株生长的湿度,一般一个月就可以生根发芽了。

播种:通常在 6 月花朵即将凋谢的时候,收集种子,之后立即播种,一般半个月即可出苗。但实生苗一般要 3 年才能开花。

光照:荷包牡丹喜阴,在晚秋、冬、早春,要直射阳光照射,以利于它进行光合作用和形成花芽、开花、结实。夏季若遇到高温天气,需遮光 50% 左右。

温度:喜欢冷凉气候,忌酷热,耐霜寒。适宜的生长温度为 15 ℃～25 ℃。只要不受到霜冻就能安全越冬;在春末夏初温度高达 30℃ 以上时休眠。

水分:荷包牡丹喜湿润,生长期应经常保持土壤湿润状态。遇连阴雨天,应及时排除积水。入冬后应控制浇水,保持盆土半墒状态。

肥料:荷包牡丹喜肥,栽植前施足基肥,当芽长到 6～7 厘米时,可追施腐熟的稀薄液肥或复合化肥 1 次,以后每月施肥 1 次,直至花期。每次施肥后都要及时浇水并松土,以利通气。生长期每隔 1 个月施 1 次矾肥水,与施液肥相间进行,则生长更加茂盛。在花蕾形成期间,施 1～2 次 0.2％磷酸二氢钾或过磷酸钙溶液,能促使花大而色艳。

修剪:为改善荷包牡丹的通风透光条件,使养分集中,夏季高温季节,荷包牡丹茎叶枯黄进入休眠期时,可将枯枝剪去。秋、冬季落叶后,也要进行整形修剪。生长期剪去过密枝、并生枝、交叉枝、内向枝及病虫害枝等,使植株保持优美造型。

采收:全草采收,春季花未开时采收全株,除去泥土,晒干。

花语:绝望的爱恋、独自的等待。

114

紫 菀

· 物种简介 ·

　　紫菀（*Aster tataricus*）是菊科紫菀属多年生草本植物。紫菀花序大，色淡雅，蓝紫色舌花与黄色管花互为衬托，可作为秋季观赏花卉，用于布置花境、花地及庭院，它的紫色花朵可以为花园增添色彩，吸引蝴蝶和其他有益昆虫。此外，紫菀还具有一定的药用价值，其根部和叶子可以被用于中药制剂，具有润肺化痰止咳的功效。

分布范围

　　紫菀产于黑龙江、吉林、辽宁、内蒙古、山西、河北、河南、陕西及甘肃，生于海拔400～2 000米低山阴坡湿地、山顶和低山草地及沼泽地；朝鲜、日本及俄罗斯也有分布。

形态特征

　　多年生草本，根状茎斜升。茎直立，高40～50厘米。基部叶在花期枯落，长圆状或椭圆状匙形；中部叶长圆形或长圆披针形，全缘或有浅齿；上部叶狭小；全部叶厚纸质。头状花序多数，径2.5～4.5厘米，在茎和枝端排列成复伞房状；花序梗长，有线形苞叶。总苞半球形，长7～9毫米，径10～25毫米；总苞片3层，线形或线状披针形，顶端尖或圆形，外层长3～4毫米，宽1毫米，全部或上部草质，内层长达8毫米，宽达1.5毫米，边缘宽膜质且带紫红色，有草质中脉。舌状花约20余个；管部长3毫米，舌片蓝紫色,长15～17毫米,宽2.5～3.5毫米,有4至多脉;管状花长6～7毫米且稍有毛,裂片长1.5毫米;花柱附片披针形,长0.5毫米。瘦果倒卵状长圆形,紫褐色,长2.5～3毫米,两面各有1或少有3脉,上部被疏粗毛。冠毛污白色或带红色,长6毫米,有多数不等长的糙毛。花期7—9月;果期8—10月。

生长习性

喜温暖湿润气候,耐寒,耐涝。喜土层深厚、疏松肥沃、富含腐殖质、排水良好的砂质土壤。

药用价值

紫菀具有润肺化痰止咳的功效,主治咳嗽有痰、肺痈、胸痹及小便不通等。

栽培技术

土壤:选择地势平坦、土层深厚、疏松肥沃、排水良好的砂质土壤,前茬以玉米、豆类等作物为宜。深翻土壤30厘米以上,结合耕翻,一般每亩施入腐熟有机肥3 000千克或复合肥50～100千克,整平耙细,做成1.2米宽的平畦,四周挖排水沟。

栽种:紫菀一般用根状茎做种栽进行繁殖。于冬季12月至翌年1月栽种。栽前,选用粗壮、紫红色、节间短、具芽的根状茎作种栽,并截成4～6厘米的小段。段应有2～3个芽,按行距25～30厘米开6～8厘米深的沟,按株距15～20厘米放入根状茎段1～2段,覆土稍加压、浇水。每亩用根状茎15～20千克。

浇水:苗期需适量水,6月后需要大量浇水,雨季注意排除积水。

施肥:追肥一般在6—7月进行2次,每次每亩沟施人畜粪水2 000千克,并配施10～15千克过磷酸钙。

打顶:6—7月开花前应将花薹打掉,以促进地下部生长。

中耕:苗出齐后,应及时中耕除草,初期宜浅锄,夏季封行后,只宜用手拔草。

采收:一般在栽种当年10月下旬叶片由绿变黄至翌春萌动前收获。先割去茎叶,将根刨出,去净泥土,晒干或切成段后晒干。

植物
文化

花语:长寿、安康。

115

醉蝶花

· 物种简介 ·　　醉蝶花（*Tarenaya hassleriana*）是白花菜科醉蝶花属一年生草本植物。因其花瓣倒卵形，似蝴蝶，故得名"醉蝶花"，又名"凤蝶草"。醉蝶花的花瓣轻盈飘逸，犹如蝴蝶飞舞，有很高的观赏性，对二氧化硫、氯气的抗性都很强，是优良的抗污花卉，也是一种优良的蜜源植物。全草入药，有祛风散寒、杀虫止痒之功效。可在夏秋季节布置花坛、花境，也可进行矮化栽培作盆栽观赏，能耐半阴，适合林下或建筑阴面观赏。

分布范围

醉蝶花原产热带美洲，现在全球热带至温带均有栽培，为优良庭园植物。

形态特征

一年生强壮草本，高 1～1.5 米，全株被黏质腺毛，有特殊臭味，有托叶刺；叶为具 5～7 小叶的掌状复叶，小叶草质，椭圆状披针形或倒披针形，中央小叶盛大，长 6～8 厘米，宽 1.5～2.5 厘米，最外侧的最小，长约 2 厘米，宽约 5 毫米，基部锲形。总状花序长达 40 厘米；苞片单 1，叶状，卵状长圆形，长 5～20 毫米；花蕾圆筒形，长约 2.5 厘米，直径 4 毫米；萼片 4，长 6 毫米，长圆状椭圆形，顶端渐尖；花瓣粉红色，少见白色，瓣片倒卵状匙形，长 10～15 毫米，宽 4～6 毫米，顶端圆形，基部渐狭。果圆柱形，长 5.5～

6.5 厘米,中部直径约 4 毫米,两端梢钝。种子直径约 2 毫米,不具假种皮。花期初夏,果期夏末秋初。

⚙ 生长习性

喜高温,耐暑热,忌寒冷。喜湿润,耐干旱,忌积水。喜阳光充足地,半遮阴地亦能生长良好。对土壤要求不严,黏重或碱性土生长不良。

🚫 药用价值

醉蝶花全草入药,有微毒,具有祛风散寒、杀虫止痒功效。

🌱 栽培技术

土壤:宜选疏松,排水良好的微酸性砂质土壤,pH 为 5.5～6.5,可以通过添加酸性肥料来调节土壤的酸碱度。

播种:醉蝶花在春秋两季生长最佳,可以在这两个季节播种。春季在 3—5 月进行,秋季在 9—10 月进行。如果是夏季,可以在遮阴处进行。条播或撒播皆可,醉蝶花种子较小,覆土厚度只需要在 1～2 厘米即可,不可太深。播种后,喷水保持土壤湿润,一周左右,种子即可发芽。

温度:醉蝶花喜温度较高的环境,生长适宜温度 20 ℃～35 ℃,耐热,夏季一般不需调节。冬季需要一些保温措施调节,不低于 10 ℃,才能越冬。

浇水:在温度高的夏季,需及时补充水分,其他季节,土干透之后再浇透,不可积水。

施肥:在醉蝶花生长期间,需要适量追施加氮、磷和钾肥料,以促进植株的生长和开花。施肥的频率可以每隔 3～4 周施肥一次,使用有机肥或复合肥皆可,注意不要过量。

植物
文化

花语:神秘。

116

蓝花丹

· 物种简介 ·

　　蓝花丹（*Plumbago auriculata*）是白花丹科白花丹属常绿亚灌木。蓝花丹叶色翠绿，花色淡雅，观赏期长，可盆栽点缀居室、阳台，也可用于林缘种植或点缀草坪。其根入药，有活血止痛、化瘀生新、解痉的功效。

分布范围

　　蓝花丹原产于南非南部，已广泛为各国引种作观赏植物，我国南方可露地栽培观赏。

形态特征

　　常绿柔弱半灌木，上端蔓状或开散，高约 1 米或更长。叶薄，通常菱状卵形至狭长卵形、椭圆形或长倒卵形，长 1 3～7 厘米，宽 0.5～2.5 厘米。穗状花序含 18～30 枚花；总花梗短，通常长 2～12 毫米，穗轴长 2～8 厘米，与总花梗及其下方 1～2 节的茎上密被灰白色至淡黄褐色短绒毛；苞片长 4～10 毫米，宽 1～2 毫米；萼长 11～13.5 毫米，萼筒中部直径 1～1.2 毫米，先端有 5 枚长卵状三角形的短小裂片；花冠淡蓝色至蓝白色，花冠筒长 3.2～3.4 厘米，中部直径 0.5～1 毫米，冠檐宽阔，直径通常 2.5～3.2 厘米，裂片长 1.2～1.4 厘米，宽约 1 厘米，倒卵形，先端圆；雄蕊略露于喉部之外，花药长约 1.7 毫米，蓝色；子房近梨形，有 5 棱，棱在子房上部变宽而突出成角，花柱无毛，柱头内藏。果实未见。花期 6—9 月和 12 月至次年 4 月。

⚙ 生长习性

蓝花丹喜温暖，不耐寒，耐阴，忌强光直射。喜肥沃、疏松、排水良好的砂质土壤。生长适温为 17 ℃～25 ℃。

🍽 药用价值

蓝花丹以根入药，有活血止痛、化瘀生新、解痉的功效，主治胃炎、胃溃疡、胆道蛔虫病、胆囊炎及蛔虫病所引起的疼痛等症。

🌱 栽培技术

土壤：宜选择排水性好的砂质土壤。

扦插：蓝花丹通常采用扦插方法进行种植，一般选择在每年 5—6 月份进行。选择生长健壮的茎干截成 8～12 厘米，剪掉基部叶片，保留上端 2～4 个叶片，将插穗用多菌灵水浸泡 20～30 分钟。扦插的基质可选择蛭石或珍珠岩，进行消毒后与土壤进行混合后作为基质进行扦插。将整个插穗的 1/2 或 1/3 插入苗床内。插好后用喷壶将水喷透，使基质与插穗紧密结合。

温度：它的适生温度为 17 ℃～25 ℃，夏天不能超过 35 ℃，冬天温度在 7 ℃以上。

光照：蓝花丹喜光，光照不足会引起蓝花丹的陡长。但夏季忌烈日曝晒，需进行一定的遮光处理，不然会晒伤蓝花丹。

浇水：蓝花丹喜湿，但要根据盆土干燥度判断是否浇水，依据"不干不浇、浇则浇透"的原则，要求土壤不能过湿，保持表土干燥。夏季需增加浇水频次，冬季温度低的地区要减少浇水量和次数，甚至断水，否则根部细胞容易结晶冻伤，甚至死亡。

施肥：春夏生长期每周施肥一次即可。

修剪：花落后将残败花、瘦弱枝、病虫枝、重叠枝等剪掉，保持株型美观圆整提升观赏价值。

植物
文化

花语：恬淡宁静、淡淡的忧郁。

字母索引目录